KB149690

5판
영양 그리고 건강
NUTRITION AND HEALTH

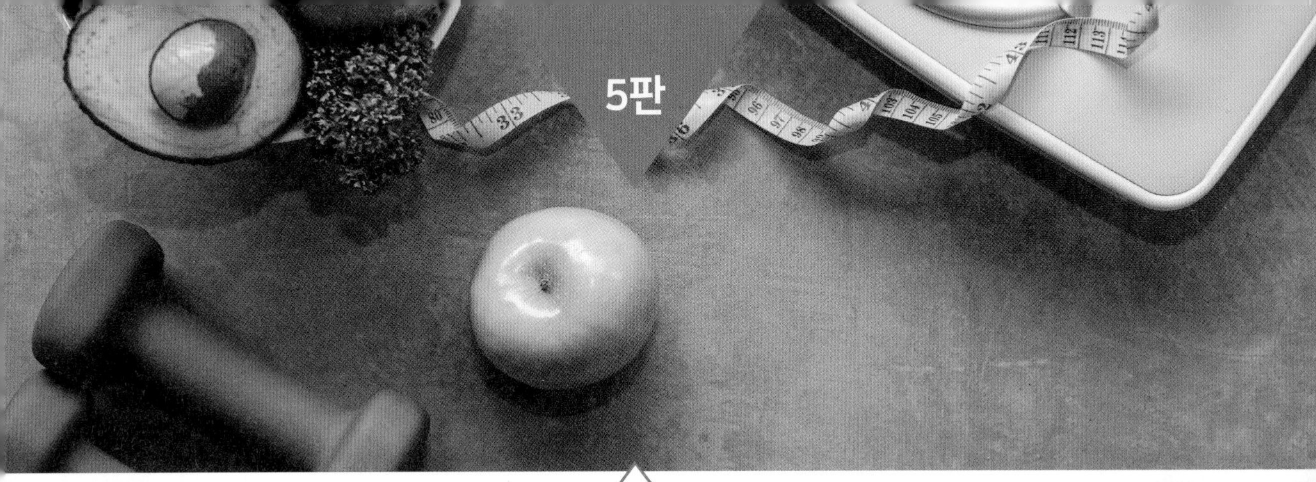

5판

영양 그리고 건강

NUTRITION AND HEALTH

김화영 · 김미경 · 왕수경 · 장남수 · 신동순 · 정혜경 · 장문정
권오란 · 김양하 · 김혜영 · 양은주 · 김우경 · 이현숙 · 박윤정 지음

교문사

5판 출간에 즈음하여

올바른 영양과 건강한 식생활은 질병을 예방하고 건강한 삶을 영위하고자 하는 현대인들의 주요 관심사가 되고 있다. 이러한 사실은 신문이나 방송, TV뿐만 아니라 인터넷 매체에서 회자되는 엄청나게 많은 양의 영양과 건강 관련 정보에서 가늠할 수 있다.

이 책은 여러 대학에서 오랫동안 영양학을 가르치는 교수들이 모여 '영양과 건강' 교양과목의 교재, 또는 '영양과 건강'에 관심이 있는 일반인들을 위해 올바른 영양과 건강한 식생활의 길잡이가 되도록 집필한 것이다.

《영양 그리고 건강》(5판)은 2020년에 개정된 한국인 영양소 섭취기준과 식사구성안을 비롯하여 우리나라 국민건강영양조사결과와 영양과 건강 관련 새로운 지식과 최신 통계수치를 모두 반영하였다. 초판이 발간된 2005년 이후, 영양과 식생활이 우리 건강에 미치는 영향에 대한 관심과 연구가 더욱 활발하게 진행되고 있으며, 영양과 건강에 대한 증명되지 않은 비과학적인 주장도 날로 늘고 있다. 이러한 시기에 이 책이 독자들에게 바른 영양지식을 전달하고 합리적인 식생활을 영위하는 지침을 제공하기를 바란다.

그동안 대학에서 이 책을 교재로 사용하면서 고견을 주셨던 여러 대학의 교수님들께 깊이 감사드리며 계속해서 귀한 조언을 해주시길 부탁드리는 바이다. 또, 일반인들이 건강한 삶을 영위하는 데 이 책이 유용하게 쓰이기를 바라면서 5판을 내놓는다.

2021년 2월

저자 일동

초판 머리말

과학과 의학의 발달과 노령화사회로 진입한 인구사회학적 변화는 현대사회에서 건강문제의 변화를 동반하고 있다. 우리나라에서는 암, 심혈관계 질병, 당뇨병 등 만성퇴행성 질병 발생이 증가하고 있으며, 이러한 대부분의 만성퇴행성 질병의 직간접적 원인은 생활습관과 식생활에 있다.

현대인들은 건강한 삶을 영위하고 질병의 예방과 치료에 있어 영양과 올바른 식생활을 가장 중요한 인자로 인지하고 있어 영양과 식생활에 대한 관심이 증가하고 있다. 현재 우리나라에는 영양과잉, 영양불균형, 영양부족 등의 다양한 영양문제가 공존하고 있으므로 이러한 영양문제의 해결은 개별적인 접근을 필요로 하게 되었다. 이에 개인의 현재 식생활을 돌아보고 미래의 건강을 계획할 수 있는 과학적 근거에 바탕을 둔 정확한 영양정보를 제공하고 이를 자신에게 응용할 수 있는 방안이 제시될 필요가 있다.

따라서 본 저서는 현대의 영양학 이론을 이해하기 쉽게 설명하고, 이를 건전한 식생활 및 질병 예방에 응용할 수 있도록 집필하였다. 영양학 비전공자들이 이해하기 쉽게 영양과 건강의 문제를 다루고자 노력하였으며 특히 이를 식탁에 응용할 수 있도록 하는 데 역점을 두었다.

본 저서는 다섯 장으로 나누어져 1장에서는 영양학의 기초를 설명하고 우리의 식생활을 분석하였으며, 2장에서는 현재 우리들의 영양문제를 비만을 중심으로 진단하고, 3장에서는 생애주기에 따른 영양문제, 특히 임신 수유를 중심으로 하는 여성과 아동의 영양문제를 다루었으며, 4장에서는 만성질환 예방을 위한 영양과 식생활을 설명하였고, 5장에서는 이러한 영양문제를 직접 식탁과 연결하여 건강하고 안전한 식생활의 조건을 살펴보았다.

본 저서의 저자들은 오랫동안 대학에서 영양학을 교양과목으로 강의한 경험을 가지고 있다. 이러한 경험을 바탕으로 본 저서를 대학교 교양과목의 교재로 사용할 것을 염두에 두고 집필하였으며 이 분야에 관심이 있는 일반인들에게도 좋은 영양과 건강의 지침서로 활용할 수 있도록 하였다. 그러나 집필을 마치고 보니 미흡하고 아

쉬운 점이 많아 앞으로 이 교재를 사용하는 분들의 고견을 보내주시면 교재를 개정할 때마다 이러한 의견을 반영할 것을 약속한다. 끝으로 이 책이 나오기까지 여러 가지 정보와 조언을 아끼지 않으신 각 학교의 대학원생들, 현장 영양사님들, 그리고 삽화를 맡아준 김경주, 변유정 님에게 감사를 드리며 교문사의 임직원 여러분에게도 심심한 감사의 마음을 표하는 바이다.

2005년 8월

저자 일동

차 례

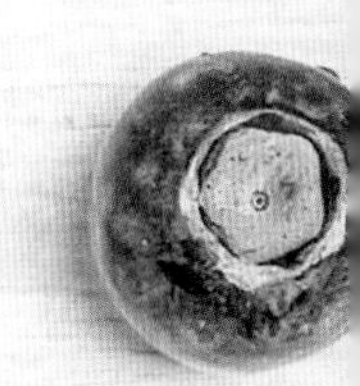

식생활 들여다보기

1 왜 먹어야 하나

2 무엇을 먹어야 하나

3 얼마나 먹어야 할까

CHAPTER

1/ 왜 먹어야 하나

우리는 태어나면서부터 식품을 섭취하며, 이 식품을 통해 영양소를 공급받고 에너지를 얻어서 성장하고 생명을 유지한다. 사람은 일생 동안 7만 끼니, 식품으로는 약 60톤 정도를 섭취한다. 식품에서 필요한 영양소를 적절히 섭취하면 최적의 건강상태를 만들고 유지할 수 있게 된다. 다시 말해 우리의 건강은 곧 우리가 섭취하는 식품에 의해 결정된다고 할 수 있다.

그림 1-1
올바른 식생활을 통한 건강한 삶의 영위

식품 섭취가 적절치 못해 생기는 영양불량이나 영양과잉의 영양불균형 상태는 여러 질병을 유발한다. 최근 우리 식생활이 점차 풍요로워지고 서구화되면서 현대의 만성질환인 암이나 심혈관계 질환이 사망원인의 1, 2위를 차지하고 있다. 영양불균형, 또는 잘못된 식습관에 의해 유발된 만성질환은 대부분 올바른 식생활을 통해 예방할 수 있다. 그러므로 건전한 식생활을 영위하기 위해서는 우리가 일상적으로 먹는 식품과 그 식품에 함유된 영양소가 건강에 미치는 효과에 대한 올바른 지식을 습득하는 것이 중요하다.

1) 건강의 정의

건강은 즐겁고 행복한 삶을 살아가기 위한 필요충분조건이다. 과거에는 질병이 없는 상태가 건강이라 생각하여 주로 생리적인 측면에서만 건강을 정의하는 경향이 있었다. 그러나 사람은 단순히 생물학적 존재만이 아니라 여러 형태의 사회활동을 영위하는 가운데 인생의 보람을 느끼며 살아가기 때문에 건강을 이처럼 좁은 의미에서 파악해서는 안 된다.

1948년에 제정된 세계보건기구(WHO) 헌장 전문에 의하면 건강이란 "신체적, 정신적 그리고 사회적으로 완전하게 양호한 상태이며, 단순히 질병이 없거나 허약하지 않다는 것만을 의미하지 않는다."로 정의되었다. 즉, 우리의 건강은 먼저 신체적으로 튼튼하여야 하며, 정신적으로는 안정되고 활기차야 하고, 사회적으로도 소외되지 않고 인정받는 상태가 되어야 비로소 완전히 건강하다고 할 수 있다는 것이다. 그러나 무엇보다도 가장 핵심은 신체의 대사기능이 정상적으로 이루어져야 한다는 점이다. 신체의 모든 기능이 정상적으로 움직일 때, 즉 대사가 정상적으로 수행될 때 그 신체는 건강하다고 할 수 있으며 이것을 바탕으로 모든 행동과 사고가 정상적으로 수행되기 때문이다.

건강을 유지하는 방법으로 세 가지가 있다. 첫째, 질병이나 어떤 증세가 나타났을 때 의사에게 진단받고 치료하는 소극적인 방법과, 둘째, 건강상 문제를 일으킬 만한 위험요인을 미리 찾아내는 방향으로 행동하는 예방 차원의 방법이 있다. 마지막으로는 건강증진을 위한 적극적인 생활방식과 행동을 통해 삶의 질을 높여나가는 방법을 들 수 있다. 이와 더불어 양호한 건강상태를 유지하기 위해서는 개인의 생활양식에서의 건강관리는 물론이거니와 개인이 소속되어 있는 사회의 보건과 건강을 위한 복지정책, 의료시설 그리고 경제적 여건이 복합적으로 잘 관리되어야만 한다.

최근 저출산, 고령화 사회에 대비하여 국가의 건강관리도 치료 차원의 접근보다 질병의 원인을 제거하고 예방하는 적극적 정책이 필요하게 되었다. 이에 정부는 국민건강증진법에 따라 국민의 건강증진과 질병예방을 위해 매 5년마다 정책 방향을 제시하는 범정부적 중장기 종합계획으로 국민건강증진종합계획(Health Plan)을 수립하여 시행 중이다. 제1차 종합계획(HP2010)은 2002년 수립되었으며, 제2차 종합계획(HP2010)은 2005년, 제3차 종합계획(HP2020)은 2010년, 제4차 종합계획(HP2020)은 2015년, 제5차 종합계획(HP2030)은 2020년 수립되었다. HP2010의 목표는 '국민 건강수명 연장(71세)'이며, HP2020과 HP2030의 목표는 '건강수명 연장(75세)과 건강형평성 제고'이다. 영양은 건강생활실천 부분의 중점과제로 HP2030의 목표는 ① 인구집단별 맞춤형 영양관리 서비스 확대 및 접근성 강화, ② 만성질환의 예방 및 관리를 위한 영양 정책 추진, ③ 올바른 식생활·영양정보의 효율적 제공 체계 구축으로 설정하였다.

2) 건강과 식생활의 관련성

개인의 건강상태는 유전, 식량 수급을 비롯한 사회경제적, 물리적 그리고 생물학적 환경, 건강관리 및 생활방식 등에 의해 결정된다. 이 중에서 유전적 요인을 제외한 다른 인자들은 개인의 노력에 의해 어느 정도 조절될 수 있다. 즉, 식사, 운동, 흡연, 음주, 스트레스 등을 잘 관리할 때 건강에 대한 위협을 절반 정도로 감소시킬 수 있다.

과식이나 영양이 불균형한 식사를 하면서 주로 앉은 자세의 활동을 하는 생활양식은 심혈관계 질환, 뇌졸중, 고혈압, 당뇨병을 비롯하여 일부 암 등, 만성질환의

표 1-1 우리나라 주요 사망원인 질환별 식생활 관련 추정 위험인자

질환의 종류		추정 위험인자
암	위암 간암 폐암	비만, 지질 섭취 과다, 식이섬유질 섭취의 감소, 짠 음식, 낮은 칼슘 섭취, 비타민과 무기질 섭취의 감소, 과다한 음주, 흡연
순환기계 질환	뇌혈관 질환 허혈성심장 질환 고혈압성 질환	비만, 지질 섭취 과다, 식이섬유질 섭취의 감소, 짠 음식, 낮은 칼슘 섭취, 비타민과 무기질 섭취의 감소, 과다한 음주
내분비·영양 및 대사 질환	당뇨병	비만, 지질 섭취 과다, 식이섬유질 섭취의 감소
소화기계 질환	궤양 간 질환	짠 음식, 과다한 음주, 스트레스

자료 : 통계청, 한국인의 주요 사망원인, 2010.

발병과 사망의 위험인자로 알려져 있고, 실제 이 질환들은 우리나라 국민의 주요 사망원인이다. 최근 통계청에서 발표한 바에 의하면 그림 1–2에서 보는 바와 같이 한국인의 주요 사망원인과 관련된 질환은 1위가 암(위암, 간암, 폐암 등)이며, 순환기계 질환(뇌혈관 질환, 허혈성 심장 질환, 고혈압성 질환 등), 내분비·영양 및 대사 질환(당뇨), 소화기계 질환(간 질환), 호흡기계 질환 순으로 나타났다. 이들 질환 중 식사와 관련되지 않은 것은 거의 없다(표 1–1).

현대사회에서 이런 모든 만성질환들은 풍요에 따른 재해로 볼 수 있지만, 다행히 식생활로 예방이 가능한 질환들이기 때문에 건강한 삶을 유지하기 위해서는 평소 적절한 식생활 관리가 필요하다. 따라서 현대인들이 균형 있는 영양소의 섭취와 식이 섬유질의 충분한 섭취를 하기 위한 올바른 식품 선택, 그리고 자신의 식습관을 이해하고 영양에 대한 올바른 지식을 가지게 되면 적어도 식생활과 연관된 건강문제의 위험은 크게 줄어들 것이다.

나라마다 식습관이 서로 다르므로 주요 사망원인이 되는 질환도 차이가 난다. 그림 1–2는 한국인과 미국인의 주요 사망원인을 비교한 것이다. 이러한 만성질환을 예방하기 위해 각 나라마다 제정된 식사 지침이나 영양섭취기준은 일반인은 물론 가족력이 있는 사람들에게 유용한 자료를 제공해주므로 이를 활용하여 개인과 인구집단의 건강을 유지하는 것이 바람직하다.

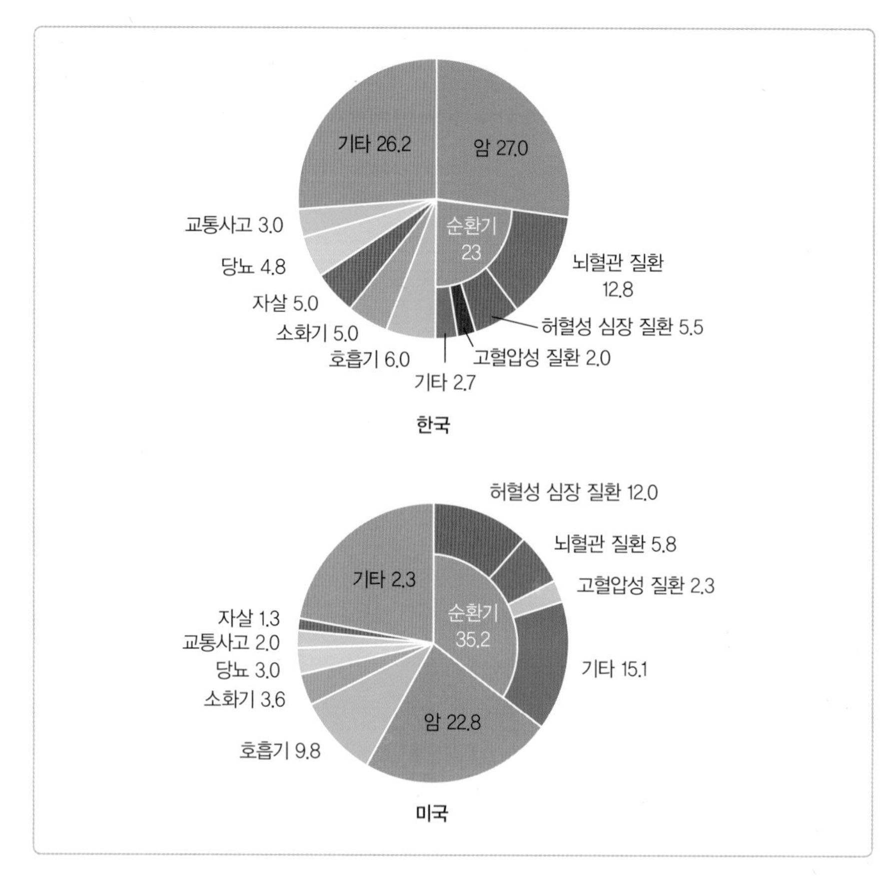

그림 1-2
한국인과 미국인의 주요 사망원인(%)
자료 : 통계청, 한국인의 주요 사망원인, 2010.

2/ 무엇을 먹어야 하나

식품은 체내 모든 세포를 만들고 유지하는 데 필요한 에너지와 영양소를 제공한다. 우리가 섭취하고 있는 많은 식품들은 급원 영양소의 구성이 비슷한 것들끼리 묶어서 여섯 가지 기초 식품군으로 구분한다.

- **곡류** 우리 식생활은 탄수화물을 제공해주는 곡류나 전분류에 대한 의존도가 상당히 높아서 총 섭취 열량의 60~70% 이상을 이들 식품으로부터 공급받는다. 주식인 곡류에는 상당량의 단백질도 함유되어 있어서 단백질 공급원으로서의 역할도 한다.

- **고기·생선·계란·콩류** 신체를 구성하고, 특히 근육조직을 생성 및 유지시켜주는 단백질의 급원식품이며 열량 또한 공급해준다. 견과류는 이 군에 포함된다.
- **채소류와 과일류** 채소류와 과일류는 신체 기능조절 작용을 하는 수분·무기질 및 비타민을 제공해줄 뿐만 아니라, 변비를 비롯한 각종 만성질환의 예방효과를 지닌 식이섬유의 좋은 급원식품이다.
- **우유·유제품류** 칼슘 함량이 높은 식품들로 구성된다. 이 식품들을 통해 신체로 유입된 칼슘의 99% 이상이 골격과 치아에 존재한다.
- **유지·당류** 주로 음식의 맛, 향미와 질감을 주는 유지류와 당류는 열량을 공급해준다. 유지류는 지용성 비타민을 체내에 공급하는 역할도 수행한다.

1) 영양과 영양소

영양(nutrition)이란 신체가 식품을 섭취하고 소화·흡수한 후, 생명 유지나 근육활동에 필요한 열량을 공급하고 각 조직이나 기관의 성장, 유지 및 보수작용의 여러 과정을 비롯하여 신체에 불필요한 대사물질을 체외로 배설하기까지의 일련의 과정을 말한다. 영양소(nutrient)는 식품으로부터 얻어지는 유기·무기물질들로 인체의 성장 발달과 유지 및 조직의 보수에 이용된다.

우리 몸에 필요한 영양소는 탄수화물, 지질, 단백질, 비타민, 무기질, 물의 6대 영양소로 구분된다. 이들 영양소는 기능에 따라 세 종류로 나눌 수 있다.

- 주로 에너지를 제공하는 영양소
- 신체의 성장발달 및 유지에 중요한 영양소
- 신체 대사과정을 조절하는 영양소

일부 영양소의 기능은 서로 중복되기도 하는데, 건강한 신체 활동을 유지하기 위해서는 이 영양소들이 다양하게 이용되기 때문이다(그림 1-3). 일반적으로 식품에는 에너지를 제공하는 영양소가 가장 높은 비율로 존재한다.

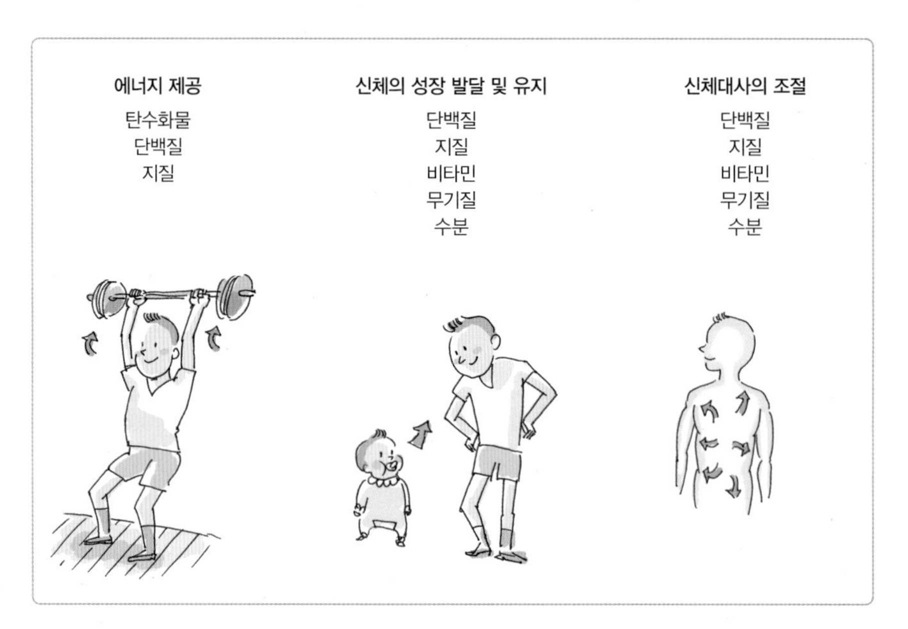

그림 1-3
영양소의 다양한 역할

2) 영양상태

우리 몸의 영양상태는 영양이 균형된 상태와 불균형된 상태로 구분할 수 있다.

(1) 영양이 균형된 상태

식품을 골고루 섭취하여 인체에 필요한 모든 영양소들이 충분하고, 정상적인 대사가 이루어지고 있는 바람직한 영양상태를 의미하며, 체내에 영양소가 적당량 저장되어 있는 상태를 말한다. 이런 영양상태에서는 신체가 건강하여 활발한 삶을 영위할 수 있고 질병에 대한 저항력이 강하여 수명이 길어진다.

(2) 영양이 불균형된 상태

영양결핍과 영양과잉 상태를 모두 포함하여 영양이 불균형된 상태라고 한다. 식품으로 섭취된 영양소가 필요량을 충족시키지 못하면 영양결핍 상태가 된다. 영양결핍은 단계적으로 일어난다. 결핍 초기에는 체내 영양소 저장량이 점차 감소하여 대사 과정이 느려지고 특별한 증세는 보이지 않지만 생화학적 병변이 일어나 효소

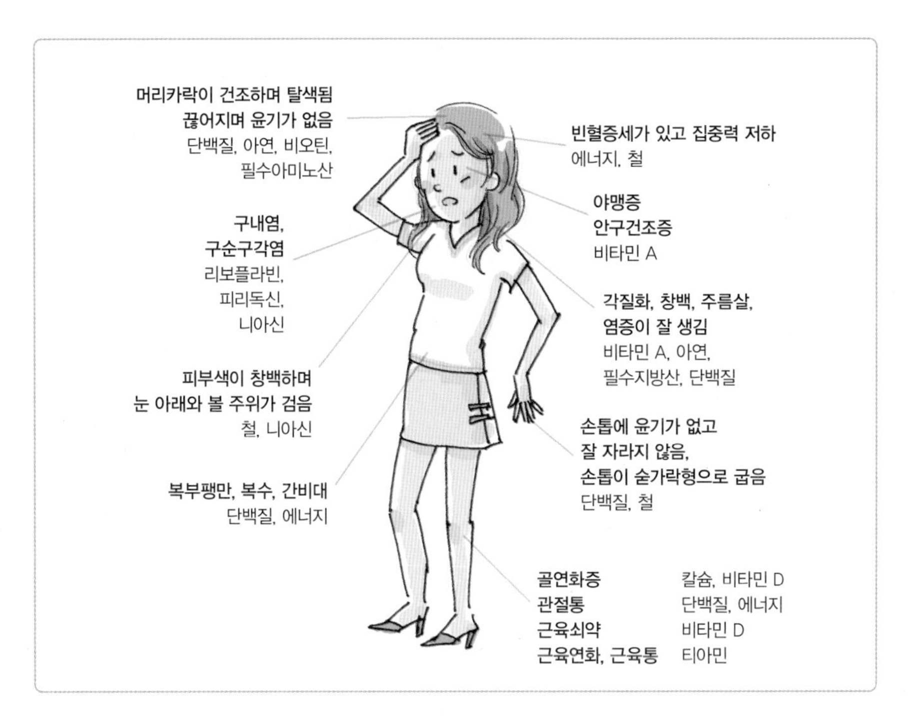

그림 1-4
영양결핍증세

활성이 감소되어 쉽게 피로하며, 면역저하로 인해 감기, 전염병, 스트레스 등에 대한 저항력이 떨어진다. 영양결핍 상태가 지속되면 피부, 머리카락, 손톱, 혀, 입 등에 임상 증세가 나타난다. 예를 들면 철이 결핍되었을 때 안색이 창백해지고 빈혈증상이 나타나며 집중력이 떨어진다.

반면에 영양소를 장기간 과잉 섭취할 때는 영양소의 체내 축적으로 독성을 나타내어 오히려 인체에 해가 된다. 비타민 A의 과잉 섭취는 간 손상을 초래하고 구토, 현기증, 시력 손상 등 임상 증세를 초래한다. 신체 소비량보다 많은 에너지를 섭취하여 나타나는 비만도 일종의 영양불균형 상태이다.

3) 소화와 흡수

식사 후 소화기관에서는 어떤 일이 일어날까? 음식이 어떻게 소화되고, 영양소가 어떻게 소장세포에서 흡수되는지 간략하게 알아보자.

입으로 섭취한 음식물이 소화기관을 이동하는 경로는 매우 단순하여 식도를 따라 위를 통과한 뒤 소장 및 대장으로 계속 이동한다. 소화기관의 각 연결부위에 존재하는 괄약근은 음식이 한 기관에서 다음 기관으로 이동하는 속도를 조절하고 역행하는 것을 방지해준다. 섭취한 음식이 소화기관을 통과하는 동안 소화액이 분비되는데, 음식물은 소화액에 포함된 소화효소들에 의해 가수분해되어 흡수되기 쉬운 작은 단위의 영양소로 전환된다. 입에서는 탄수화물의 소화를 돕기 위해 타액이 분비되며, 위에서는 단백질의 소화를 위해 위산과 위액이 분비된다. 담낭에서는 담즙을, 췌장에서는 지질, 단백질, 탄수화물 등을 분해하는 소화효소들을 분비하여 영양소의 소화와 흡수를 돕는다(그림 1-5).

이러한 소화과정을 통해 생성된 저분자 형태의 영양소들은 대부분 소장세포로 흡수된 후, 혈액이나 림프를 통해 간과 신체의 여러 부분으로 운반된다(그림 1-6).

영양소의 소화, 흡수 및 이동에 대하여 각 영양소별로 좀 더 상세히 알아보도록 하자.

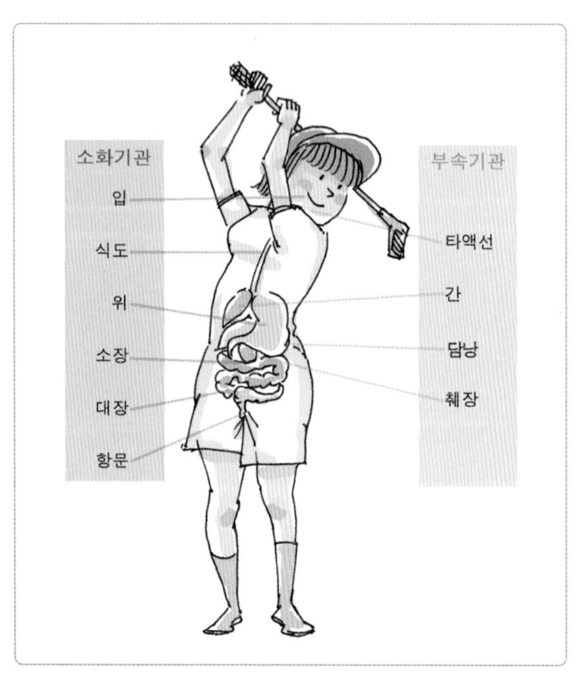

그림 1-5
소화기관 및 부속기관

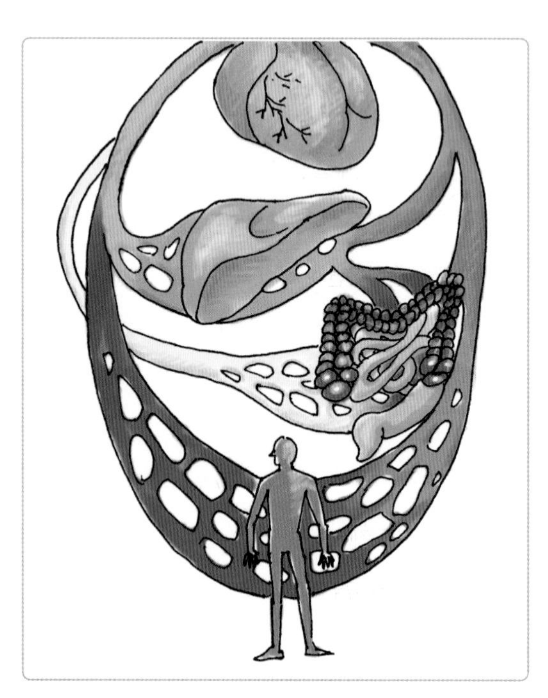

그림 1-6
영양소의 흡수 및 이동 경로

4) 우리 몸에 필요한 영양소와 급원식품

(1) 탄수화물

탄수화물은 신경계나 적혈구와 같은 세포의 주 연료원이며, 격렬한 신체 운동을 수행하는 근육도 탄수화물을 주요 에너지원으로 이용한다. 신체에서 탄수화물은 1g당 약 4kcal의 에너지를 발생한다. 탄수화물은 혈액에서 포도당 형태로 존재하기 때문에 모든 세포가 쉽게 사용할 수 있다. 여분의 탄수화물은 간과 근육에서 글리코겐으로 저장되는데, 특히 간에 저장된 글리코겐은 혈액 포도당 농도가 저하될 때 혈당을 일정하게 유지시킨다. 탄수화물을 섭취하지 않을 경우 간에 저장된 글리코겐은 대략 18시간이면 거의 고갈되기 때문에 항상 식사를 통해 탄수화물을 적당량 섭취하는 것이 중요하다. 신체 내 글리코겐 저장량이 모두 고갈되면 체내 단백질을 소모하게 되고 적정한 혈당 유지를 하지 못하게 됨으로써 결국 건강에 문제를 일으키게 된다.

■ 탄수화물의 종류와 급원

대부분의 탄수화물은 탄소, 수소, 산소가 각각 1 : 2 : 1의 비율로 구성되어 있다. 탄수화물은 당류라고도 하며 단당류, 이당류, 올리고당 및 다당류로 분류된다.

주요 단당류에는 포도당, 과당, 갈락토스가 있다. 신체 내에서 제일 중요한 단당류인 포도당은 자연계에 널리 존재하고 사람의 혈액 중에 약 0.1% 정도 함유되어 있어 혈당이라고도 한다. 과당은 과일과 꿀에 들어 있으며, 신체 소장에서 흡수된 후 간으로 운반되어 대부분 포도당이나 해당 과정의 중간산물로 전환된다. 갈락토스는 포도당과 결합하여 이당류인 유당 형태로 우유나 유제품에 들어 있으며 유리된 상태로는 거의 존재하지 않는다(그림 1-7).

이당류는 두 개의 단당류가 결합된 형태의 탄수화물이다. 자연 상태에서 흔히 볼 수 있는 이당류는 맥아당, 서당 그리고 유당이며 이들 모두 포도당을 함유하고 있다. 맥아당은 포도당 두 분자가 결합된 것으로, 주로 전분의 소화과정에서 형성된다. 보통 식탁용 설탕인 서당은 포도당과 과당으로 이루어져 있으며, 사탕수수, 사탕무, 단풍시럽과 같은 식물에 다량 함유되어 있다. 유당은 우유와 유제품에 들

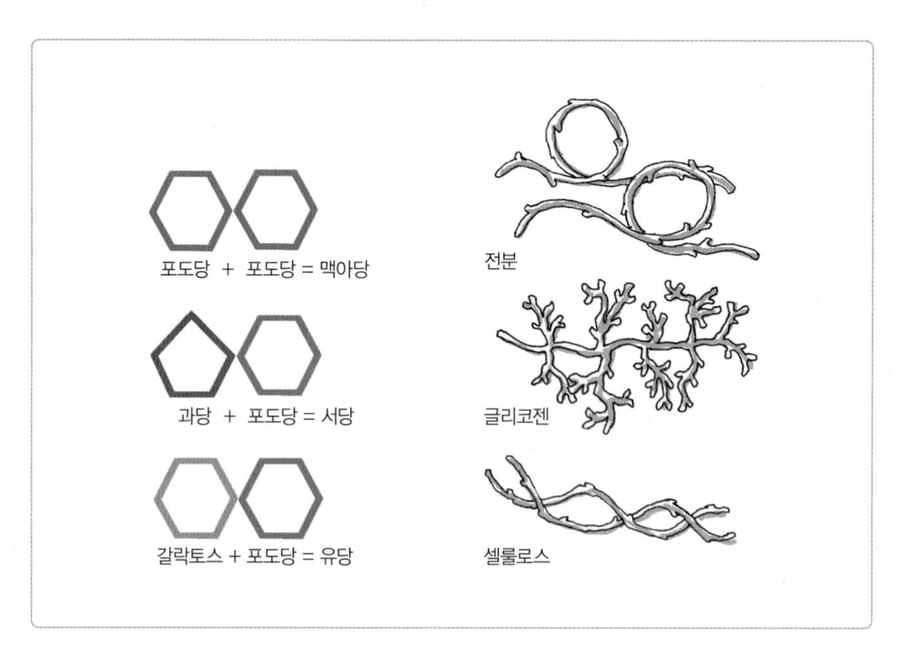

그림 1-7
탄수화물 구조의 모형도

어있는 동물성 이당류로 포도당과 갈락토스로 이루어져 있다.

올리고당은 3~10개의 단당류로 이루어져 있으며, 콩류에서 발견된 라피노스와 스타키오스 등이 여기에 속한다. 올리고당은 우리 신체 내에서 쉽게 소화가 되지 않는 특성을 가지고 있으며, 대장에서 박테리아에 의해 가스와 다른 부산물을 생성한다.

다당류는 1,000개 이상의 단당류로 구성된 탄수화물의 복합체이다. 다당류 또는 복합 탄수화물에는 전분, 글리코겐 및 식이섬유질이 해당된다. 곡류와 감자류에 많은 전분은 식물의 에너지 저장 형태이다. 전분은 구조상 아밀로스와 아밀로펙틴의 두 형태가 있으며, 아밀로스가 포도당이 직쇄형으로 연결된 긴 사슬 형태의 중합체인 반면, 아밀로펙틴은 많은 가지구조를 가진 포도당 중합체이다. 아밀로스와 아밀로펙틴은 감자, 콩, 식빵, 파스타, 쌀 등의 전분식품에 많이 함유되어 있으며, 일반적으로 1:4 비율로 들어있다. 아밀로펙틴은 구조상 가지를 많이 가지고 있어 소화효소가 작용할 면적이 넓으므로 아밀로스보다 훨씬 더 쉽게 분해되어 혈당을 빨리 높인다. 사람과 동물 체내에 저장되는 탄수화물인 글리코겐은 아밀로펙틴과 유사한 가지구조의 포도당 중합체이며 주로 신체의 간과 근육에 저장된다.

식이섬유에는 불용성인 셀룰로스, 헤미셀룰로스를 비롯하여 수용성인 펙틴, 검, 뮤실리지 등이 있고, 비당류의 알콜 유도체인 리그닌도 이에 해당된다. 불용성 섬유질은 인체의 소장에서 소화되지 않고 대장으로 내려간다. 수용성 섬유질은 대장에서 박테리아에 의해 발효되어 초산, 프로피온산, 부티르산과 같은 단쇄 지방산과 수소, 메탄 등의 가스를 만든다. 특히 부티르산은 대장 세포의 에너지원으로 사용되며, 대장의 건강을 증진시킨다.

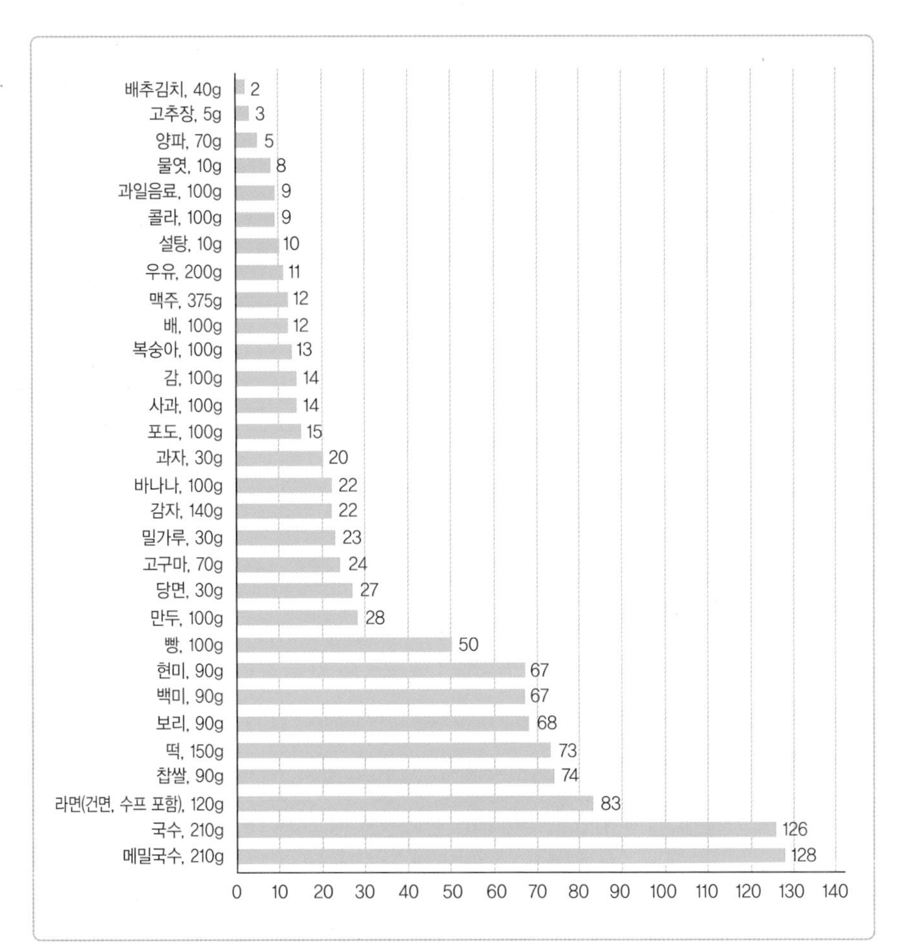

그림 1-8
주요 급원식품 중 탄수화물 함량(1회 분량당 함량)

자료 : 보건복지부, 2020 한국인 영양소 섭취기준.

표 1-2 탄수화물 고함량 식품(100g당 함량)

함량 순위	식품	함량 (g/100g)	함량 순위	식품	함량 (g/100g)
1	설탕	100	16	물엿	83
2	과당	100	17	찹쌀	82
3	사탕	98	18	젤리	82
4	껌	95	19	계핏가루	81
5	생강차	91	20	영지버섯, 말린 것	81
6	전분	90	21	캐러멜	80
7	당면, 말린 것	89	22	밀가루	77
8	조청	88	23	파스타, 말린 것	77
9	컴프리차 가루	88	24	율무차 가루	76
10	쌍화차 가루	88	25	미숫가루	76
11	녹두 국수, 말린 것	88	26	밀	76
12	꿀	86	27	딸기잼	75
13	시리얼	85	28	보리	75
14	상황버섯, 말린 것	85	29	백미	75
15	얼레지 뿌리, 말린 것	83	30	한천	75

자료 : 보건복지부, 2020 한국인 영양소 섭취기준.

■ 탄수화물의 소화와 흡수

전분의 소화는 입에서부터 시작된다. 침의 아밀라아제는 일부 전분을 맥아당과 같은 이당류로 분해한다. 일단 음식물이 식도를 거쳐 위로 들어가면 산성 환경(pH 1~2)에서 타액 아밀라아제는 불활성화된다. 차후 음식물 내 다당류는 췌장에서 분비된 아밀라아제에 의해 대부분 이당류로 분해되고, 분해된 이당류는 다시 소장 점막세포에 존재하는 이당분해 효소에 의해 단당류로 분해된다. 즉, 말타아제는 맥아당을 포도당 두 분자로, 수크라아제는 서당을 포도당과 과당으로, 락타아제는 유당을 포도당과 갈락토스로 분해시킨다.

이당류는 단당류로 최종 분해되어 흡수된다. 단당류는 소장의 융모에서 흡수되어 혈류를 통해 문맥을 거쳐 간으로 운반된다. 소화·흡수되지 못한 탄수화물은

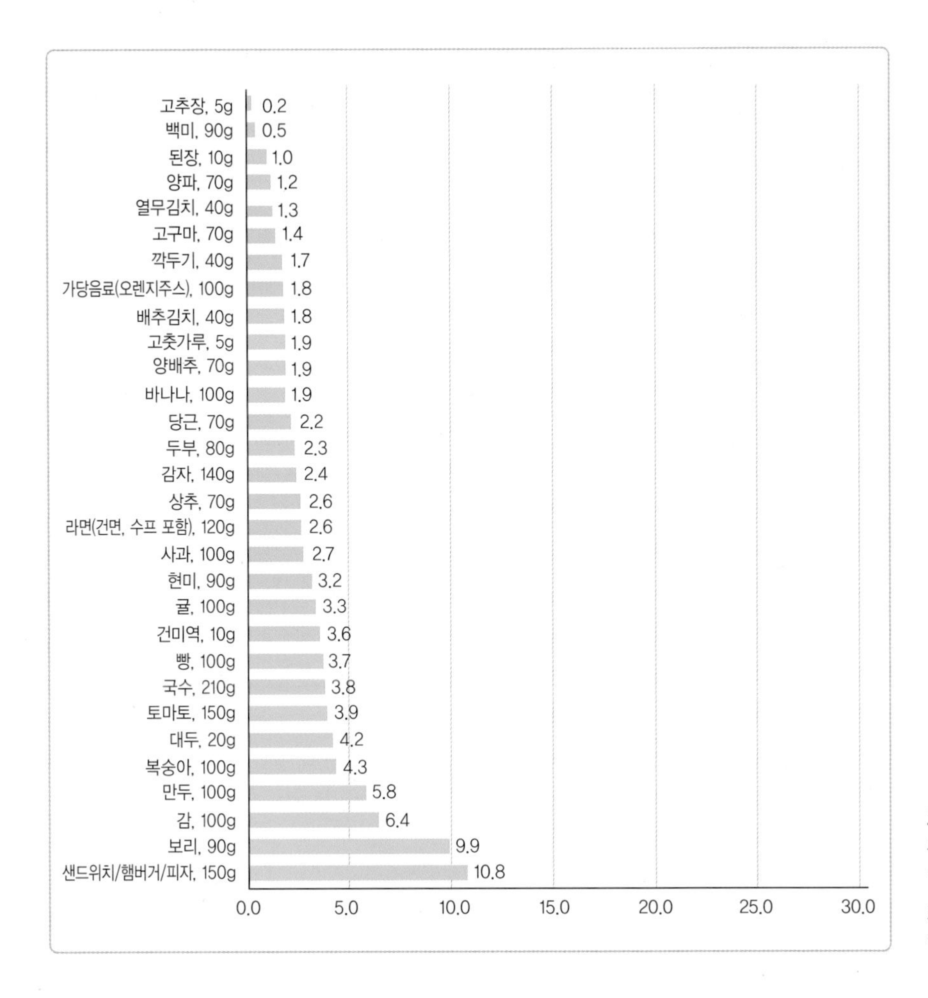

그림 1-9
주요 급원식품 중 식이섬유 함량(1회 분량당 함량)

자료 : 보건복지부, 2020 한국인 영양소 섭취기준.

대장으로 들어가 장내 박테리아에 의해 발효되며, 발효되지 않은 부분은 배설된다. 유당 분해효소인 락타아제가 부족한 사람들의 경우 소화·흡수되지 않은 유당이 대장에서 박테리아에 의해 분해되면서 산과 가스를 발생시키기 때문에 장에 가스가 차서 복부 팽만감, 복통 및 불쾌감을 겪게 된다.

■ **탄수화물의 기능**

포도당의 중요한 기능은 신체에 에너지를 공급하는 것이다. 뇌와 적혈구는 에너지원으로 주로 포도당을 사용하며, 근육과 다른 신체 세포에서는 포도당과 지방산을 사용하여 에너지를 충족시킨다.

표 1-3 식이섬유 고함량 식품 (100g당 함량)

함량 순위	식품	함량 (g/100g)	함량 순위	식품	함량 (g/100g)
1	영지버섯, 말린 것	77.9	16	들깨, 볶은 것	22.0
2	상황버섯, 말린 것	74.4	17	콩(대두), 흑태, 말린 것	20.8
3	계피, 가루	61.4	18	염교(락교), 생것	20.7
4	석이버섯, 말린 것	60.9	19	보리, 엿기름, 말린 것	20.4
5	산초, 가루	56.6	20	겨자 페이스트	19.4
6	오레가노, 말린 것	42.5	21	팥, 붉은팥, 말린 것	17.9
7	고춧가루, 가루	37.7	22	홑잎나물, 생것	17.2
8	미역, 말린 것	35.6	23	코코넛, 말린 것	16.3
9	녹차 잎, 말린 것	35.4	24	참깨, 흰깨, 볶은 것	14.1
10	치아씨, 말린 것	34.4	25	강낭콩, 생것	14.1
11	팽창제, 효모, 말린 것	32.6	26	아마란스, 건조	13.8
12	월계수잎, 말린 것	26.3	27	꾸지뽕잎, 생것	13.5
13	잠두, 생것	25.0	28	미숫가루	12.8
14	아마씨, 볶은 것	24.0	29	선인장, 열매, 생것	12.4
15	삼씨, 말린 것	22.7	30	아몬드, 볶은 것	11.3

자료 : 보건복지부. 2020 한국인 영양소 섭취기준.

포도당은 조직 단백질이 에너지원으로 사용되는 것을 방지하여 단백질 절약작용을 한다. 탄수화물을 충분히 섭취하면 식이 단백질은 신체 조직을 구성하고 생명 유지에 중요한 대사 과정에 쓰이게 된다. 그러나 탄수화물을 충분히 섭취하지 못하여 포도당이 부족하면 신체는 근육 조직 단백질을 분해하여 포도당을 합성한다. 그러므로 이런 상태가 몇 주 동안 계속되면 근육조직이 손실된다. 또한 탄수화물의 충분한 섭취는 지방산 산화에도 필요하다. 탄수화물이 부족하면 인슐린 분비가 감소하여 지방조직으로부터 지방산이 필요 이상 분해되는데, 그 결과 아세트산과 그 유도체인 케톤체가 다량 만들어져 혈액과 조직에 축적되는 케톤증을 유발한다. 특별히 뇌, 적혈구, 망막, 수정체, 신장의 수질 등은 포도당을 에너지원으로 선호한다. 성인의 두뇌가 하루에 필요로 하는 포도당의 양은 평균 100g/일이다. 탄수화물이 충분하게 공급되지 않으면 저장 지방이 분해되어 만들어진 케톤체가 뇌에서 에너지로 사용될 수 있으나, 장기간 지속될 때에는 케톤체가 축적되어 위험할 수 있으므로 최소한 1일 100g의 탄수화물을 섭취할 필요가 있다.

식이섬유는 포만감을 주므로 상대적으로 열량 섭취를 줄여 비만을 예방할 수 있다. 특히 불용성 섬유는 수분을 흡수하여 부피가 증가하기 때문에 변의 양이 많아져 장 근육을 자극할 뿐 아니라 변이 부드러워져서 변 배설을 용이하게 만든다. 수용성 섬유는 소장의 당 흡수를 느리게 하여 혈당을 조절하므로, 당뇨병 치료에 도움을 줄 수 있으며 혈청 콜레스테롤을 감소시켜서 심혈관계 질환과 담석증을 예방할 수 있다.

■ 탄수화물 섭취와 건강문제

탄수화물 급원 에너지 섭취의 적정비율은 55~65%이다. 이는 하루 2,000kcal 섭취 기준으로 볼 때 275~325g 정도이며, 전문가들은 대부분 복합 탄수화물로 섭취할 것을 권장하고 있다. 국민건강영양조사 결과, 우리나라 사람들의 탄수화물 급원 에너지 섭취비율은 1975년 79%, 1980년 77.3%, 1990년 68.7%, 2005년 64.3%로 감소 추세이다. 연령별로 보면 대체로 50세 이상 중장년층에서 탄수화물 섭취비율이 높은 편이다. 총량의 대부분인 80.4%를 곡류에서 섭취하고 있으나 과실류(6.1%)와 채소류(5.3%)에서도 섭취하고 있는 것으로 나타났다.

한국인 영양소 섭취기준(2020)에서 식이섬유 충분섭취량은 성인 여자 20g, 성인 남자 30g이다. WHO(1990)는 총 섬유질 기준으로 하루 27~40g을, 비전분성 다당류 기준으로는 16~24g을 권장하고 있다. 이것은 열량 1,000kcal 섭취당 14g에 해당하는 양이다. 식이섬유의 충분한 섭취는 심혈관 질환이나 당뇨병의 위험을 감소시키는 데 많은 도움이 된다.

단순당이 많이 들어 있는 사탕이나 초콜릿에는 열량은 많이 함유되어 있으나 비타민이나 무기질이 매우 적어 이들은 빈 열량(empty calorie) 식품이라 한다. 특히 아이들과 청소년처럼 성장에 필수적인 영양소의 필요량이 높은 시기에는 열량만 있고 필수 영양소가 부족한 탄수화물 음식의 섭취를 가급적 절제해야 한다. 설탕을 비롯한 탄수화물은 입안에 있는 박테리아에 의해 변질되어, 치아의 에나멜층을 녹이고 하부구조를 파괴하는 산(酸)을 생성하여 충치를 발생시킨다. 박테리아는 당을 이용해 치아에 달라붙어 침의 산-중화 효과를 줄이는 끈적끈적한 물질인 플라그를 만든다. 특히 카라멜처럼 당분이 많으면서 끈적끈적한 식품들은 치아에 붙어 오랫동안 박테리아에 당을 제공함으로써 충치를 유발한다.

유당 불내증은 유당분해효소인 락타아제 부족으로 인해 유당을 먹었을 때 나타나는 복통, 가스, 설사 등의 증상을 말한다. 소화되지 않은 유당은 소화관내 삼투압을 높여 장내로 물을 끌어들이며 장벽을 자극하고 설사를 유발한다. 유당을 다른 식품과 같이 섭취할 경우 소화율이 높아지므로, 우유는 식사와 함께 섭취하는 것이 좋다. 또한 생산과정에서 대부분의 유당이 분해된 치즈나 요구르트를 비롯하여 저유당 우유나 유당 분해효소가 함유된 우유를 섭취하는 것이 유당 불내증 환자에 도움이 될 수 있다.

(2) 지질

지질은 탄소, 수소, 산소로 구성되며 1g당 9kcal의 열량을 생산한다. 지질은 탄수화물에 비해 동일한 g분자량당 탄소와 수소 수가 더 많고 산소가 적기 때문에 더 많은 열량을 생산한다. 지질은 다양한 화합물질로 구성되어 있으나 이들의 공통적 특성은 물에 용해되지 않고 클로로포름, 벤젠, 에테르 등의 유기용매에 용해된다는 점이다. 사람이 건강을 유지하기 위해 식사로 섭취해야 하는 지질의 양은 매우 적다. 실제로 식물성 기름을 매일 2~4순갈 정도 음식에 섞어 먹거나 연어, 참치 등의 기름진 생선을 최소한 1주일에 2회 정도 섭취하는 것만으로 필수지방산의 필요량을 충족시킬 수 있다.

■ 지질의 종류와 급원

지질에는 중성지방, 인지질, 콜레스테롤 등이 있다. 지질은 대부분 3개의 탄소로 된 글리세롤 분자에 지방산이 결합된 중성지방으로 존재한다. 중성지방은 신체의 주요 에너지 급원이며 식품에 있는 지질의 주요한 형태다. 인지질은 세포막의 주요 구성성분이며 가장 일반적인 형태는 레시틴으로 간, 땅콩, 소맥아, 콩, 계란노른자 등에 풍부하게 들어 있다. 콜레스테롤은 에스트로겐과 테스토스테론과 같은 성호르몬, 비타민 D와 담즙산의 전구체이며, 심장, 간, 신장과 뇌에 그 함량이 매우

그림 1-10
지질이 풍부한 식품

높다. 신체 내에 존재하는 총 콜레스테롤의 2/3는 체세포에서 합성된 것이며 나머지 1/3은 식사로 섭취한 것이다.

식품에 지질은 다양한 지방산으로 구성된 복합체 형태로 존재한다(그림 1-11). 지방산은 구조적 특성에 따라 포화, 단일 및 복합 불포화지방산으로 분류된다. 지방산의 모든 탄소와 탄소의 결합이 단일결합이고 탄소가 수소로 포화된 상태를 포화지방산이라고 한다. 포화지방산은 주로 쇠고기, 돼지고기 등 육류를 구성하는 동물성 지방 성분으로 대체로 실온에서 고체로 존재한다. 불포화지방산은 지방산이 포화되지 않고 일부 탄소와 탄소 사이에 이중결합을 가지고 있을 때를 가리킨다. 이때 이중결합이 하나면 단일 불포화지방산이라 하고, 두 개 이상이면 복

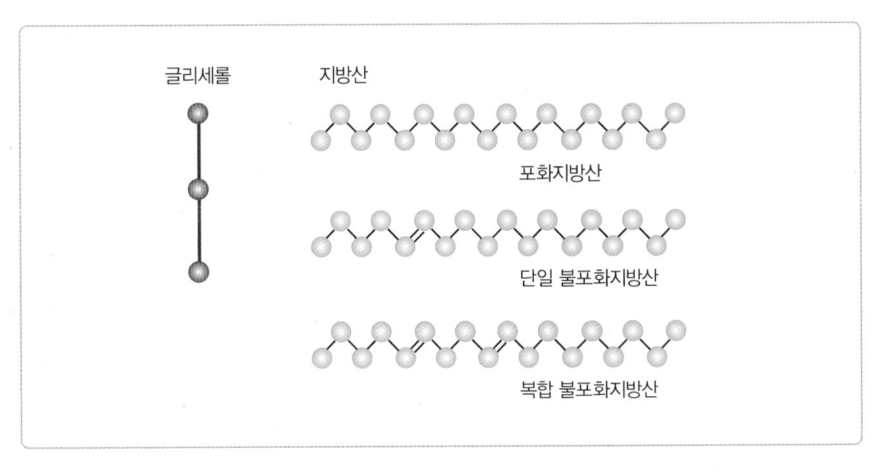

그림 1-11
글리세롤과 지방산의 모형도

그림 1-12
지방산을 포함한 식품류

합 불포화지방산이라 한다. 채종유와 올리브유는 단일 불포화 지방산을 많이 함유하고 있으며 옥수수, 콩, 해바라기, 잇꽃 등의 종자 기름에는 복합 불포화지방산이 풍부하다.

■ 지질의 기능

지질은 주로 신체에 에너지를 제공한다. 특히 중성지방은 가벼운 활동과 휴식기에 근육이 주로 사용하는 연료이다. 인체가 사용하고 남은 여분의 열량은 주로 중성 지방의 형태로 지방조직에 저장된다. 신체는 지방세포에 중성지방을 무한정 저장할 수 있으며 그 양은 체중의 50배까지도 가능하다. 저장된 지방은 신체 장기를 보호하고 열 손실을 막는 절연체 역할을 한다. 피부 바로 밑의 지방층은 대부분 중성지방으로 구성되어 있다. 한편 식품에 존재하는 지질은 소장에서 지용성 비타민의 소화, 흡수를 용이하게 해준다.

■ 지질의 소화, 흡수 및 이동

지질은 입과 위에서는 거의 소화되지 못하고, 십이지장에서 담즙에 의해 유화된 후 효소작용을 받는다. 담즙에 의해 유화된 지질은 췌장액 중 리파아제의 작용을 받는다. 지질 소화의 최종산물은 지방산과 글리세롤, 모노글리세리드, 콜레스테롤, 인지질 등이다.

섭취한 지질의 평균 95% 정도가 흡수된다. 흡수된 지질은 장세포에서 단백질과 결합하여 최종적으로 카이로미크론이라는 지단백질 형태가 된다. 카이로미크론은 소장 융모의 림프관을 거쳐 혈류로 합쳐진 다음 간으로 운반된다.

지질은 물에 용해되지 않으므로 단백질과 결합되어 지단백질을 형성해야 혈액 중에 혼합되어 체내의 필요한 곳으로 이동할 수 있다. 지단백질은 상당량의 중성지방, 인지질, 콜레스테롤 및 단백질을 함유하고 그 구성비율에 따라 카이로미크론, 초저밀도 지단백질(Very Low Density Lipoprotein, VLDL), 저밀도 지단백질(Low Density Lipoprotein, LDL), 고밀도 지단백질(High Density Lipoprotein, HDL)로 분류한다.

저밀도 지단백질의 약 50%는 콜레스테롤로, 콜레스테롤을 필요로 하는 조직으로 운반하는 역할을 한다. 일부 저밀도 지단백질의 콜레스테롤은 간에서 제거되어 담즙 생성에 이용되며, 그 잔여물이 혈관 벽에 축적되어 동맥경화증의 원인이 되기도 한다. 이와 같이 콜레스테롤은 우리 몸에 꼭 필요한 물질이지만 과잉으로 존재하면 동맥경화나 심장병을 초래할 수 있다. 특히 저밀도 지단백질-콜레스테롤은 동맥벽에 가장 많이 침착되기 때문에, 소위 '나쁜 콜레스테롤'로 불리기도 한다.

혈액에서 고밀도 지단백질은 말초조직의 콜레스테롤을 간으로 운반시켜 체내 콜레스테롤을 제거하는 역할을 한다. 따라서 고밀도 지단백질은 혈액 내 콜레스테롤 찌꺼기를 청소해 주는 역할을 하므로 '좋은 콜레스테롤'이라고도 한다. 따라서 혈액 내 고밀도 지단백질 농도는 낮고 저밀도 지단백질 농도가 높은 경우 동맥경화증에 걸릴 위험도가 높아진다.

■ **지질 섭취와 건강문제**

한국인 영양소 섭취기준(2020)에서 총지방 에너지 적정비율은 3세 이상 전 연령에서 15~30%이다. 다만 1~2세 유아기는 지방 함량이 높은 모유(열량의 약 50%)에서 일반 식이로 전환하는 시기이므로 권장기준을 20~35%로 제시하였다. 체내에서 합성되지 않는 필수지방산에는 오메가-6계 다중불포화지방산인 리놀레산과 오메가-3계 다중불포화지방산인 알파-리놀렌산이 있다. 오메가-3계 다중불포화지방산인 EPA와 DHA에는 알파-리놀렌산에서부터 전환될 수 있지만 필요량에 비해 전환율이 낮을 수 있으므로 식사로부터 충분히 섭취하는 것이 좋다. 이것은 주요 급원 식품인 어류를 최소한 한 주에 두 번 정도 섭취함으로써 얻을 수 있다.

그러나 심혈관질환의 위험을 감소하기 위해 포화지방산의 섭취는 열량 섭취의 7% 미만으로 그리고 트랜스지방산은 1% 미만으로 섭취하도록 권고하고 있다. 또한 전문가들은 콜레스테롤 섭취는 하루 300mg을 초과하지 말 것을 권유하고 있다.

지질의 과잉 섭취는 체지방의 과잉 축적을 유발하고 이는 심혈관계 질환이나 암 발생과 무관하지 않다는 보고들이 많다. 최근 우리나라를 비롯한 세계 선진국들에서 심혈관계 질환은 주요 사망원인의 하나이며, 그중 95% 이상이 심장이나 뇌의 혈류를 막는 혈전에 의해 발생되는 것으로 밝혀졌다. 뇌혈관에 동맥경화 증상이 생겨 뇌의 혈류를 차단하면 뇌졸중을 일으키고, 심장근육의 혈류를 방해하면 심장발작, 심근경색 혹은 관상동맥폐색을 일으키는 것이다. 건강이 양호한 정상인의 혈청 중성지방의 농도는 100~150mg/dL, 콜레스테롤 농도는 200mg/dL인데, 연령이 증가함에 따라 그 농도가 증가하는 경향이 있다. 전립선암, 결장암, 유방암의 발생률도 식사의 지질 섭취와 관련성이 높은 것으로 알려져 있다.

그림 1-13
단백질이 풍부한 식품

(3) 단백질

단백질(protein)은 그리스어로 "가장 중요한 것"이라는 'proteos'에서 유래하였다. 신체를 구성하는 수많은 물질들은 기본적으로 단백질로 구성되어 있다. 탄수화물이나 지질처럼 단백질도 탄소, 산소, 수소로 구성되어 있으나 이들과는 달리 질소도 함유하고 있다. 단백질은 무지방 조직의 대부분을 구성하며 뼈와 근육, 혈액, 세포막, 효소 및 면역 인자의 성분으로 총 체중의 17% 정도를 차지하는 중요한 물질이다.

■ 단백질의 종류와 급원

체내 단백질을 구성하고 있는 기본 단위 물질은 아미노산이다. 유전정보에 따라

표 1-4 아미노산의 종류

필수아미노산	불필수아미노산
• 이소류신(Isoleucine)	• 알라닌(Alanine)
• 류신(Leucine)	• 아스파라진(Asparagine)
• 라이신(Lysine)	• 아스파르트산(Aspartic acid)
• 메티오닌(Methionine)	• 시스테인(Cysteine)
• 페닐알라닌(Phenylalanine)	• 글루탐산(Glutamic acid)
• 트레오닌(Threonine)	• 글루타민(Glutamine)
• 트립토판(Tryptophan)	• 글라이신(Glycine)
• 발린(Valine)	• 프롤린(Proline)
• 히스티딘(Histidine)	• 세린(Serine)
• 알지닌(Arginine)	• 타이로신(Tyrosine)

약 20여 종의 아미노산들이 독특한 구조적 조성인 펩티드 결합을 형성함으로써 수많은 단백질을 만든다. 이들 아미노산 중 10종은 체내에서 전혀 합성되지 않거나 합성양이 매우 적어서 반드시 식사로 섭취해야 하는 것으로, 필수아미노산이라 한다(표 1-4). 체내에 필요한 단백질의 정상적인 합성을 위해서는 식사를 통해 필수아미노산을 충분히 섭취해야 하며, 이때 불필수아미노산들도 식사로 많이 공급해 주는 것이 바람직하다. 단백질은 육·어류, 계란 등 난류, 우유 및 치즈 같은 낙농제품, 두류에 많이 함유되어 있다. 동물성 단백질과 두류는 다른 식물성 단백질보다 필수아미노산 함량이 높은, 질 좋은 단백질이다.

▪ 단백질의 기능

단백질은 체구성 성분을 형성한다. 근육조직, 결체조직, 점액, 혈액응고 인자를 비롯하여 혈액 내 운반단백질, 지단백질, 효소, 항체, 호르몬, 시홍, 뼈의 지지구조들이 모두 단백질로 이루어져 있다. 체 단백질의 절반 정도는 산소를 운반하는 단백질인 헤모글로빈(hemoglobin)과 구조 단백질인 콜라겐, 액틴, 미오신으로 구성되어 있으며 이러한 구조적인 역할이 단백질의 일차적인 기능이다.

단백질은 체액의 균형을 유지시킨다. 특히 혈액 내 알부민과 글로부린은 체액의 균형 유지에 관여한다. 또한 단백질들은 혈액의 산·염기 균형을 조절하는 완충제

이기도 하다.

단백질은 1g 분자당 4kcal의 에너지를 생성한다. 만일 충분한 양의 포도당이 식사로부터 섭취되지 않으면, 체 조직 단백질을 분해하여 포도당을 제공한다. 즉, 체내 단백질로부터 생성된 아미노산이 포도당으로 전환되므로 장기간 포도당을 섭취하지 않을 경우, 많은 양의 근육조직이 소모되어 체력이 저하되고 심하면 부종을 유발하게 된다.

■ 단백질의 소화와 흡수

단백질은 위에서 소화되기 시작한다. 음식에 대한 생각이나 음식을 씹는 행위에 의해 위의 말단 부위에 존재하는 가스트린 합성세포가 자극되어 합성 분비된 가스트린은 위산과 펩신 분비를 자극한다. 분비된 위산은 단백질을 변성시키고, 펩신을 활성화시켜 단백질 분해를 촉진한다.

위에서 부분적으로 소화된 단백질은 십이지장으로 이동한다. 소장세포에서 분비된 호르몬인 콜레시스토키닌은 췌장을 자극하여 단백질 분해효소인 트립신, 키모트립신, 카복시펩티데이즈의 분비를 자극하고, 이 소화효소들은 큰 폴리펩티드를 작은 펩티드와 아미노산으로 분해한다. 작은 펩티드와 아미노산은 소장에서 흡수되며 흡수된 작은 펩티드도 소장 세포 내에서 모두 아미노산으로 분해된다.

아미노산은 간 문맥을 통해 간으로 운반되어 단백질 생합성, 포도당이나 지질로의 전환 또는 에너지로 이용되며 혈액으로 방출되어 다른 조직으로 이동된다.

■ 단백질 섭취와 건강문제

사람은 하루에 얼마나 많은 양의 단백질을 섭취해야 할까? 성장이 끝난 성인의 경우 소변, 대변, 피부, 머리카락, 손톱 등으로 소모되는 양에 해당하는 단백질을 섭취하면 된다. 한국인 영양소 섭취기준(2020)에서 성인 남자는 하루에 60~65g, 성인 여자는 50~55g을 섭취하도록 권장하고 있다.

단백질은 여러 식품 속에 다양하게 함유되어 있으며, 육류나 어류에 약 20%, 난류에 12~13%, 두류에 20% 이상 함유되어 있다.

단백질의 부족은 성장기 어린이에게 심각한 병적상태를 초래한다. 특히 개발 도

상국가에서 단백질 부족 증세인 콰시오커(kwashiorkor)가 많이 나타난다. 단백질 섭취가 부족하면 피부에 탄력이 없어지고, 근육은 연약해지며, 빈혈현상이 자주 나타나고 면역력이 낮아져 설사를 동반하고 전염성 질병에도 쉽게 감염된다. 이러한 현상이 지속되면 혈액 단백질의 농도가 저하되어 영양실조성 부종을 초래한다. 마라스무스(marasmus)는 에너지와 단백질이 모두 부족한 기아상태에서 나타나며 이때 신체에 저장된 체지방은 거의 없다.

반면, 단백질의 섭취가 많은 경우에는 에너지원으로 쓰이고 남은 단백질이 지질로 전환되어 체내에 저장되기도 한다. 지나치게 단백질 흡수가 증가되었을 경우 오히려 알칼리성 장액의 분비를 증가시키고 칼슘 손실을 촉진하여 갱년기 이후의 여성들에게 골연화증이나 골다공증을 유발시키기도 한다.

(4) 비타민

정상적인 체내 기능, 성장, 신체 유지를 위하여 반드시 필요한 미량의 유기물질이다. 특히 에너지 발생이나 단백질 생합성 등 생화학 반응을 원활하게 하기 위한 촉매로 필수적인 요소지만 체내에서 합성되지 않으므로 식이를 통해 반드시 섭취되어야 한다. 비타민을 충분히 섭취하지 않으면 심각한 결핍증이 발생될 수 있으나, 특별한 경우를 제외한 대부분의 결핍증은 해당 비타민을 재공급함으로써 신속하게 회복된다. 과거에 치료가 불가능한 질병으로 여겨졌던 각기병, 괴혈병, 펠라그라, 구루병, 야맹증, 악성빈혈 등이 20세기 이후 비타민 결핍증으로 알려지면서 비타민의 필수성을 인식하게 되었다.

표 1-5 수용성과 지용성 비타민의 일반적 성질

수용성 비타민	지용성 비타민
• 물에 용해된다.	• 기름과 유기용매에 용해된다.
• 체내에 저장되지 않는다.	• 체내에 저장된다.
• 소변으로 쉽게 배설된다.	• 체외로 배출되기 어렵다.
• 결핍증세가 빨리 나타난다.	• 결핍증세가 서서히 나타난다.
• 필요량을 매일 공급해야 한다.	• 필요량을 매일 공급할 필요는 없다.
• 일반적으로 전구체가 없다.	• 전구체가 있다.

에테르와 벤젠과 같은 유기용매에 용해되는 비타민 A, D, E, K는 지용성 비타민으로 분류하며, 물에 용해되는 비타민 B군과 C는 수용성 비타민으로 분류한다(표 1–5).

■ **수용성 비타민**

수용성 비타민은 체내의 탄수화물, 지질, 단백질 대사에 관여하는 여러 보조효소의 구성 성분으로서 신진대사를 조절하는 윤활유의 역할을 한다. 특히 비타민 B 복합체에 속하는 대부분의 비타민은 열량대사에서 보조효소로서 작용한다. 비타민 C는 항산화제로 알려져 있으며 체내에서 중요한 기능을 담당하는 여러 화합물을 합성하는 데도 관여한다. 수용성 비타민은 체액에 용해되어 뇨로 쉽게 배설되

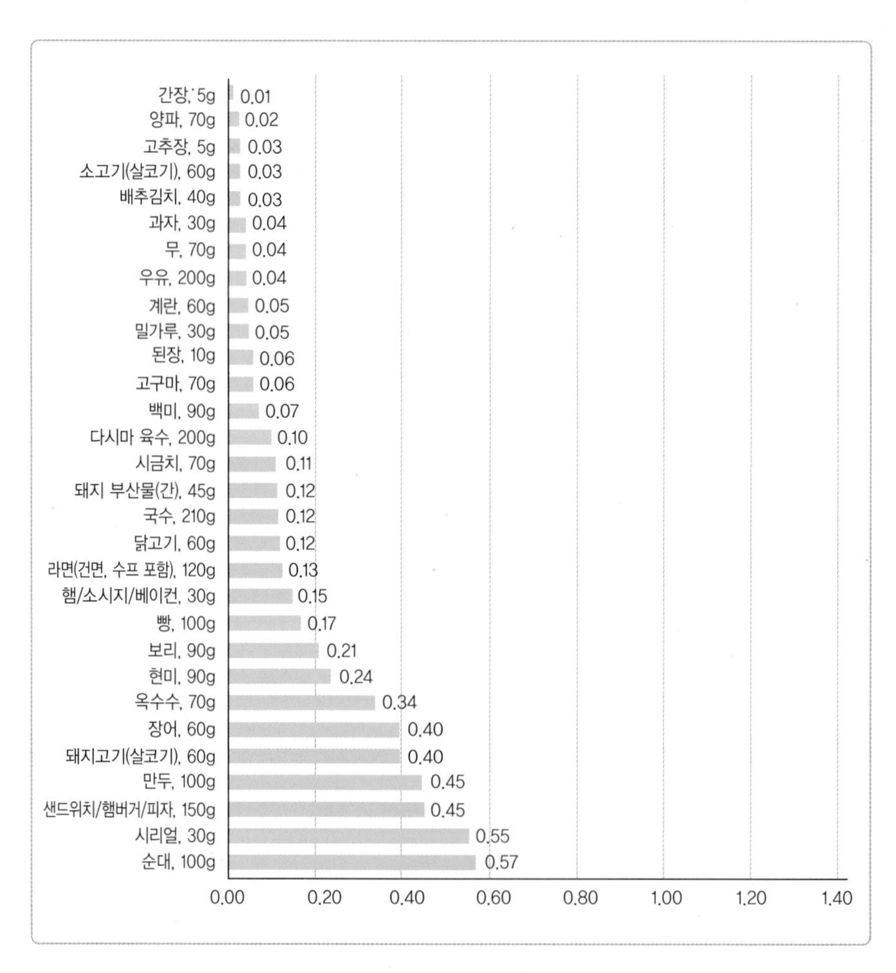

그림 1–14
주요 급원식품 중 티아민 함량(1회 분량당 함량)

자료 : 보건복지부, 2020 한국인 영양소 섭취기준.

므로 매일 식사를 통해 충분히 섭취해야 한다.

- **티아민(비타민 B_1)** 탄수화물 대사에서 이산화탄소를 제거하는 효소의 보조효소로 작용하므로 밥 등의 곡류를 많이 먹을 때 그 필요량이 증가한다. 또한 갑상샘 기능항진증의 경우 티아민 사용이 증가하여 결핍증이 나타날 수 있다. 티아민이 결핍되면 각기 증세, 경련성 운동실조, 신경증상, 식욕부진, 피로 등의 현상이 나타난다.

  티아민이 함유된 식품은 매우 많으나 일반적으로 함유량은 낮은 편이다. 티아민이 풍부한 식품은 돼지고기류, 해바라기씨, 두류, 밀 배아, 수박 등이며, 전곡과 강화된 곡류, 완두콩, 아스파라거스, 내장육, 땅콩 및 기타 종실류, 버섯도

표 1-6 티아민 고함량 식품(100g당 함량)

함량 순위	식품	함량 (mg/100g)	함량 순위	식품	함량 (mg/100g)
1	팽창제, 효모, 말린 것	8.81	16	보리, 엿기름, 말린 것	0.81
2	어패류부산물, 은어 내장, 생것	3.80	17	부지갱이, 생것	0.77
3	시리얼	1.85	18	아마란스, 건조	0.75
4	해바라기씨, 볶은 것	1.72	19	목화씨, 구운 것	0.75
5	녹차잎, 말린 것	1.68	20	꾸지뽕열매, 생것	0.73
6	피, 생것	1.67	21	솔잎, 생것	0.70
7	라면 수프	1.15	22	돼지고기, 살코기, 생것	0.66
8	산초, 가루	1.14	23	장어, 뱀장어, 생것	0.66
9	구기자열매, 생것	1.11	24	어패류알, 대구알, 생것	0.66
10	퀴노아, 쪄서 말린 것	0.95	25	작두(도두), 생것	0.65
11	자라고기, 생것	0.91	26	병아리콩, 말린 것	0.65
12	브라질너트, 볶은 것	0.88	27	라벤다, 말린 것	0.62
13	도토리 국수, 말린 것	0.87	28	치아씨, 말린 것	0.62
14	구절초차, 말린 것	0.85	29	소리쟁이잎, 말린 것	0.60
15	콜라비, 생것	0.82	30	조, 생것	0.60

자료 : 보건복지부, 2020 한국인 영양소 섭취기준.

좋은 급원이다. 따라서 다양한 식품을 섭취하는 것이 티아민을 충분히 섭취할 수 있는 바람직한 방법이다. 한국인 영양소 섭취기준(2020)에서 티아민의 권장 섭취량은 성인의 경우 남자 1.2mg/일, 여자 1.1mg/일이다.

- **리보플라빈(비타민 B_2)** 체내 산화환원 작용에서 보조효소의 구성 성분으로 중요한 역할을 하며, 성장과 발육을 촉진한다. 결핍증세로 입 주위가 허는 구순구각염, 설염, 지루성 피부염 등이 있다.

리보플라빈이 풍부한 식품은 간, 버섯, 시금치와 녹색 잎채소, 브로컬리, 아스파라거스, 그리고 저지방 우유와 무지방 우유 등이다. 리보플라빈은 빛에 노출되었을 때 빠르게 분해되므로 우유나 유제품, 시리얼 등은 종이나 플라스틱 용

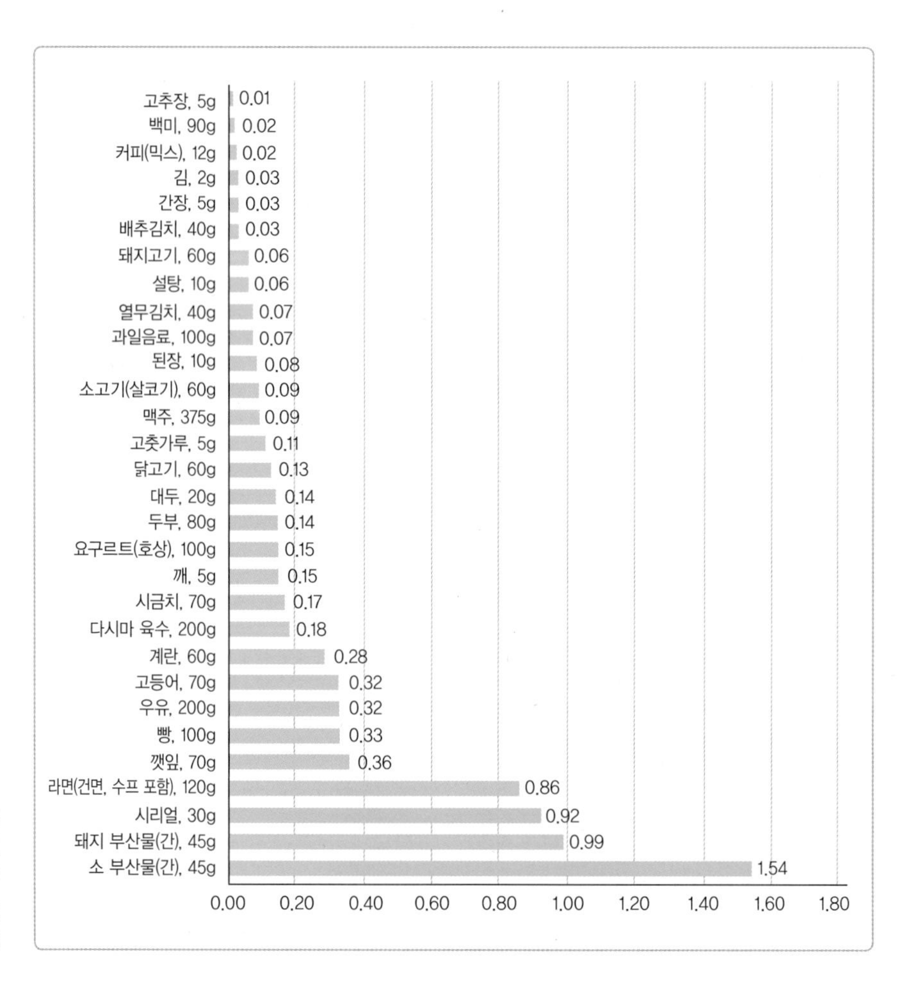

그림 1-15
주요 급원식품 중 리보플라빈 함량(1회 분량당 함량)

자료 : 보건복지부, 2020 한국인 영양소 섭취기준

기로 포장해야만 한다. 우리나라 사람들이 주로 섭취하는 리보플라빈의 주요 급원식품은 우유, 계란, 백미, 라면, 배추김치 등이다. 한국인 영양소 섭취기준(2020)에서 성인의 권장섭취량은 남성 1.5mg/일이고 여성 1.2mg/일이다.

표 1-7 리보플라빈 고함량 식품(100g당 함량)

함량 순위	식품	함량 (mg/100g)	함량 순위	식품	함량 (mg/100g)
1	메뚜기, 말린 것	5.60	16	라벤다, 말린 것	1.52
2	팽창제, 효모, 말린 것	3.72	17	뽕나무버섯, 말린 것	1.47
3	소 부산물, 간, 삶은 것	3.43	18	왕호장잎, 생것	1.42
4	시리얼	3.07	19	로즈메리, 말린 것	1.37
5	참깨, 볶은 것	2.93	20	아몬드, 볶은 것	1.36
6	영지버섯, 말린 것	2.61	21	타라곤, 말린 것	1.34
7	돌복숭아주	2.22	22	김, 구운 것	1.34
8	돼지 부산물, 간, 삶은 것	2.20	23	시럽, 단풍나무	1.27
9	고춧가루, 가루	2.16	24	엉겅퀴, 삶아서 말린 것	1.22
10	닭 부산물, 간, 삶은 것	1.99	25	박쥐나무잎, 생것	1.09
11	참반디, 말린 것	1.97	26	분말조미료	1.07
12	골든세이지, 말린 것	1.86	27	분유	1.06
13	잣버섯, 말린 것	1.69	28	미꾸라지, 삶은 것	1.00
14	녹차잎, 말린 것	1.67	29	춘장	0.98
15	은어 부산물, 내장, 생것	1.62	30	거위 부산물, 간, 생것	0.89

자료 : 보건복지부, 2020 한국인 영양소 섭취기준.

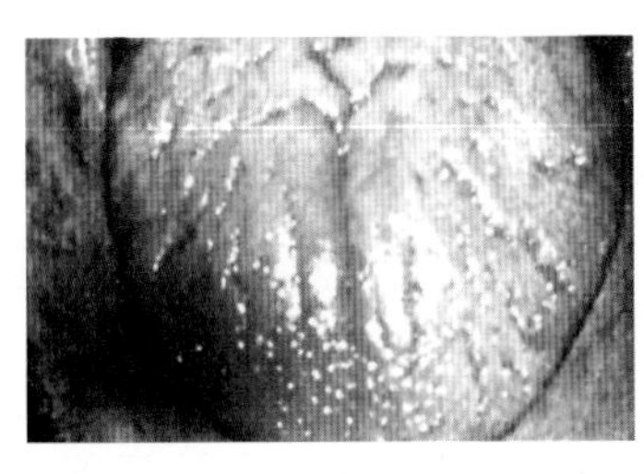

그림 1-16
설염 증세

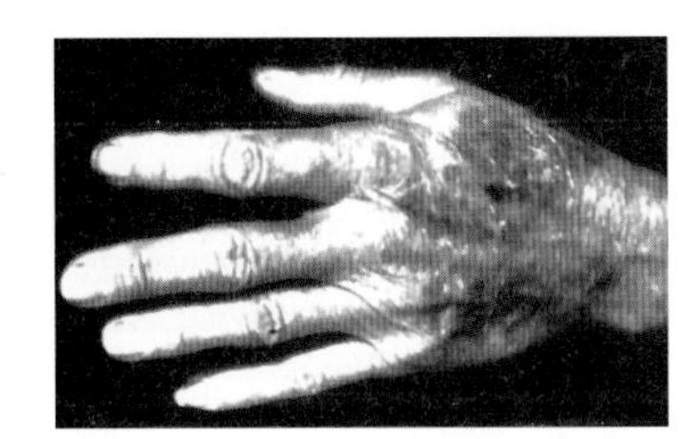

그림 1-17
펠라그라 증세

- **니아신** 수소제거효소의 활성을 촉진하는 보조효소로서 세포 내 산화환원 반응에 관여한다. 니아신이 결핍되면 피부, 소화기관, 중추신경계에 영향을 미친다. 대표적인 니아신 결핍증세인 펠라그라는 마치 화상을 입은 것 같은 피부염(dermatitis)이 대표적인 증상으로 나타나며, 심해지면 설사(diarrhea), 기억력 감소(dementia)를 거쳐 사망(death)하기에 이른다. 때문에 펠라그라를 4D 질병이라고도 한다.

  니아신은 다른 수용성 비타민들과는 달리 열에 매우 안정하여 조리 시 거의 손실되지 않는다. 니아신은 버섯, 생선류, 닭고기, 아스파라거스와 땅콩 등에서 섭취할 수 있으며 커피와 차 종류도 좋은 급원이 된다. 또한 체내에서 60mg의

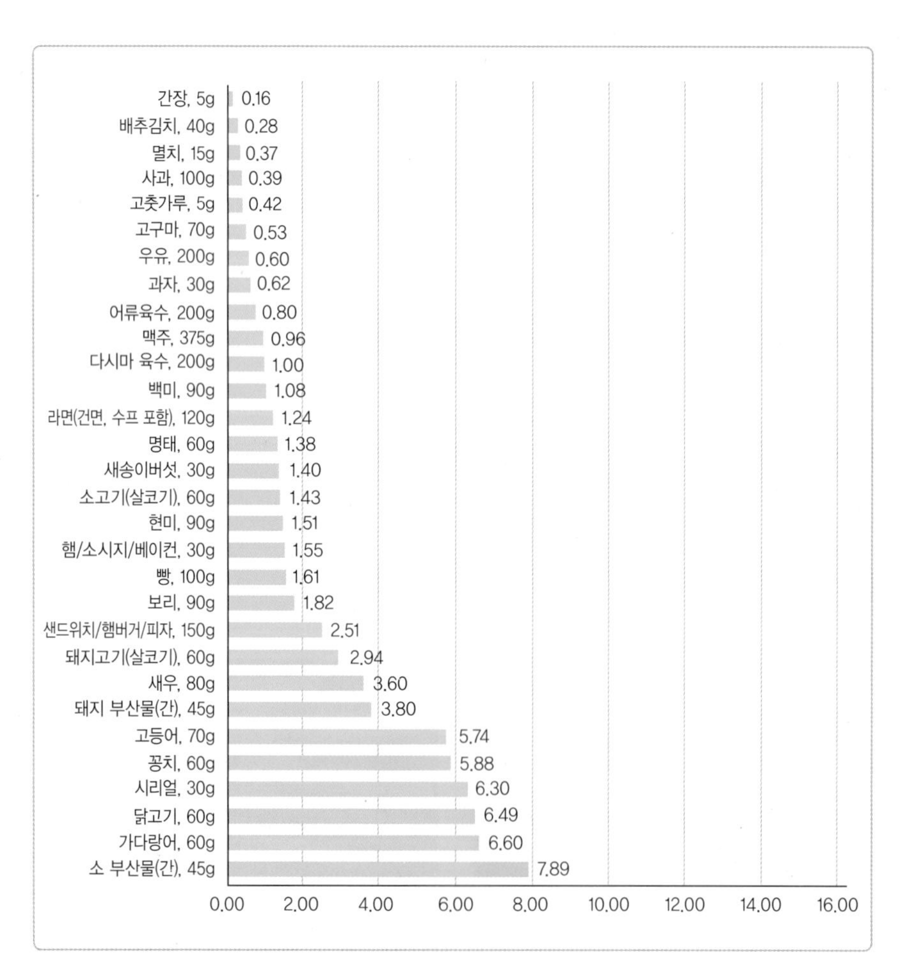

그림 1-18
주요 급원식품 중 니아신 함량(1회 분량당 함량)

자료 : 보건복지부, 2020 한국인 영양소 섭취기준.

표 1-8 니아신 고함량 식품(100g당 함량)

함량 순위	식품	함량 (mg/100g)	함량 순위	식품	함량 (mg/100g)
1	싸리버섯, 생것	46.30	16	방어, 구운 것	10.10
2	밤버섯, 생것	38.40	17	땅콩, 볶은 것	9.89
3	팽창제, 효모, 말린 것	22.00	18	꽁치, 구운 것	9.80
4	시리얼	21.01	19	만새기, 생것	9.00
5	육포	19.60	20	타라곤, 말린 것	8.95
6	뽕나무버섯, 말린 것	18.20	21	까나리, 생것	8.90
7	소 부산물, 간, 삶은 것	17.53	22	치아씨, 말린 것	8.83
8	가다랑어, 생것	15.30	23	골든세이지, 말린 것	8.50
9	어패류알, 대구알, 생것	12.70	24	돼지 부산물, 간, 삶은 것	8.44
10	물치다래, 생것	12.50	25	고춧가루	8.43
11	잣버섯, 말린 것	11.60	26	고등어, 생것	8.2
12	닭 부산물, 간, 삶은 것	11.05	27	정어리, 생것	8.10
13	가다랑어, 유지통조림	11.00	28	진두발, 말린 것	8.00
14	닭고기, 가슴, 생것	10.82	29	청태, 말린 것	8.00
15	청새치, 생것	10.40	30	준치, 생것	7.90

자료 : 보건복지부, 2020 한국인 영양소 섭취기준.

트립토판이 1mg의 니아신으로 전환되므로, 트립토판이 풍부한 식사도 니아신을 제공해 줄 수 있다. 한국인 영양소 섭취기준(2020)에서 성인의 권장섭취량은 남성 16mgNE/일이고 여성은 14mgNE/일이다. 상한섭취량은 니코틴산 형태는 35mgNE/일, 니코틴아미드 형태는 1,000mgNE/일이다.

- **비타민 B_6** 피리독신이라고 부르는 단백질과 아미노산 대사에 관여하는 조효소의 구성 성분으로, 부족 시에는 피부염, 구각염, 말초신경 장애 등이 나타난다.

비타민 B_6는 동물의 근육조직에 주로 저장되므로, 육류와 생선, 가금류가 가장 좋은 급원식품이다. 동물성 식품에 포함된 비타민 B_6가 식물성 식품에 함유된 것보다 더 쉽게 흡수된다. 전곡류도 좋은 급원이지만 곡류를 도정할 때 대부분의 비타민 B_6가 손실되며 일반적으로 과일과 채소 역시 좋은 급원이 아니

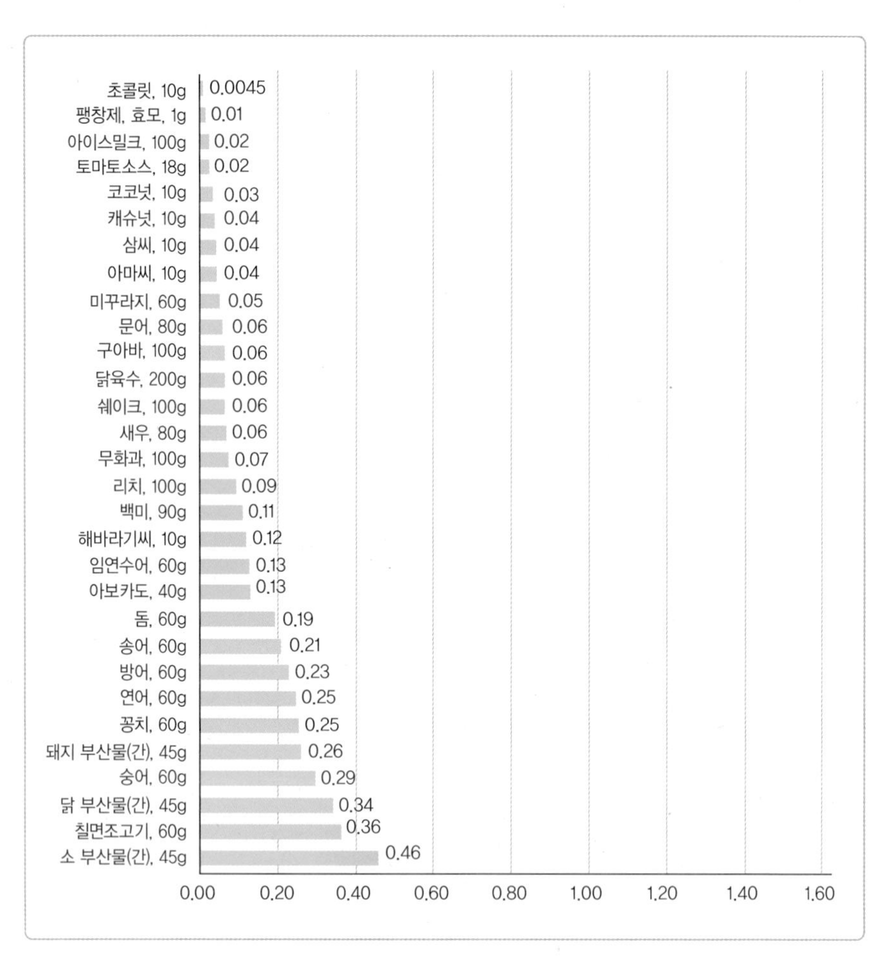

그림 1-19
주요 급원식품 중 비타민 B_6 함량(1회 분량당 함량)

자료 : 보건복지부, 2020 한국인 영양소 섭취기준.

다. 비타민 B_6는 열이나 알칼리 상태에서 불안정하므로 열처리와 같은 가공기술은 식품의 비타민 B_6 함량을 10~50% 정도 감소시킨다. 한국인 영양소 섭취기준(2020)에서 성인의 권장섭취량은 남성 1.5mg/일, 여성은 1.4mg/일이며, 상한섭취량은 100mg/일이다.

- **판토텐산** 판토텐산은 '어디에서나'라는 뜻을 지닌 그리스어 'panthos'에서 유래되었다. 신체 에너지 대사의 주요 보조인자이자 아실기 운반단백질인 CoA의 구성 성분으로, 탄수화물, 지질, 단백질 대사에 관여한다. 판토텐산은 자연계에 널리 분포되어 있으므로 정상적인 식생활을 하는 인체에서는 부족증세가 거의 나타나지 않는다. 그러나 불균형한 식사를 하는 알코올 중독자에게서 부족

표 1-9 비타민 B_6 고함량 식품(100g당 함량)

함량 순위	식품	함량 (mg/100g)	함량 순위	식품	함량 (mg/100g)
1	타라곤, 말린 것	2.41	16	만새기, 생것	0.46
2	월계수잎, 말린 것	1.74	17	청새치, 생것	0.44
3	팽창제, 효모, 말린 것	1.28	18	꽁치, 구운 것	0.42
4	해바라기씨, 볶은 것	1.18	19	연어, 생것	0.41
5	오레가노, 말린 것	1.04	20	아마씨, 볶은 것	0.41
6	소 부산물, 간, 삶은 것	1.02	21	개암, 헤이즐넛, 볶은 것	0.39
7	사프란	1.01	22	삼씨, 말린 것	0.39
8	목화씨, 구운 것	0.78	23	방어, 구운 것	0.38
9	거위 부산물, 간, 생것	0.76	24	잠두, 생것	0.37
10	닭 부산물, 간, 삶은 것	0.76	25	캐슈넛, 조미한 것	0.36
11	거위고기, 살코기, 생것	0.64	26	송어, 구운 것	0.35
12	칠면조고기, 미국산, 생것	0.60	27	쇠귀나물 뿌리, 생것	0.34
13	돼지 부산물, 간, 삶은 것	0.57	28	잭프루트, 생것	0.33
14	메추리고기, 생것	0.53	29	아보카도, 생것	0.32
15	숭어, 구운 것	0.49	30	돔, 구운 것	0.32

자료 : 보건복지부, 2020 한국인 영양소 섭취기준.

증세가 나타나는데 말초조직의 따끔거림과 열감을 느낀다. 임상적으로 결핍이 유도되었을 때 주요 증상으로 두통, 피로, 근육 협동작용의 손상과 소화기관 장애를 호소한다. 판토텐산은 육류와 우유, 다양한 채소에 함유되어 있고, 버섯, 간, 땅콩, 계란, 효모, 브로컬리와 우유에도 풍부하게 들어 있다. 판토텐산의 독성은 아직 알려지지 않았다. 한국인 영양소 섭취기준(2020)에서 남녀 성인의 충분섭취량은 5mg/일이다.

- **비오틴** 기질에 이산화탄소를 붙여주는 카르복실화 반응에 조효소로 작용하여 포도당 합성, 지방산 합성 등에 관여한다. 비오틴(biotin)은 대장에 서식하는 미생물에 의해 생산, 공급되므로 결핍증이 거의 보이지 않지만 항생제를 장

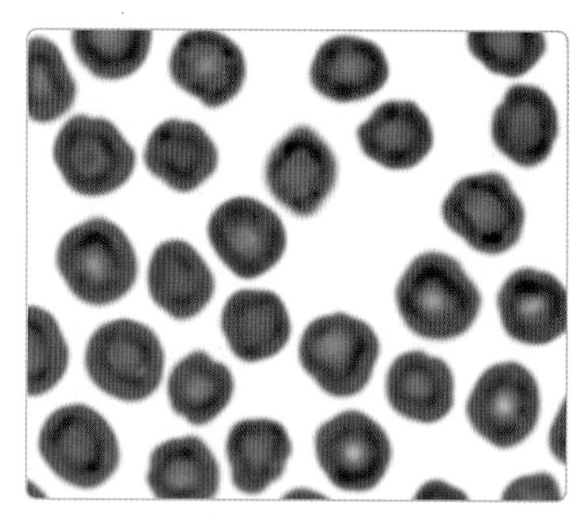

그림 1-20
엽산 결핍 적혈구

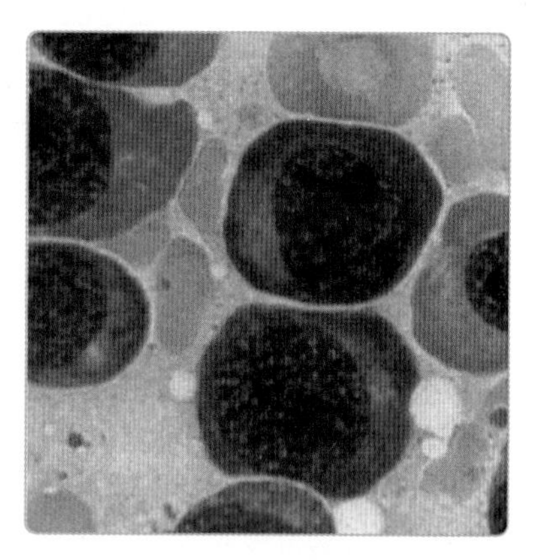

그림 1-21
비타민 B_{12} 결핍의 미분열 적혈구

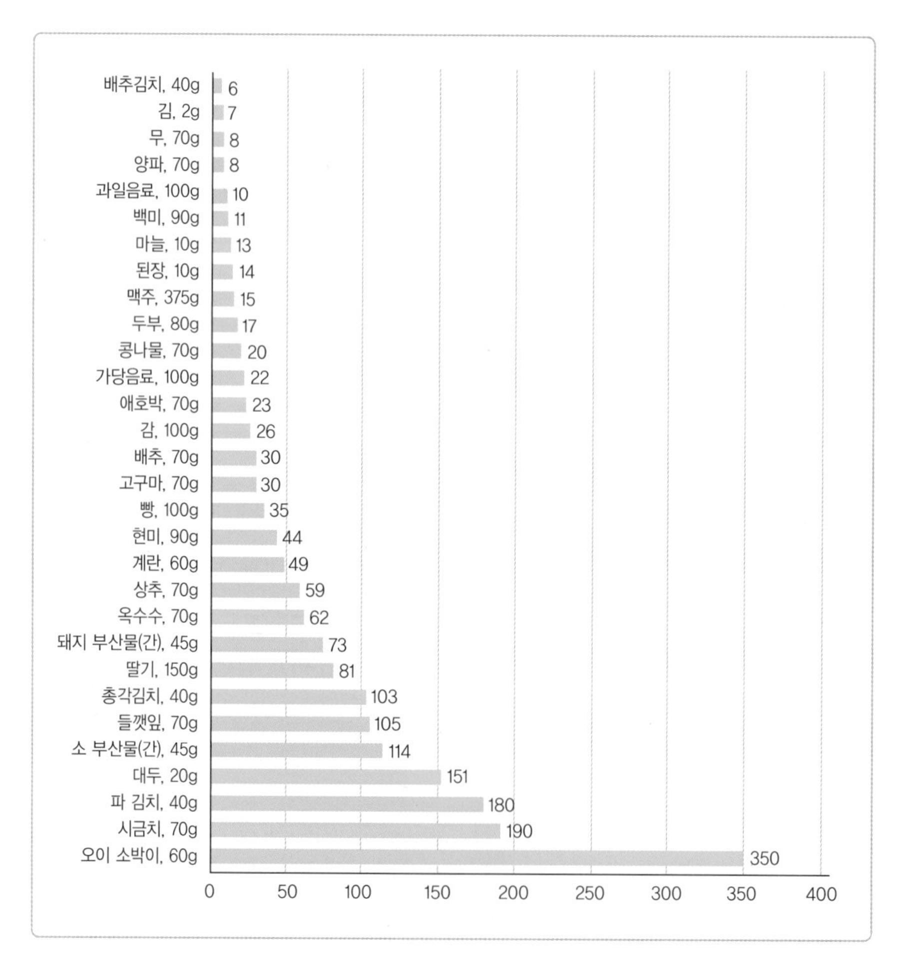

그림 1-22
주요 급원식품 중 엽산 함량
(1회 분량당 함량)

자료 : 보건복지부, 2020 한국인 영양소 섭취기준.

기간 사용할 경우에 나타날 수 있다. 비오틴은 자연계에 광범위하게 분포되어 있으나 그 함유량은 식품에 따라 다르며, 전곡류와 계란, 견과류, 두류가 주요 급원이다. 생계란 흰자에 함유된 아비딘(avidin)이라는 단백질은 비오틴과 결합하여 비오틴의 체내 흡수를 방해한다. 비오틴 부족 시 탈모현상과 피부염, 식욕 감퇴 등의 증세를 보인다. 한국인 영양소 섭취기준(2020)에서 성인의 충분섭취량은 30㎍/일이다.

- **엽산** 정상적인 적혈구 생성에 필요한 핵산합성에 관여한다. 엽산 부족 시 거대적아구성 빈혈이 발생하며, 특히 임신부가 경구피임약을 복용하거나 흡연을 할 때 잘 나타난다. 엽산은 모든 식품에 골고루 함유되어 있어 결핍증이 흔치

표 1-10 엽산 고함량 식품(100g당 함량)

함량 순위	식품	함량 (μg DFE/100g)	함량 순위	식품	함량 (μg DFE/100g)
1	팽창제, 효모, 말린 것	3800	16	총각김치	257
2	녹차잎, 말린 것	1277	17	소 부산물, 간, 삶은 것	253
3	콩(대두), 흑태, 말린 것	755	18	조미료	247
4	거위 부산물, 간, 생것	738	19	오레가노, 말린 것	237
5	오이소박이	584	20	모시풀잎, 생것	237
6	닭 부산물, 간, 삶은 것	578	21	목화씨, 구운 것	233
7	파 김치	449	22	연씨, 생것	230
8	마름, 생것	430	23	청국장, 찌개용	227
9	잠두, 생것	423	24	춘장	221
10	김, 구운것	346	25	호박잎, 생것	212
11	유채잎, 생것	299	26	병아리콩, 말린 것	201
12	미역, 말린 것	283	27	배초향잎, 생것	195
13	타라곤, 말린 것	274	28	보리, 엿기름, 말린 것	194
14	시금치, 생것	272	29	팥, 말린 것	190
15	모링가(드럼스틱), 생것	266	30	가시오갈피순, 생것	183

자료 : 보건복지부, 2020 한국인 영양소 섭취기준.

않다. 엽산의 급원식품은 동물의 간, 강화된 시리얼과 곡류제품, 콩류, 짙은 녹색 잎의 채소류, 계란, 오렌지 등이 있다. 엽산은 열, 산화, 자외선 등에 매우 약하므로 식품 중에 함유된 엽산의 50~90%는 조리, 가공 및 제조과정에서 파괴된다. 따라서 채소를 최소량의 수분에서 재빨리 처리하면 엽산의 손실을 막을 수 있으며, 특히 식품 중의 비타민 C가 도움이 된다. 한국인 영양소 섭취기준(2020)에서 성인의 권장섭취량은 400㎍DFE/일, 상한섭취량은 1,000㎍DFE/일이다.

- **비타민 B_{12}** 코발트 이온을 함유하고 있는 코발라민 조효소로서 혈구 세포의 성장과 분열에 관여하며 신경 세포의 유지를 돕는다. 비타민 B_{12} 결핍 증세인

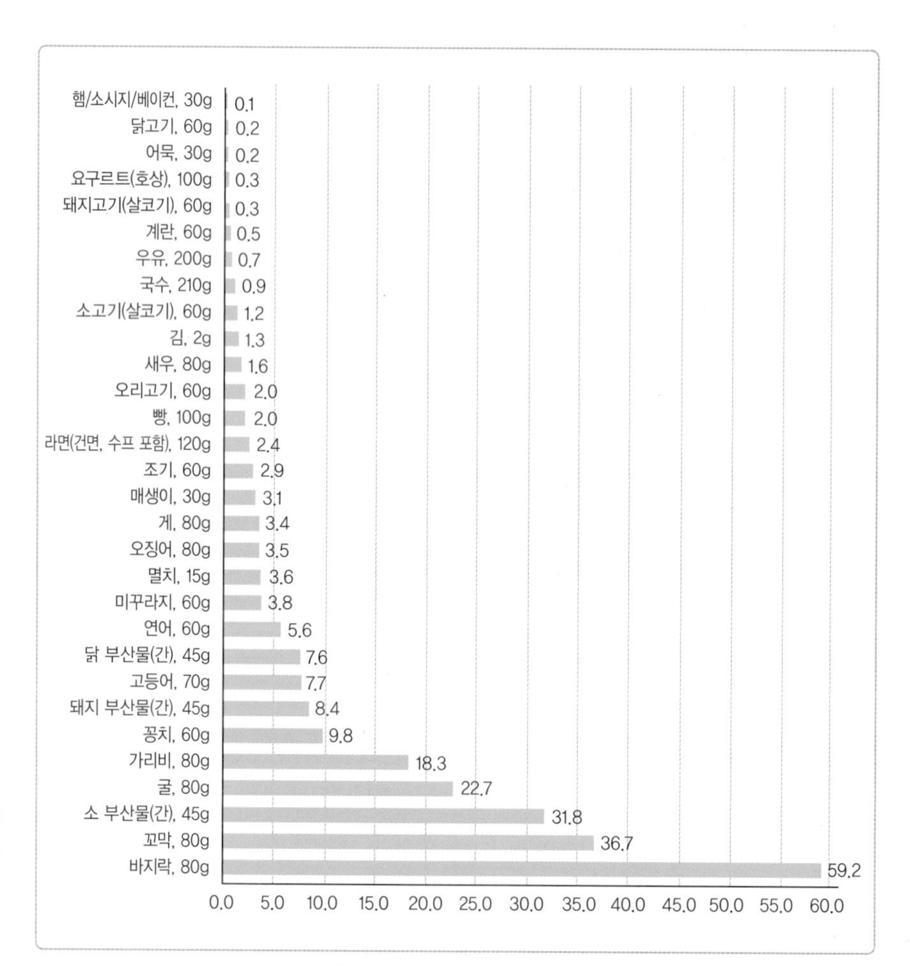

그림 1-23
주요 급원식품 중 비타민 B_{12} 함량(1회 분량당 함량)

자료 : 보건복지부, 2020 한국인 영양소 섭취기준.

표 1-11 비타민 B_{12} 고함량 식품(100g당 함량)

함량 순위	식품	함량 (μg/100g)	함량 순위	식품	함량 (μg/100g)
1	바지락, 생것	74.0	16	연어, 생것	9.4
2	소 부산물, 간, 삶은 것	70.6	17	잉어, 삶은 것	7.5
3	김, 구운 것	66.2	18	전갱이, 구운 것	7.1
4	거위 부산물, 간, 생것	54.0	19	말고기, 생것	7.1
5	꼬막, 생것	45.9	20	송어, 구운 것	6.3
6	굴, 생것	28.4	21	미꾸라지, 삶은 것	6.3
7	멸치, 삶아서 말린 것	24.2	22	생멸, 생것	5.4
8	가리비, 생것	22.9	23	어패류부산물, 은어 내장, 생것	5.0
9	흰점박이 꽃무지, 유충, 생것	22.2	24	조기, 생것	4.8
10	돼지 부산물, 간, 삶은 것	18.7	25	어패류알젓, 청어알, 염장	4.5
11	닭 부산물, 간, 삶은 것	16.9	26	오징어, 생것	4.4
12	꽁치, 구운 것	16.3	27	게, 생것	4.3
13	은어, 구운 것	12.0	28	청새치, 생것	4.3
14	고등어, 생것	11.0	29	방어, 구운 것	3.8
15	매생이, 생것	10.3	30	메추리알, 생것	3.4

자료 : 보건복지부, 2020 한국인 영양소 섭취기준.

악성빈혈은 주로 유전적인 내인성인자의 부족으로 그 흡수가 부적절할 때 초래된다.

비타민 B_{12}는 장내에서 미생물에 의해서도 제공되지만, 육류, 가금류, 해산물, 계란, 유제품 등과 같은 동물성 식품들이 주요 급원식품이며 특히 간, 신장, 심장 등 동물의 기관에는 비타민 B_{12}가 매우 풍부하다. 한국인 영양소 섭취기준(2020)에서 성인의 비타민 B_{12} 권장섭취량은 2.4㎍/일이다.

- **비타민 C** 18세기 중엽, 오랜 기간 항해를 하는 선원들에게 발생했던 괴혈 증세에 오렌지와 레몬의 효과가 관찰된 이후, 비타민 C는 항괴혈성 인자로 인식되었다. 비타민 C는 세포 간의 결합에 중요한 역할을 하는 콜라겐 형성 과정에 필수

적 요소이며, 페닐알라닌, 티로신, 트립토판 등 아미노산의 대사에도 관여한다. 또한 비타민 C는 소장에서 비헴철의 흡수를 촉진시킨다. 따라서 비타민 C가 결핍되면 상처 회복이 느려져서 세균 감염에 대한 저항성도 감소된다.

한국인 영양소 섭취기준(2020)에서 성인의 권장섭취량은 하루 100mg이다. 비타민 C가 풍부한 식품을 몇 가지만 섭취하여도 하루에 200mg 이상 섭취할 수 있기 때문에 비타민 C의 권장량을 더 높여야 한다는 약리적 효과를 주장하는 사람들이 많아지고 있다. 그러나 비타민 C 섭취량이 하루 100mg을 초과하면 뇨를 통한 배설량이 증가되므로 생리적으로 권장섭취량 이상 섭취할 필요는 없으며 상한섭취량은 2,000mg/일이다.

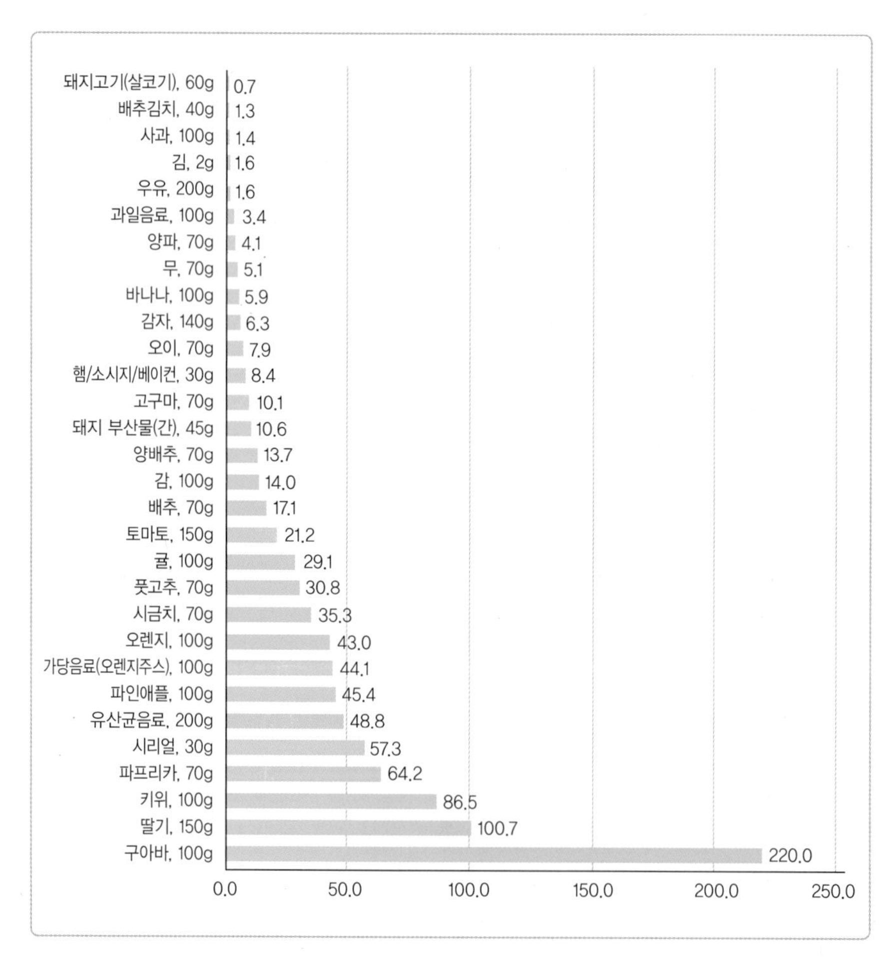

그림 1-24
주요 급원식품 중 비타민 C 함량(1회 분량당 함량)

자료 : 보건복지부, 2020 한국인 영양소 섭취기준.

표 1-12 비타민 C 고함량 식품(100g당 함량)

함량 순위	식품	함량 (mg/100g)	함량 순위	식품	함량 (mg/100g)
1	아세로라, 생것	800.0	16	영아자, 생것	109.0
2	어수리잎, 생것	253.0	17	돌나물, 생것	108.0
3	아주까리잎, 생것	244.0	18	라벤다, 말린 것	102.0
4	구아바, 생것	220.0	19	로즈마리, 말린 것	102.0
5	모링가(드럼스틱), 생것	216.8	20	가시오갈피순, 생것	100.7
6	시리얼	190.9	21	꽃양배추, 생것	99.0
7	블랙커런트, 생것	181.0	22	순채, 생것	97.0
8	박쥐나무잎, 생것	151.0	23	유자, 생것	95.0
9	파슬리, 생것	139.0	24	물냉이, 생것	92.0
10	갓, 생것	135.0	25	천마, 생것	92.0
11	왕호장잎, 생것	132.0	26	파프리카, 생것	91.8
12	탱자, 생것	132.0	27	산자나무 열매, 생것	91.0
13	고추, 생것	122.7	28	프로폴리스	90.0
14	토스카노(잎브로콜리), 생것	118.0	29	키위, 생것	86.5
15	골든세이지, 말린 것	111.0	30	대추, 생것	86.0

자료 : 보건복지부, 2020 한국인 영양소 섭취기준.

■ 지용성 비타민

지용성 비타민은 물에 녹지 않고 기름에 용해되기 때문에 소화를 위해서 담즙이 분비되어야 하며 소장에서 지질과 함께 흡수되므로 카이로미크론 합성이 용이한 여건에서 쉽게 흡수된다. 따라서 소장의 흡수 능력은 지질 소화뿐 아니라 지용성 비타민의 흡수에도 영향을 미친다. 일반적으로 지용성 비타민의 흡수율은 40~90%이나, 필요량 이상으로 섭취되면 흡수율은 저하된다. 지용성 비타민은 체내에 상당량 저장될 수 있으므로 섭취량이 부족해도 결핍증이 서서히 나타나지만, 장기간 과량 섭취하면 과잉증이 나타난다.

- **비타민 A** 비타민 A는 폐, 피부, 소화기관 등의 상피세포의 합성, 구조유지, 정상적 기능을 위해서 필요하다. 그러므로 비타민 A가 부족하면 야맹증, 상피세포

퇴화, 성장 부진 등의 증상이 나타난다. 야맹증이나 각막 연화 등의 질환은 비타민 A가 풍부한 생선의 간유를 섭취하면 예방할 수 있다. 비타민 A가 함유된 식품이 비교적 많음에도 불구하고 개발도상국에서는 비타민 A 결핍이 중요한 영양문제 중 하나이다. 일반적으로 비타민 A는 동물성 급원인 레티노이드와 식물성 급원인 카로티노이드로 분류된다.

레티노이드는 간, 생선, 생선기름, 강화우유, 계란 등에 풍부히 들어 있으며, 마가린에 강화되기도 한다. 비타민 A 전구체인 카로티노이드는 주로 짙은 녹황색 그리고 등황색 채소와 과일, 예컨대 당근, 시금치, 기타 녹색 채소, 호박, 감자, 브로콜리, 망고, 복숭아, 살구에 많이 들어 있다. 카로티노이드는 체내에서

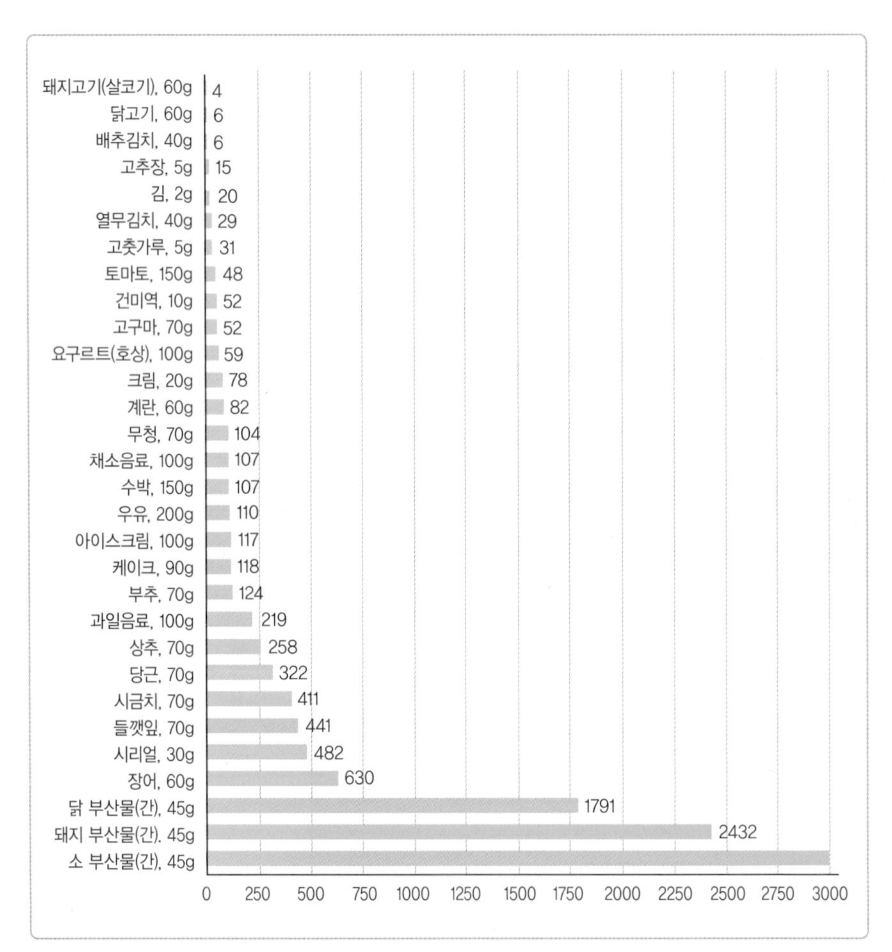

그림 1-25
주요 급원식품 중 비타민 A 함량(1회 분량당 함량)

자료 : 보건복지부, 2020 한국인 영양소 섭취기준.

표 1-13 비타민 A 고함량 식품(100g당 함량)

함량 순위	식품	함량 (μg RAE/100g)	함량 순위	식품	함량 (μg RAE/100g)
1	소 부산물, 간, 삶은 것	9,442	16	모시풀잎, 생것	782
2	거위 부산물, 간, 생것	9,309	17	왕호장잎, 생것	778
3	돼지 부산물, 간, 삶은 것	5,405	18	들깻잎, 생것	630
4	닭 부산물, 간, 삶은 것	3,981	19	고춧가루, 가루	614
5	꿀풀(하고초), 생것	1,725	20	제비쑥, 생것	591
6	잔대 순, 생것	1,631	21	시금치, 생것	588
7	시리얼	1,605	22	로즈마리, 말린 것	575
8	메밀 싹, 생것	1,510	23	고구마잎, 생것	571
9	골든세이지, 말린 것	1,481	24	순채, 생것	533
10	녹차잎, 말린 것	1,139	25	홑잎나물, 생것	525
11	라벤다, 말린 것	1,106	26	버터	524
12	장어, 뱀장어, 생것	1,050	27	미역, 말린 것	515
13	김, 구운 것	991	28	당근, 생것	460
14	박쥐나무잎, 생것	901	29	고춧잎, 생것	434
15	가시오갈피순, 생것	811	30	호박잎, 생것	421

자료 : 보건복지부, 2020 한국인 영양소 섭취기준.

비타민 A로 전환되므로 프로비타민 A라 하며 β-카로틴이 그 대표적인 예다. 우리나라 사람들의 주요 비타민 A 급원식품은 당근, 고춧가루, 시금치이다.

한국인 영양소 섭취기준(2020)에서 비타민 A의 권장량은 성인의 경우 남성은 750~800 ㎍RAE/일, 여성은 600~650㎍RAE/일이며 상한섭취량은 3,000㎍RAE/일이다.

- **비타민 D** 칼슘과 인의 대사에 영향을 미치는 호르몬 기능을 지니고 있다. 동시에 칼슘과 인의 장내 흡수를 촉진하고 칼슘을 뼈에 침착시키는 역할도 한다. 비타민 D가 결핍되면 뼈가 단단해지지 못하고 변형을 초래하여 구루병이 발생하는데 특히 어린이의 경우 성장으로 인한 체중을 지탱하지 못하여 다리가 휘는 현상을 보인다(그림 1-27).

햇볕을 쪼이면 비타민 D가 피부세포의 콜레스테롤 유도체로부터 충분한 양이 합성되기 때문에, 굳이 비타민 D를 식품으로 섭취하지 않아도 문제가 발생하지 않는다. 이런 경우 비타민 D를 '조건부' 비타민 또는 '프로호르몬'으로 분류하기도 한다. 그러나 햇볕을 충분히 쪼일 수 없는 여건의 사람들은 반드시 식품을 통해 비타민 D를 섭취하여야 한다. 비타민 D의 함량이 높은 식품은 그리 많지 않지만, 지질 함량이 많은 어류(예 : 정어리, 연어)나 비타민 D가 강화된 우유나 아침식사용 시리얼 등은 비타민 D의 좋은 급원식품으로 적당하다. 계란, 버터, 간 등에도 소량의 비타민 D가 함유되어 있으나 콜레스테롤이 많아 좋은 급원은 아니다.

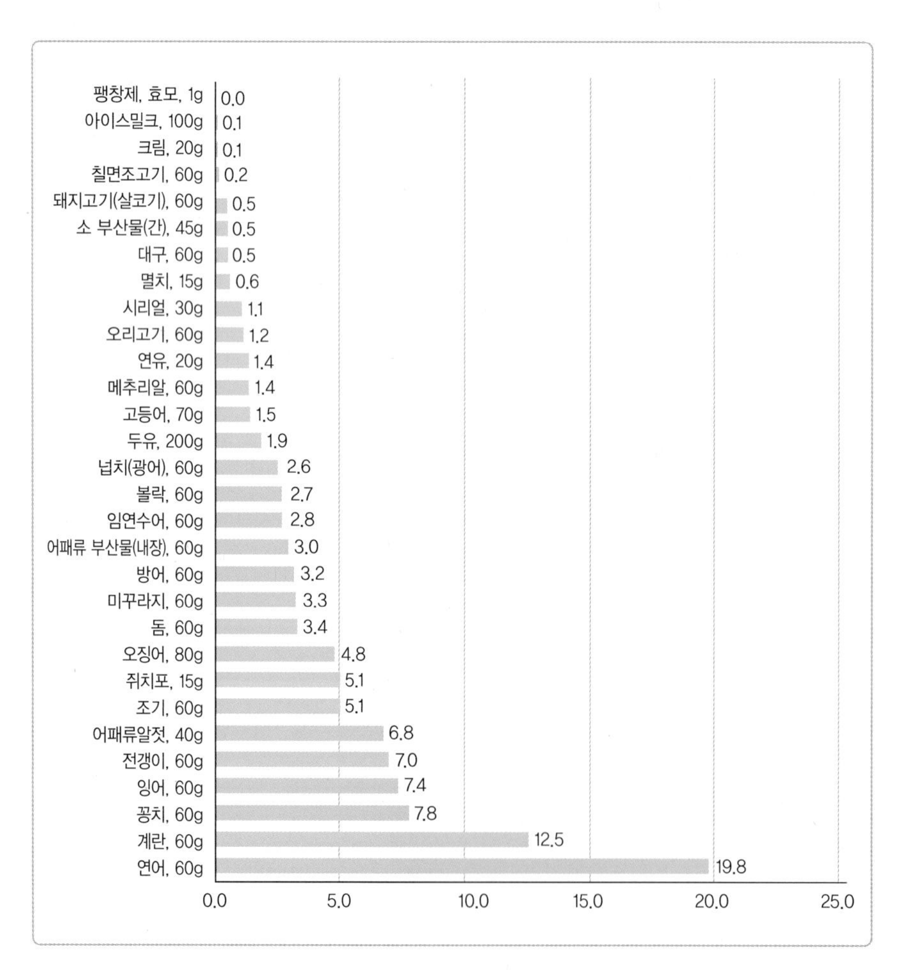

그림 1-26
주요 급원식품 중 비타민 D 함량(1회 분량당 함량)

자료 : 보건복지부, 2020 한국인 영양소 섭취기준.

사람마다 햇빛에 노출되는 정도에 따라 합성되는 비타민 D의 양이 다르기 때문에 정확한 권장량을 설정하는 것이 쉽지 않다. 한국인 영양소 섭취기준(2020)에서 비타민 D의 충분섭취량은 남녀 성인의 경우 10㎍/일이며, 상한섭취량인 100㎍/일이다. 그러나 영아는 비타민 D에 대해 매우 민감하여 정신발달 저하, 혈관 수축, 그리고 얼굴 특징 변화와 같은 독성증세를 나타낼 수 있다. 영아의 상한섭취량은 25㎍/일, 유아는 30~35㎍/일, 12세 이전 아동은 40~60㎍/일이다.

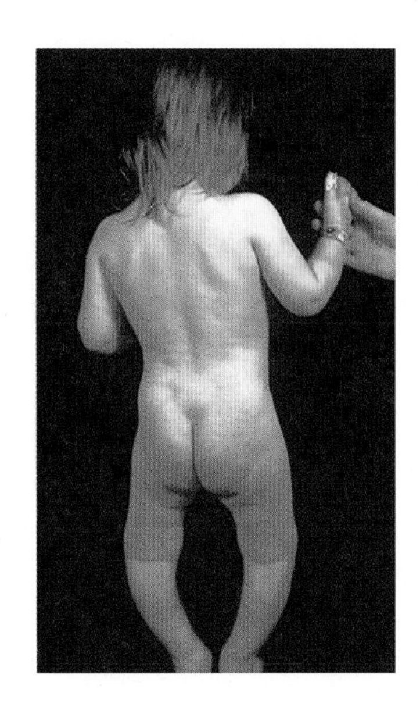

그림 1-27
구루병 증세

표 1-14 비타민 D 고함량 식품(100g당 함량)

함량 순위	식품	함량 (μg/100g)	함량 순위	식품	함량 (μg/100g)
1	어패류부산물, 은어 내장, 생것	40.0	16	미꾸라지, 삶은 것	5.5
2	쥐치포, 말린 것	33.7	17	방어, 구운 것	5.4
3	연어, 생것	33.0	18	만새기, 생것	5.0
4	계란, 생것	20.9	19	닭기름	4.8
5	어패류알젓, 청어알, 염장	17.0	20	볼락, 생것	4.6
6	꽁치, 구운 것	13.0	21	넙치(광어), 생것	4.3
7	잉어, 삶은 것	12.3	22	멸치, 삶아서 말린 것	4.1
8	청새치, 생것	12.0	23	시리얼	3.8
9	전갱이, 구운 것	11.7	24	자라고기, 생것	3.6
10	애꼬치, 생것	11.0	25	팽창제, 효모, 말린 것	2.8
11	조기, 생것	8.4	26	메추리알, 생것	2.3
12	연유	7.0	27	고등어, 생것	2.1
13	보리, 엿기름, 말린 것	6.6	28	오리고기, 생것	2.0
14	오징어, 생것	6.0	29	은어, 구운 것	1.5
15	돔, 구운 것	5.6	30	소 부산물, 간, 삶은 것	1.2

자료 : 보건복지부, 2020 한국인 영양소 섭취기준.

- **비타민 E** 비타민 E는 토코페롤이라고도 불린다. 토코페롤은 '출산과 관련된'이라는 뜻으로, 1922년 동물의 생식능력에 필요한 물질로 알려지면서 얻은 이름이다. 비타민 E는 토코페롤과 토코트리에놀을 총칭하는 것으로 자연계에 존재하는 토코페롤 중에서 α-토코페롤이 생물학적 활성이 가장 크다.

  비타민 E의 대표적인 기능은 항산화작용이며, 그 외에도 혈소판 응집 등 많은 신체 작용기능이 알려졌다. 비타민 E는 주로 지용성 환경에서 복합 불포화지방산의 산패를 방지하는 역할을 한다.

  식품에서 비타민 E는 주로 식물성 기름에 함유되어 있으며 동물성 지방에는 거의 없다. 식물성 유지(예 : 옥수수, 대두, 해바라기, 면실, 밀 배아유), 배아, 아스파라거스, 땅콩 등은 비타민 E의 중요한 급원식품이며, 식물성 유지로 만든 마가아린, 쇼트닝, 샐러드드레싱 또한 좋은 급원식품이다. 지느러미가 있는 생선과 갑각류, 오트밀과 같은 곡류, 아몬드와 같은 견과류, 해바라기씨와 같은 채종유도 좋은 급원이다.

  한국인 영양소 섭취기준(2020)에서 비타민 E의 충분섭취량은 남녀 성인 12mgαTE/일이다. 흡연자, 심한 저지방식이를 먹거나 지방흡수가 불량한 사람들에게서 비타민 E의 결핍이 우려되나 실제 결핍된 사례는 매우 드물다. 최근에는 오히려 건강증진을 위하여 사람들이 비타민 E를 과잉으로 섭취하는 것이 더 문제가 된다. 성인의 상한섭취량은 540mgαTE/일이다.

- **비타민 K** 비타민 K는 혈액응고를 위해 필요한 영양소다. 덴마크인 Henrik Dam에 의해 비타민 K의 혈액응고 기능이 밝혀지면서 "koagulation"의 첫 글자를 사용하여 비타민 K라 명명하였다. 비타민 K는 간에서 혈액응고 인자인 프로트롬빈을 합성할 때 필요하므로, 부족 시 혈액응고 작용이 저하된다. 비타민 K는 장내 미생물에 의해 합성되므로 결핍증은 쉽게 발생하지 않는다. 그러나 출생 시 비타민 K 축적량이 매우 낮고 소화관이 아직은 무균상태인 신생아가 출혈을 하는 경우, 혈액응고가 미흡할 가능성이 높다. 일반적으로 미국에서는 출생 후 6시간 내에 비타민 K를 주사한다. 또한 장내 미생물에 의한 비타민 K 합성이 적은 영·유아의 경우에도 결핍이 생길 수 있다.

  갓, 케일, 무청, 양배추, 시금치 등과 같은 푸른 잎채소, 브로콜리, 완두콩 등은 비타민 K의 함량이 높은 식품들이다. 대두, 카놀라 같은 식물성 유지도 비타민 K를 함유하고 있다. 비타민 K는 조리에 의해 거의 손실되지 않는다. 한국인 영양소 섭취기준(2020)에서 비타민 K의 충분섭취량은 성인 남성 75㎍/일, 여성 65㎍/일이다. 식품으로 섭취된 비타민 K는 수일 내에 거의 배설되므로 비타민 K는 상한수준은 설정되어 있지 않다.

■ **비타민의 체내 축적과 독성**

비타민 K를 제외한 다른 지용성 비타민들은 쉽게 배설되지 않는다. 반면에 수용성 비타민들은 쉽게 배설되는데, 예외적으로 비타민 B_{12}와 비타민 B_6는 지용성 비타민처럼 체내에 축적된다. 수용성 비타민들도 어느 정도는 저장되기 때문에, 티아민은 평균 10일, 비타민 C는 20~40일 정도를 계속 섭취하지 않을 때만 결핍증이 나타난다. 따라서 전반적인 식생활에서 비타민 섭취량이 부족하여 체내 저장된 비타민이 고갈되었을 때 결핍증이 나타나는 것이며, 매일매일 비타민을 섭취하지 않았다고 당장 문제되는 것은 아니다.

어느 비타민이든지 과잉으로 섭취하면 독성을 나타낼 수 있는데, 특히 비타민 A와 비타민 B_6의 경우 다른 비타민에 비해 독성이 더 쉽게 나타난다. 비타민 D는 유아와 영양보충제의 섭취가 많은 노인처럼 배설 기능이 약한 경우, 과잉의 비타민을 쉽게 제거할 수 없으므로 독성이 쉽게 나타날 수 있다.

비타민 A의 만성 독성증세는 영아와 성인의 경우 뼈와 근육의 통증, 식욕의 상실, 각종 피부 질환, 두통, 피부의 건조, 탈모, 간 손상, 시력 저하, 출혈, 구토, 엉덩이뼈 골절, 의식불명 등과 같이 매우 다양하게 나타난다. 특히 임신 초기에는 더욱 위험하며 비타민 A 과잉으로 인한 자연유산이나 기형이 유발될 수도 있다.

(5) 무기질

우리 신체는 약 96%의 유기물질과 4%의 무기물질로 이루어져 있다. 지금까지 논의된 영양소는 모두 유기물질인 반면, 무기질은 구조가 매우 간단하여 동일 원소가 하나 이상 포함된 집단으로 존재한다. 무기질은 수분 균형이나 골격 구성을 비롯하여 에너지 대사의 보조인자, 신경계 기능, 세포과정 등의 중요한 역할을 한다.

■ 무기질의 분류

사람이 정상적으로 성장하고 건강을 유지하기 위해서는 다양한 종류의 다량 무기질과 미량 무기질을 필요로 한다.

인체 내에 가장 많은 무기질은 뼈를 만드는 성분인 칼슘과 인이며, 총 무기질의 66%를 차지한다. 칼슘(Ca), 인(P), 나트륨(Na), 염소(Cl), 칼륨(K), 마그네슘(Mg), 황(S)은 체중의 0.01% 이상 존재하는 다량 무기질(macrominerals)들이다. 반면에 미량 무기질(microminerals or trace elements)은 체중의 0.01%보다 적은 양으로 존재하는 것들로 철(Fe), 요오드(I), 아연(Zn), 셀레늄(Se), 구리(Cu), 망간(Mn) 등이 있다.

■ 무기질의 기능

무기질의 체내 주요 기능은 조직을 구성하는 것이다. 칼슘과 인의 결합물질로 이루어진 뼈는 조직에 경직성을 주는 반면 연조직에는 인이나 유황이 많이 포함되어 있다. 또한 헤모글로빈에는 철이, 갑상샘호르몬에는 요오드가 포함되어 있다.

무기질은 체내의 산·알칼리 평형이 유지되도록 돕는다. 알칼리성 원소로는 나트륨, 칼륨, 마그네슘이 있으며, 산을 형성하는 원소에는 염소, 인, 황 등이 있다. 혈액과 체액은 pH 7.4 정도의 약알칼리성으로 유지된다.

또한 무기질은 체내 수분균형을 조절한다. 수분은 삼투질 농도에 의해 세포 내액과 세포 외액 사이를 이동하는데, 체액의 삼투질 농도는 무기질의 함량에 의해 조절된다.

무기질은 효소의 보조인자로서 그 기능을 활성화시킨다. 열량대사를 조절하는 갑상샘호르몬은 갑상샘에 요오드 공급이 적당할 때 형성된다. 또한 탄수화물 대사를 조절하는 인슐린의 생산과 저장에는 아연이 필요하다. 신경이 외부로부터 자극을 받으면 흥분을 일으켜 정보가 뇌로 전달되는데, 이때 나트륨과 칼륨이 세포막의 내외로 이동하여 신경흥분이 전도되는 것을 돕는다.

■ 다량 무기질

- **칼슘, 인 및 마그네슘** 칼슘은 신체 내 존재하는 무기질 중 가장 많은 양을 차지하며, 체중의 1.5~2%를 구성한다. 체내 칼슘의 약 99%는 경조직인 뼈와 치아에 존재하고, 나머지는 연조직과 혈액에 있다. 혈중 칼슘 농도를 유지하는데 관여하는 생체 물질로는 부갑상샘호르몬, 활성형 비타민 D, 그리고 갑상샘에서 분비되는 칼시토닌이 있다. 만일 칼슘이 결핍되면 아동의 경우 뼈의 성장 장애로 인해 구루병이 유발되며, 성인의 경우 골다공증이 되어 골절이 되기 쉽다. 칼슘의 가장 좋은 급원은 우유, 치즈, 요구르트 등 우유 및 유제품이다. 멸치, 뱅어포 등 뼈째 먹는 생선은 칼슘 함량이 매우 높지만, 한 번에 먹을 수 있는 분량이 적은 편이다. 또한 시금치와 같은 녹색채소도 칼슘을 많이 함유하고 있으나 칼슘 흡수를 방해하는 수산의 함량이 높기 때문에 그 흡수율이 떨어진다. 육류나 곡류, 과일 등에는 대체로 칼슘 함량이 낮다.

  한국인 영양소 섭취기준(2020)에서 칼슘 권장섭취량은 남자는 750~800mg/일, 여자는 700~800 mg/일이다. 성장이 빠른 12~14세에는 남자 1,000mg/일, 여자 900mg/일의 칼슘이 필요하다. 그러나 중년 이후에도 골다공증의 예방을 위해서 칼슘 섭취는 충분해야 하므로 50세 이상 여성은 800mg/일을 권장하고 있다.

  인은 칼슘 다음으로 풍부한 무기질로 체내에 있는 양의 85%가 경조직에, 나머지 15% 정도가 연조직에 존재한다. 뼈에 존재하는 칼슘과 인의 비율은 약 2:1이다. 또한 인은 에너지 대사의 조효소나 핵산, 그리고 ATP 등의 주요한 성분이 되며 세포막을 이루는 인지질의 구성성분이 된다. 인산의 형태로 여러 대사물질들과 결합하여 그 물질을 활성화시키고, 음이온의 형태로 체액의 산·염기 평형조절에도 기여한다. 인을 함유한 식품에는 우유나 유제품, 육류, 곡류 등 매우 다양하기 때문에 인 결핍증은 흔하지 않다. 더욱이 현대에는 인 함유량이 높은 여러 가공식품이나 탄산음료가 늘어나면서 그 섭취량은 증가하는 추세이다. 인은 체내에서 칼슘대사와 밀접하게 관련되어 있으므로 칼슘을 많이 섭취하여 칼슘과 인의 섭취 비율을 1~1.5:1이 유지되도록 하는 것이 바람직하다.

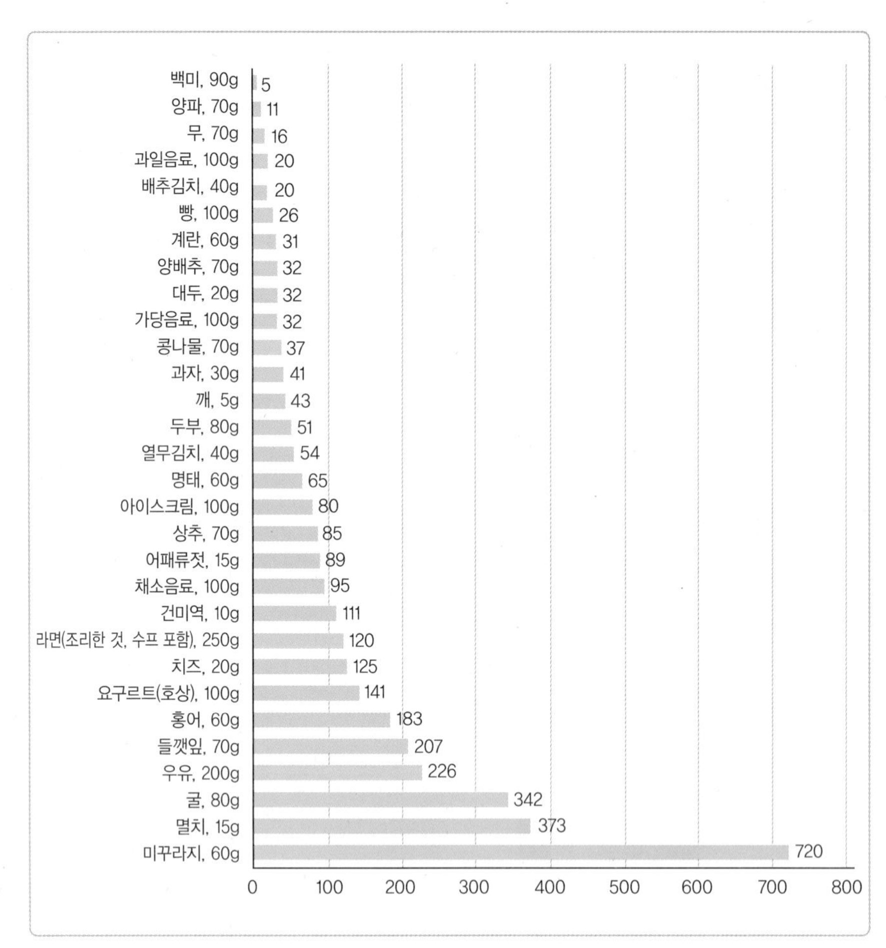

그림 1-28
주요 급원식품 중 칼슘 함량 (1회 분량당 함량)

자료 : 보건복지부, 2020 한국인 영양소 섭취기준.

마그네슘은 체내 존재량의 50% 이상이 뼈에 존재하며, 나머지는 근육조직 등에 존재한다. 마그네슘은 칼슘과는 반대로 신경을 안정시켜 근육 이완작용을 하며, 체내 ATP에 의존된 다양한 대사과정에 관여하는 효소의 보조인자로 작용한다. 마그네슘 결핍증은 테타니(tetany)로, 근육 경련으로 인한 발작 증세가 대표적이다. 마그네슘을 많이 가지고 있는 식품으로는 코코아, 견과류, 두류, 녹색 채소 등이 있다. 전곡류에도 많이 함유되어 있으나 곡류 외피에 있는 피틴산(phytic acid)이 마그네슘과 불용성의 염을 형성하므로 흡수율이 낮은 편이다.

표 1-15 칼슘 고함량 식품(100g당 함량)

함량 순위	식품	함량 (mg/100g)	함량 순위	식품	함량 (mg/100g)
1	팽창제, 베이킹파우더	7,364	16	분유, 전지	977
2	멸치, 삶아서 말린 것	2,486	17	참반디, 말린 것	934
3	동충하초, 말린 것	2,430	18	곰피, 말린 것	921
4	타임, 가루	1,700	19	모시풀잎, 생것	877
5	오레가노, 말린 것	1,597	20	라벤다, 말린 것	871
6	산초, 가루	1,538	21	참깨, 볶은 것	854
7	계피, 가루	1,281	22	구절초차, 말린 것	843
8	우렁이, 생것	1,201	23	월계수잎, 말린 것	834
9	미꾸라지, 삶은 것	1,200	24	대황, 말린 것	811
10	타라곤, 말린 것	1,139	25	골든세이지, 말린 것	745
11	비단풀, 말린 것	1,137	26	감잎차, 가루	740
12	삼백초, 말린 것	1,135	27	박쥐나무잎, 생것	718
13	미역, 말린 것	1,109	28	올스파이스, 가루	710
14	뜸부기, 말린 것	1,090	29	로즈마리, 말린 것	707
15	뱅어포, 말린 것	982	30	소리쟁이잎, 말린 것	703

자료 : 보건복지부, 2020 한국인 영양소 섭취기준.

그림 1-29
칼슘과 인이 풍부한 식품

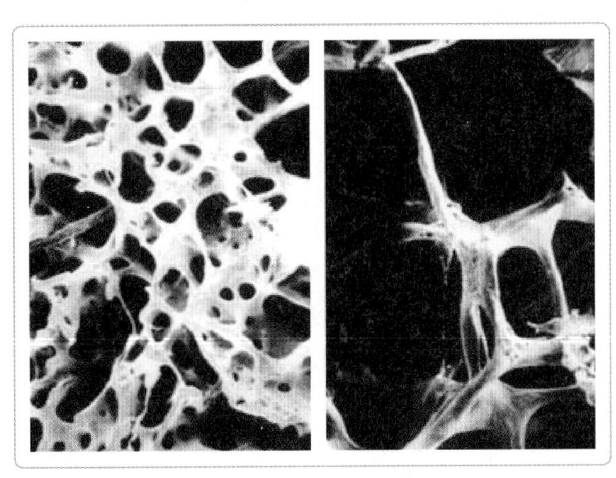

그림 1-30
정상 뼈(왼쪽)와 골다공증 환자의 뼈(오른쪽)

- **나트륨, 칼륨 및 염소** 나트륨, 칼륨, 염소는 체내에 각기 총 무기질의 2%, 5%, 3%를 차지하는 전해질들로 체액에서 이온으로 존재한다. 나트륨은 주로 세포 외액에, 칼륨은 세포 내액에서 가장 풍부한 양이온들이며, 염소 이온은 주로 세포 외액에 들어있는 음이온이다. 이들은 수분의 균형 분포, 삼투압, 산·염기 평형 등의 생리적 기능을 수행한다.

나트륨은 결핍보다는 주로 과잉 섭취가 영양문제를 야기한다. 나트륨의 과잉 섭취는 부종을 야기하여 고혈압의 원인이 된다. 중년 이후 많이 발생하는 고혈압 환자에게 나트륨의 공급을 제한하면 혈압이 저하된다. 그러나 모든 고혈압 환자가 나트륨의 과잉 섭취에 의해 발생되는 것은 아니며 유전이나 비만, 스트레스 등도 관련된다.

나트륨은 주로 소금(NaCl)의 형태로 섭취하게 되나 육류, 우유 등 단백질 식품에도 나트륨이 많이 함유되어 있다. 그리고 가공식품에는 나트륨을 포함한 물질들이 많이 첨가되어 나트륨 함량이 높으며 화학조미료로 사용되는 MSG(monosodium glutamate)도 나트륨 성분을 갖는다. 반면 채소와 과일에는 나트륨이 적게 함유되어 있다. 한편 칼륨은 주로 채소나 과일에 많고 육류나 치즈 등에는 적은 편이다. 칼륨은 나트륨과는 반대로 고혈압을 방지하는 효과가 있으므로 고혈압 환자는 특히 많이 섭취하도록 한다.

표 1-16 식품 중 나트륨과 칼륨 함량

(단위 : mg/식품 100g)

식품	나트륨	칼륨	식품	나트륨	칼륨
쇠고기	60	360	우유	50	143
돼지고기	68	386	양배추	21	234
닭고기	76	386	셀러리	124	351
참치	38	283	양상추	9	175
조개	120	179	시금치	51	332
굴	68	82	당근	46	343
계란	124	140	토마토주스	207	226

■ 미량 무기질

• **철, 구리** 신체 내 철 함량은 3~5g 정도이며, 이 중 70~80%가 신체 대사활동에 참여하는 활성형 철이고 20~30%는 저장형 철이다. 철이 부족하면 헤모글로빈 형성이 잘 되지 않기 때문에 적혈구의 크기가 작고 헤모글로빈 함량이 적어 빈혈이 생기는데 이러한 빈혈을 저색소성 소혈구성 빈혈이라고 한다. 빈혈이 나타나면 적혈구의 산소운반 능력이 감소되므로 영양소의 산화율이 떨어져 피로하며 안색이 창백해지고 작업능률도 떨어진다. 철 결핍이 일어나기 쉬운 연령층은 성장기 아동과 청소년, 영아 그리고 가임기 여성 및 임신한 여성이다. 표 1-17에는 철의 급원식품과 함량이 제시되어 있다.

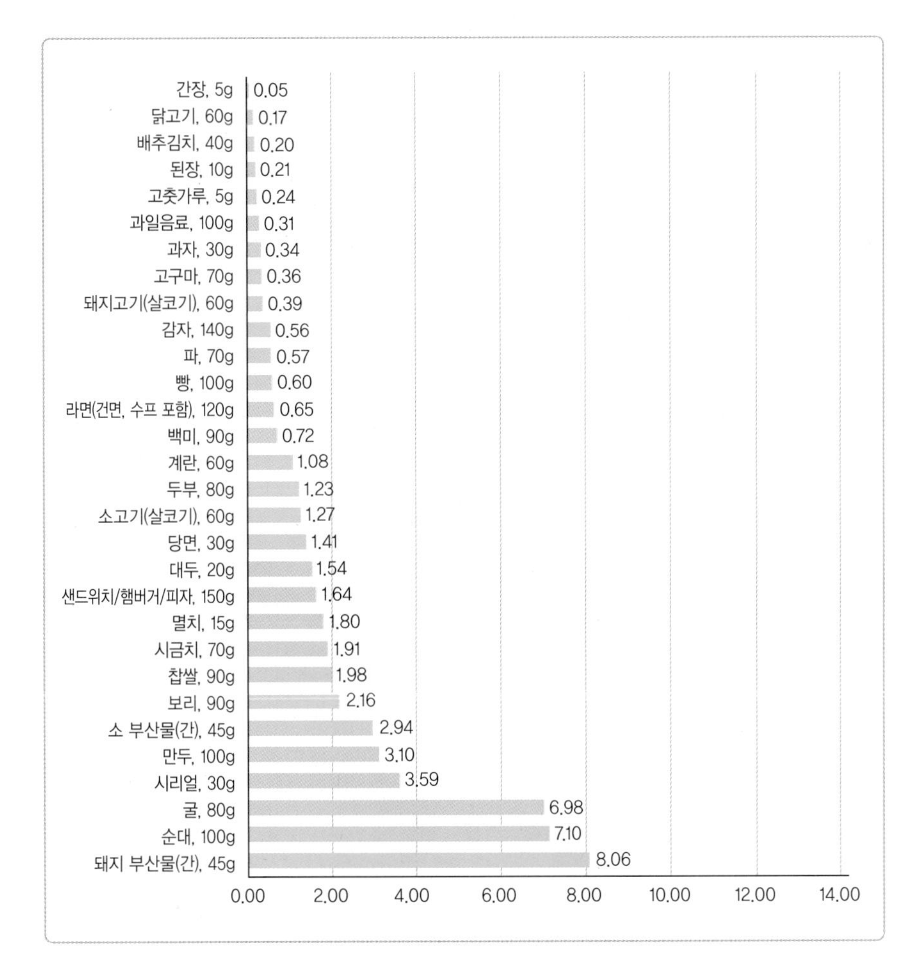

그림 1-31
주요 급원식품 중 철 함량 (1회 분량당 함량)

자료 : 보건복지부, 2020 한국인 영양소 섭취기준.

표 1-17 철 고함량 식품(100g당 함량)

함량 순위	식품	함량 (mg/100g)	함량 순위	식품	함량 (mg/100g)
1	진두발, 말린 것	320.00	16	고래고기, 생것	25.90
2	청태, 말린 것	320.00	17	동충하초, 말린 것	24.00
3	타임, 가루	110.00	18	은어 부산물, 내장 생것	24.00
4	클로렐라, 말린 것	73.40	19	뜸부기, 말린 것	23.90
5	비단풀, 말린 것	65.10	20	동죽, 생것	22.70
6	석이버섯, 말린 것	54.60	21	감잎차, 가루	22.60
7	얼레지, 뿌리, 말린 것	53.00	22	고수(향채), 생것	21.40
8	월계수잎, 말린 것	43.00	23	꿀풀(하고초), 생것	21.30
9	메뚜기, 말린 것	42.00	24	재첩, 생것	21.00
10	오레가노, 말린 것	36.80	25	곰피, 말린 것	20.60
11	타라곤, 말린 것	32.30	26	매생이, 생것	18.30
12	삼백초, 말린 것	30.70	27	돼지 부산물, 간, 삶은 것	17.92
13	거위 부산물, 간, 생것	30.53	28	라벤다, 말린 것	17.30
14	불등풀가사리, 말린 것	28.40	29	솔장다리, 생것	17.00
15	계피, 가루	28.24	30	가재, 생것	15.80

자료 : 보건복지부, 2020 한국인 영양소 섭취기준.

구리는 철의 체내 이용에 관여하는 효소인 셀룰로플라즈민(ceruloplasmin)의 성분으로 철 대사에 관여한다. 즉, 구리는 철의 체내 이용률을 높여 조혈작용을 돕는다. 따라서 구리가 부족하면 철 결핍성 빈혈이 발생될 수 있다. 그 외에 멜라닌 색소형성에 관여하는 효소, 콜라겐 형성에 관여하는 효소, 전자 전달

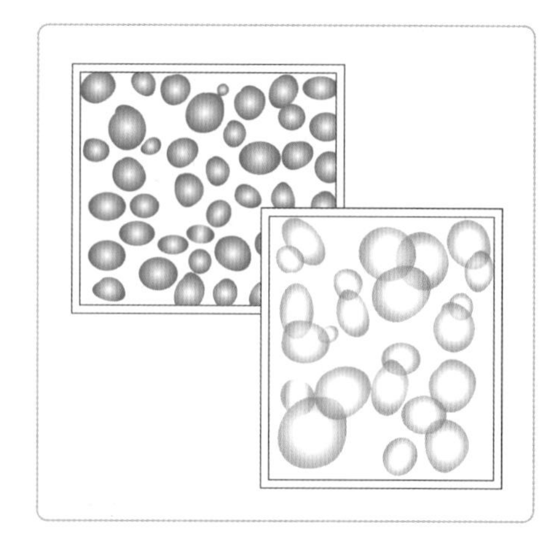

그림 1-32
정상인의 적혈구와 철 결핍 빈혈환자의 적혈구

에 관여하는 효소들의 보조인자로도 작용한다. 구리를 많이 가진 식품으로는 굴을 포함한 어패류, 간 등이 있으며 밀의 배아, 코코아 등에도 상당량 포함되어 있다.

- **아연, 요오드** 아연은 최근 성장발달, 생식 및 면역 등에서 생리적인 중요성이 많이 밝혀지고 있는 미량 원소다. 부족 시 식욕부진, 미각 이상, 성장지연 등의 증세가 나타난다. 아연 함량이 높은 식품으로는 굴과 같은 해산물, 살코기, 간, 난황 등이다. 곡류에도 있으나 흡수율이 낮고 채소나 과일, 난백에는 아연이 거의 없다. 아연 과잉증은 매우 드물지만 도금 용기의 사용 같은 산업공해로 나타나며 빈혈, 면역결핍, 통증, 발열 등의 증세를 보인다.

  요오드는 미역, 김 등 해조류나 해산물 등에 많이 포함된 원소로 인체 내에서는 갑상샘호르몬의 성분이 된다. 갑상샘호르몬은 체내의 신진대사를 왕성하게 함으로써 정상적인 성장 및 건강유지, 지능발달을 돕는다.

  요오드 섭취가 부족하면 갑상샘호르몬 생산이 감소되어 갑상샘세포의 수와 크기가 증가함으로써 갑상샘이 비대해지는 단순갑상샘종(simple goiter)이 발생한다. 갑상샘종은 갑상샘종유발물질(goitrogen) 함유 식품의 섭취 시에도 발생할 수 있다. 요오드의 만성적인 과다 섭취시 갑상샘 기능이 항진되거나 그 반대로 저하될 수 있다.

- **불소, 셀레늄** 불소의 체내 기능은 뼈와 치아를 단단하게 하여 충치 발생이나 골다공증에 대해 보호 작용을 하는 것이다. 불소는 치아의 법랑질을 단단하게 유지하고 구강 내 박테리아에 의해 생성된 산이 법랑질을 부식시키는 것을 방지하여 충치발생을 감소시킨다. 음료수에 불소를 1ppm 정도 첨가시켜주면 충치발생률은 50% 이상 감소된다.

  셀레늄은 글루타치온 과산화효소의 성분으로 항산화제의 역할을 하며 갑상샘호르몬 T4를 T3로 활성화시킨다. 토양에 셀레늄이 결핍된 지역에서는 심장이나 뼈에 이상이 생긴 풍토성 질환이 나타나며 암 발생률이 높아진다고 보고되었다. 셀레늄은 육류, 내장고기, 해산물, 난황, 우유 등과 같은 동물성 식품과 버섯, 아스파라거스 등의 식물성 식품에 포함되어 있다.

- **크롬, 망간 및 코발트** 크롬은 당내성인자의 성분으로 인슐린의 생리적인 활성을

높이는 기능을 한다. 따라서 크롬이 부족하면 포도당 내성이 감소되어, 포도당을 섭취하였을 때 혈당을 감소시키는 조절능력이 저하되므로 당뇨 위험성이 증가한다.

망간은 탄수화물이나 지방대사에 관여하는 효소, 또는 요소합성에 관여하는 효소들의 보조인자로서 작용한다. 사람에게 망간의 결핍증은 거의 일어나지 않는다. 망간은 육류나 해산물, 우유 등에는 거의 함유되어 있지 않으나 전곡류, 녹차, 견과류, 채소, 과일 등에 함유되어 있어 지나치게 채식을 하는 사람의 경우 망간이 간과 중추신경계에 많이 축적되는 증상을 보인다.

코발트의 인체기능은 비타민 B_{12}의 성분으로서 수행된다. 비타민 B_{12}는 인체 내에서 합성될 수 없으므로 음식물로 섭취해야 하며, 이때 코발트도 비타민 B_{12}의 성분으로 같이 섭취된다. 코발트 자체로는 식품 중에 육류나 우유, 곡류, 채소류 등에 많으나 반드시 비타민 B_{12}의 성분으로 섭취되어야 생리적으로 활성이 있다.

(6) 물

물은 여섯번째 영양소로 분류된다. 물은 영양소로서의 역할이 종종 간과되기도 하지만, 사실은 체중의 55~60%를 차지하는 주요한 신체 구성분이다. 물은 신체에서 용매와 윤활유로, 영양소와 노폐물의 이동, 온도조절 및 화학과정을 위한 매개물로 작용한다.

인체는 체중의 약 60%의 수분을 보유하고 있기 때문에, 매일 1.9~2.6L의 물 또는 물을 함유한 액체를 섭취해야 한다. 사람은 체내의 지방과 단백질의 절반을 잃어도 생명에 지장이 없지만 체내 수분의 10%만 잃어도 생명을 유지할 수 없다. 성인의 체중을 60kg으로 볼 때 약 36L(60%)의 물이 우리 몸 안에 들어 있는 셈이다. 이 중에서 0.6L를 잃으면 갈증을 느끼게 되고, 3.0L를 잃으면 혼수상태에 이르며, 6.0L 정도를 잃게 되면 사망하게 된다. 따라서 인체는 항상 일정량의 수분을 보유하여 수분 배설량과 섭취량이 균형을 이루도록 해야 한다.

수분은 주로 음료수 등을 통해 섭취하지만 과일과 채소도 수분의 주요 공급원이다. 또한 신체 대사과정의 부산물로 물이 생성되며 이를 대사수(metabolic

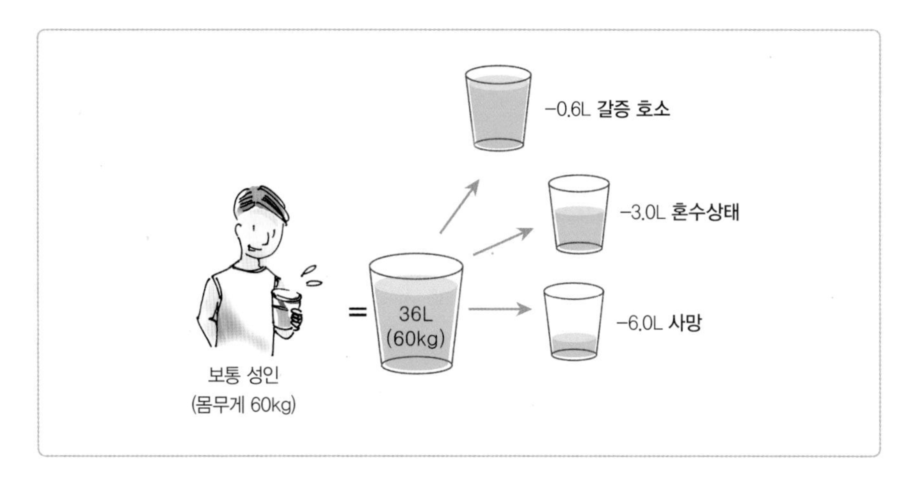

그림 1-33
수분 균형

water)라 한다. 대사수는 우리 몸 안에서 탄수화물, 지질, 단백질 등 유기 영양소가 산화될 때 생성되는데, 탄수화물이 체내에서 대사될 때 60%에 해당되는 양의 수분을 생성한다. 지질의 경우에는 107% 그리고 단백질은 41%의 수분이 생성되어 체내에서 지질이 대사수를 가장 많이 생성한다. 한국인 영양소 섭취기준(2020)에서 수분의 충분섭취량은 성인남자 2,200~2,600ml/일, 여자 2,000~2,100ml/일이다.

(7) 피토케미컬

피토케미컬(phytochemical)은 식물의 뿌리나 잎에서 만들어지는 모든 화학물질을 통틀어 일컫는 개념으로, 식물 자체에서는 자신과 경쟁하는 식물의 생장을 방해하거나, 각종 미생물·해충 등으로부터 자신의 몸을 보호하는 역할 등을 한다. 이 화학물질이 사람의 몸에 들어가면 항산화물질이나 세포 손상을 억제하는 작용을 해 반드시 식사를 통해 섭취해야 되는 필수영양소는 아니지만 건강에 상당히 유익한 성분이다.

카르티노이드(라이코펜), 플라보노이드, 안토시아노이드, 캡사이신, 카테킨 등의 피토케미컬은 채소나 과일의 화려하고 짙은 색소에 많이 들어 있는데, 색깔별로는 붉은색·주황색·노란색·보라색·녹색에 많이 들어 있다. 이소플라본은 콩류에, 사포닌은 흰색을 띠는 마늘류, 양파에 들어있는 피토케미컬이다.

3/ 얼마나 먹어야 할까

사람이 식품을 선택하는 데 영향을 미치는 요인은 매우 다양하여 식품의 맛, 질감 및 형태는 물론, 어린 시기의 경험, 교육수준, 경제력, 문화적 관습, 광고 효과 등 내재적 인자와 사회적 인자가 복합적으로 작용한다. 장기간에 걸쳐 형성된 식품 선택의 경향은 개인의 식습관을 형성하며, 식습관이 바람직하지 못할 때 특정 만성질환이 유발될 가능성이 높아진다. 따라서 다양한 식품을 선택하여 신체에 필요한 영양소가 결핍되거나 과잉되지 않도록 섭취하는 것이 건강 유지를 위해 매우 중요하다.

영양소 섭취와 관련된 질병의 위험을 줄이기 위하여 우리는 얼마나 먹어야 할까? 이 절에서는 건강에 좋은 식사를 계획하는데 도움이 되는 유용한 도구와 식사지침 등에 대해 알아보도록 하자.

1) 건강을 위한 식사원칙

(1) 다양하게 식품을 선택한다

인체에 필요한 모든 영양소를 한 가지 식품에서 모두 얻기가 어렵기 때문에, 여러 식품군에서 다양한 식품을 선택하여 영양소를 섭취해야 한다. 예를 들어 계란이나 육류 식품에는 단백질이 많이 들어있으나 칼슘, 비타민 C가 적으며, 우유에는 칼슘이 풍부한 반면, 철이 매우 적고 식이섬유는 함유되어 있지 않다. 당근은 비타민 A 급원식품이고, 브로콜리나 아스파라거스는 엽산의 급원식품이다. 특히 과일과 야채는 피토케미칼(phytochemical)이라는 식물성 생리활성물질을 함유하고 있어서 많이 섭취하면 암을 예방하고 심혈관 질환의 위험을 감소시키는 것으로 알려져 있다.

(2) 균형 잡힌 식사를 준비한다

곡류, 고기·생선·계란·콩류, 채소류, 과일류, 우유·유제품류, 유지·당류 등 6종류의 식품군에서 식품을 골고루 선택하여 매끼 식사를 준비한다면 균형 잡힌 영양섭취를 할 수 있다. 예를 들어 점심에 땅콩과 야채샐러드, 스파게티, 사과, 우유를

그림 1-34
건강을 위한 올바른 식사습관

먹었다면 이는 모든 식품군이 포함된 식사를 한 셈이다. 여기에 샐러드드레싱으로 풍미를 돋우면 비타민 E와 필수지방산 같은 영양소의 흡수도 촉진시킬 수 있다.

(3) 음식은 적당량 섭취한다

하루 식사에서 섭취하는 음식량을 적절히 조절한다. 음식 섭취량의 조절은 단순히 한 끼 식사의 분량을 조절하는 것뿐만 아니라 하루 세 끼 식사에서 영양소의 배분을 고려하는 것이 중요하다. 예를 들어 점심에 갈비찜을 먹어 지질 섭취가 많았다면 저녁에는 나물류를 더 선택하여 전체적으로 영양 성분의 섭취량을 조절하는 것이 바람직하다.

앞에서 기술된 바와 같이 건강을 위한 식사의 기본 원칙은 식품 선택의 다양성과 균형성, 적당한 식사량의 조절이며, 이를 통해 궁극적으로 인체에 필요한 영양소를 균형 있게 섭취하는 것이다.

2) 영양소 섭취기준

건강을 유지하기 위해 각 영양소들을 얼마나 섭취해야 할까? 한 인구집단의 영양결핍이나 과잉으로 인한 건강상 위해를 방지하기 위해 일상 식사를 통해 섭취하는 영양소의 적정성을 평가할 수 있도록 전문가들이 합의하여 제안하는 영양섭취기준에 대해 알아보자.

우리나라에서는 1962년부터 영양소 결핍 질환은 피하고 정상적인 신체 기능과 성장을 유지하기 위해 필요한 양을 의미하는 영양권장량(recommended dietary allowance, RDA)을 제정하여 사용해 왔다.

그러나 최근에는 인간의 수명이 길어지고 영양소 강화식품과 비타민·무기질 보충제 섭취가 증가하는 한편, 고열량 및 고지질 식사로 인한 비만과 이상지질혈증 등의 만성질환 발병률이 점차 증가하고 있다. 이에 따라 전 세계적으로 영양 결핍 문제는 현저히 감소되었으나 영양 불균형 및 과잉으로 인한 위험을 예방하고 만성질환 발생의 위험을 줄이기 위해 영양소별로 다양한 섭취기준을 제시하는 새로운 개념의 영양소 섭취기준(dietary reference intake, DRI)이 제정되었다. 우리나라에서는 2005년 제1차 영양소 섭취기준이 제정되어 발표되었으며, 이후 매 5년마다 재개정되고 있다.

영양소 섭취기준은 각 영양소별로 평균필요량, 권장섭취량, 충분섭취량, 상한섭취량으로 구성되어 있어, 식생활을 보다 정밀하게 평가하고 식사를 계획하는 데 활용할 수 있다(그림 1-35). 각 영양소 섭취기준의 의미와 그 적용에 대해 살펴보자.

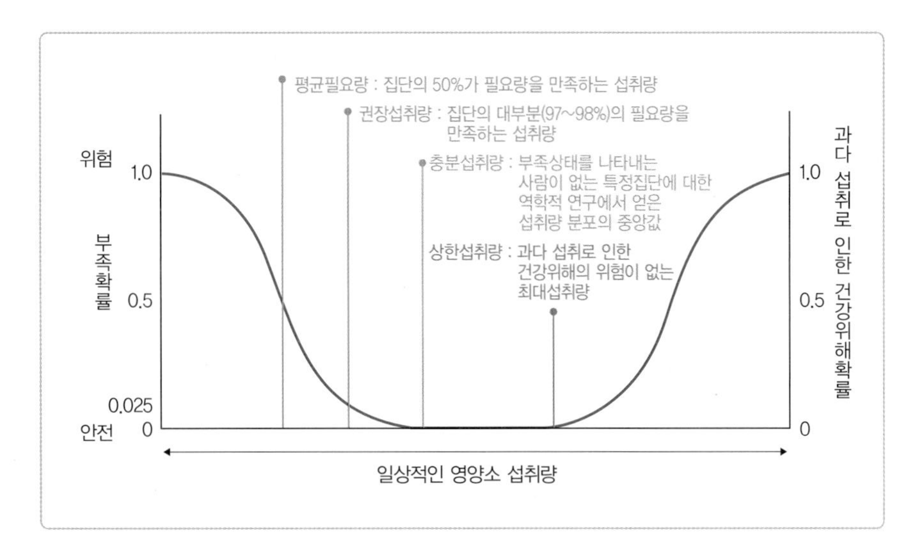

그림 1-35
영양소 섭취기준 지표의 개념도

자료 : 보건복지부, 2015 한국인 영양소 섭취기준.

(1) 영양소 섭취기준의 구성

■ 평균필요량(Estimated Average Requirement, EAR)

건강한 인구 집단의 50%에 해당하는 사람들의 일일 영양소 필요량을 충족시키는 수준을 가리키며 나머지 50%에 해당하는 사람들의 필요량은 충족되지 않는다. 영양소의 평균필요량을 결정하기 위해서는 특정 영양소와 관련된 효소 활성, 세포의 항상성 등과 같은 측정 가능한 생화학 지표를 선정해야 한다. 현재 모든 영양소에 대해 평가기준을 충족시키는 지표가 존재하는 것은 아니기 때문에 평균필요량을 설정한 영양소는 에너지(필요추정량), 탄수화물, 단백질, 아미노산, 비타민 A, 비타민 C, 티아민, 리보플라빈, 니아신, 비타민 B_6, 엽산, 비타민 B_{12}, 칼슘, 인, 마그네슘, 철, 아연, 구리, 요오드, 셀레늄, 몰리브덴 등 21가지 영양소이다. 평균필요량은 인구 집단의 평소 섭취량이 필요량 미만인 사람의 비율을 최소화하는 식사계획이나 영양평가에 이용할 수 있다.

■ 에너지필요추정량(Estimated Energy Requirement, EER)

에너지의 경우는 평균필요량이라는 용어 대신 필요추정량을 사용한다. 에너지의 섭취량과 소비량이 균형을 이루어 체중 증가를 일으키지 않는 상태의 에너지 섭취량이 에너지 필요량에 해당하며, 개인의 에너지 필요량을 정확하게 측정하기 어렵기 때문에 에너지필요추정량이라는 용어를 사용한다.

■ 권장섭취량(Recommended Nutrient Intake, RNI)

건강한 인구 집단의 97~98%의 영양필요량을 충족시키며 상당수 사람들이 필요로 하는 양보다 높은 수치를 말한다. 대상 인구집단의 영양소 섭취량이 정규분포를 이룬다는 원칙 하에 평균필요량에 표준편차의 2배를 더하여 정한다. 기존의 영양권장량(RDA)과 동일한 개념이며, 평균필요량의 수치로부터 계산되기 때문에 평균필요량이 설정된 영양소에 한해서 권장섭취량이 설정되었다.

■ 충분섭취량(Adequate Intake, AI)

평균필요량(EAR)과 권장섭취량(RNI)을 설정하기 위한 과학적 근거가 충분하지 않을 때 건강한 인구집단의 영양소 섭취량을 실험적으로 추정하여 충분섭취량을 설정한다. 충분섭취량은 영양 상태를 정상적으로 유지하기 위해 필요한 개인의 섭취 목표가 되며, 집단의 경우 섭취량의 중앙값에 해당하도록 목표로 삼는다. 성인을 기준으로 충분섭취량이 설정된 영양소는 식이섬유, 리놀레산, 알파-리놀렌산, EPA+DHA, 수분, 비타민 D, E, K, 판토텐산, 비오틴, 나트륨, 염소, 칼륨, 불소, 망간, 크롬 등 16가지 영양소이다.

■ 상한섭취량(Tolerable Upper Intake level, UL)

특정 인구집단에 속한 거의 대부분의 사람에 위해가 되지 않는 영양소 섭취의 하루 최대섭취량으로, 그 이상 섭취할 경우 과잉의 위험이 있다. 영양소의 상한섭취량은 영양소 섭취의 목표 값이 아니며 이 값 미만으로 섭취해야 하는 기준치이다. 집단의 경우 평소섭취량이 상한섭취량보다 높은 사람의 비율이 최소가 되도록 목표로 삼는다.

■ **만성질환위험감소섭취량(Chronic Disease Risk Reduction intake)**

만성질환 위험 감소를 위한 섭취량이란 건강한 인구집단에서 만성질환의 위험을 감소시킬 수 있는 영양소의 최저 수준의 섭취량이다. 이는 그 기준치 이하를 목표로 섭취량을 감소시키라는 의미가 아니라 그 기준치 보다 높게 섭취할 경우 전반적으로 섭취량을 줄이면 만성질환에 대한 위험을 감소시킬 수 있다는 근거를 중심으로 도출된 섭취기준을 의미한다. 만성질환 위험감소를 위한 섭취량은 과학적 근거가 충분할 때 설정할 수 있다. 영양소 섭취와 만성질환 사이에 인과적 연관성이 확보되었는지에 대해 확인하고, 용량-반응 관계에 대한 연관성 분석 결과를 바탕으로 만성질환의 위험을 감소시킬 수 있는 구체적 섭취 범위를 고려하는 과정을 통해 설정한다.

(2) 영양섭취기준의 활용 범위

영양섭취기준은 주로 식사계획에 이용하기 위한 것이다. 영양섭취기준을 개인의 식사계획에 이용할 때 권장섭취량을 목표로 하며 권장섭취량이 정해지지 않은 영양소의 경우 충분섭취량을 사용할 수는 있으나 상한섭취량을 초과하지는 말아야 한다. 또한 영양섭취기준은 건강한 일반인을 대상으로 하는 것이므로 영양불량이나 영양소 소모가 많은 질병을 앓고 있는 경우에는 적용할 수 없다.

3) 식사구성안

우리의 건강을 유지하고 만성질환을 예방하기 위해 바람직한 식사란 어떤 것일까? 식단 작성을 위한 몇 가지 도구와 지침을 이용하면 보다 쉽고 편리하게 식사를 계획할 수 있다. 한국영양학회에서 제시하고 있는 식품구성자전거, 식품군별 1인 1회 분량 및 식사구성안에 대해 살펴보고, 대학생을 위한 식단을 직접 작성해 보도록 하자.

(1) 식품구성자전거

식품구성자전거란 우리가 주로 먹는 식품들의 종류와 영양소 함유량, 기능에 따라 비슷한 것끼리 6가지 식품군(곡류, 고기·생선·계란·콩류, 채소류, 과일류, 우유·유제품류, 유지·당류)로 구분하고, 자전거 바퀴 모양을 이용하여 6가지 식품군의 권장식사패턴에 맞게 섭취횟수와 분량에 따라 면적을 배분하여 일반인들의 이해를 도울 수 있도록 개발된 식품모형이다(그림 1-36). 균형 잡힌 식사, 충분한 수분 섭취와 운동을 통하여 적절한 영양 및 건강 유지에 도움을 줄 수 있도록 내용이 구성되어 있다.

그림 1-36
식품구성자전거
자료 : 보건복지부, 2015 한국인 영양소 섭취기준.

(2) 식품군별 대표 식품과 1인 1회 분량

식사구성안을 작성하고자 할 때 각 식품군별로 대표 식품의 1인 1회 분량을 활용하면 편리하게 식단을 마련할 수 있다.

식품군별로 1회 분량당 열량 함량을 살펴보면 곡류는 대략 300kcal를 제공하며, 고기·생선·계란·콩류는 약 100kcal를, 우유·유제품류는 125kcal를, 유지·당류는 45kcal를 제공해준다. 또한 채소류는 1인 1회 분량당 15kcal를, 과일류는

50kcal를 제공해준다.

식품군별 대표 식품의 1회 분량은 사람들의 일상 섭취량으로부터 산출된 것이며, 식사 조절이 필요하지 않은 건강한 사람들이 실제 식생활에 적용하도록 제정된 것으로 특수한 질병(예: 당뇨병)에서 식사요법을 위한 식품교환 단위와는 다르다(표 1-18).

표 1-18 식품군별 대표 식품의 1인 1회 분량

	품목	식품명	1회 분량(g)[1)]	횟수[2)]
곡류 (300kcal)	곡류	백미, 보리, 찹쌀, 현미, 조, 수수, 기장, 팥	90	1회
		옥수수	70	0.3회
		쌀밥	210	1회
	면류	국수(말린 것)	90	1회
		국수(생면)	210	1회
		당면	30	0.3회
		라면사리	120	1회
	떡류	가래떡/백설기	150	1회
		떡(팥소, 시루떡 등)	150	1회
	빵류	식빵	35	0.3회
		빵(잼빵, 팥빵 등)	80	1회
		빵(기타)	80	1회
	시리얼류	시리얼	30	0.3회
	감자류	감자	140	0.3회
		고구마	70	0.3회
	기타	묵	200	0.3회
		밤	60	0.3회
		밀가루, 전분, 빵가루, 부침가루, 튀김가루, 믹스	30	0.3회
	과자류	과자(비스킷, 쿠키)	30	0.3회
		과자(스낵)	30	0.3회

삭제한 식품 : 혼합잡곡, 삶은 면, 냉면국수, 메밀국수

1) 1회 섭취하는 가식부 분량

2) 곡류 300kcal에 해당하는 분량을 1회라고 간주하였을 때, 해당 1회 분량에 해당하는 횟수

자료 : 보건복지부, 2015 한국인 영양소 섭취기준.

표 1-19 고기·생선·계란·콩류의 주요 식품(1인 1회 분량)

	품목	식품명	1회 분량(g)[1]	횟수[2]
고기·생선·계란·콩류 (100kcal)	육류	쇠고기(한우, 수입우)	60	1회
		돼지고기, 돼지고기(삼겹살)	60	1회
		닭고기	60	1회
		오리고기	60	1회
		햄, 소시지, 베이컨, 통조림햄	30	1회
	어패류	고등어, 명태/동태, 조기, 꽁치, 갈치, 다랑어(참치)	60	1회
		바지락, 게, 굴	80	1회
		오징어, 새우, 낙지	80	1회
		멸치자건품, 오징어(말린 것), 새우자건품, 뱅어포(말린 것), 명태(말린 것)	15	1회
		다랑어(참치통조림)	60	1회
		어묵, 게맛살	30	1회
		어류젓	40	1회
	난류	계란, 메추라기알	60	1회
	콩류	대두, 완두콩, 강낭콩	20	1회
		두부	80	1회
		순두부	200	1회
		두유	200	1회
	견과류	땅콩, 아몬드, 호두, 잣, 해바라기씨, 호박씨	10	0.3회

삭제한 식품 : 미꾸라지, 민물장어, 넙치, 삼치, 깨(유지류로)
1) 1회 섭취하는 가식부 분량임
2) 고기·생선·계란·콩류 100kcal에 해당하는 분량을 1회라고 간주하였을 때, 해당 1회 분량에 해당하는 횟수
자료 : 보건복지부, 2015 한국인 영양소 섭취기준.

표 1-20 채소류의 주요 식품(1인 1회 분량)

	품목	식품명	1회 분량(g)[1]	횟수[2]
채소류 (15kcal)	채소류	파, 양파, 당근, 풋고추, 무, 애호박, 오이, 콩나물, 시금치, 상추, 배추, 양배추, 깻잎, 피망, 부추, 토마토, 쑥갓, 무청, 붉은고추, 숙주나물, 고사리, 미나리	70	1회
		배추김치, 깍두기, 단무지, 열무김치, 총각김치	40	1회
		우엉	40	1회
		마늘, 생강	10	1회
	해조류	미역, 다시마	30	1회
		김	2	1회
	버섯류	느타리버섯, 표고버섯, 양송이버섯, 팽이버섯	30	1회

삭제한 식품 : 고구마줄기, 근대, 쑥, 아욱, 취나물, 두릅, 머위, 가지, 늙은 호박, 나박김치, 오이소박이, 동치미, 갓김치, 파김치, 도라지, 토마토주스, 파래
1) 1회 섭취하는 가식부 분량임
2) 채소류 15kcal에 해당하는 분량을 1회라고 간주하였을 때, 해당 1회 분량에 해당하는 횟수
자료 : 보건복지부, 2015 한국인 영양소 섭취기준.

표 1-21 과일류의 주요 식품(1인 1회 분량)

	품목	식품명	1회 분량(g)[1]	횟수[2]
과일류 (50kcal)	과일류	수박, 참외, 딸기	150	1회
		사과, 귤, 배, 바나나, 감, 포도, 복숭아, 오렌지, 키위, 파인애플	100	1회
		건포도, 대추(말린 것)	15	1회
	주스류	과일음료	100	1회

삭제한 식품 : 망고
1) 1회 섭취하는 가식부 분량임
2) 과일류 50kcal에 해당하는 분량을 1회라고 간주하였을 때, 해당 1회 분량에 해당하는 횟수
자료 : 보건복지부, 2015 한국인 영양소 섭취기준.

표 1-22 우유·유제품류의 주요 식품(1인 1회 분량)

	품목	식품명	1회 분량(g)[1)]	횟수[2)]
우유·유제품류 (125kcal)	우유	우유	200	1회
	유제품	치즈	20	0.3회
		요구르트(호상)	100	1회
		요구르트(액상)	150	1회
		아이스크림	100	1회

1) 1회 섭취하는 가식부 분량임
2) 우유·유제품류 125kcal에 해당하는 분량을 1회라고 간주하였을 때, 해당 1회 분량에 해당하는 횟수
자료 : 보건복지부, 2015 한국인 영양소 섭취기준.

표 1-23 유지·당류의 주요 식품(1인 1회 분량)

	품목	식품명	1회 분량(g)[1)]	횟수[2)]
유지·당류 (45kcal)	유지류	참기름, 콩기름, 커피크리머, 들기름, 유채씨기름/채종유, 흰깨, 들깨, 버터, 포도씨유, 마요네즈	5	1회
		커피믹스	12	1회
	당류	설탕, 물엿/조청, 꿀	10	1회

삭제한 식품 : 옥수수기름, 당밀/시럽, 사탕
1) 1회 섭취하는 가식부 분량임
2) 유지·당류 45kcal에 해당하는 분량을 1회라고 간주하였을 때, 해당 1회 분량에 해당하는 횟수
자료 : 보건복지부, 2015 한국인 영양소 섭취기준.

(3) 식사 구성

일반적으로 영양소의 형태가 아닌 식품을 섭취하기 때문에 영양섭취기준을 직접 적용하기는 어렵다. 권장식사패턴을 활용한 식사구성안은 복잡한 영양가 계산을 하지 않고서도 자신의 영양섭취기준을 충족할 수 있도록 고안된 식단 작성법이다. 권장식사패턴이란 성별, 연령별 대표 열량을 제시하고, 대표 열량에 대해 식품군별 섭취횟수를 제시하여 자신에게 적절한 식품을 선택하여 식단을 작성할 수 있도록 안내하는 식사 형태이다.

권장식사패턴에 따른 구체적인 식단 작성의 예는 표 1-26(성인 남성), 표 1-27(성인 여성)에 제시하였다.

표 1-24 생애주기별 권장식사패턴 A형(우유 및 유제품 2회 포함)

A타입						
열량(kcal)	곡류	고기·생선·계란·콩류	채소류	과일류	우유·유제품	유지·당류
1,000	1	1.5	4	1	2	3
1,100	1.5	1.5	4	1	2	3
1,200	1.5	2	5	1	2	3
1,300	1.5	2	6	1	2	4
1,400	2	2	6	1	2	4
1,500	2	2.5	6	1	2	5
1,600	2.5	2.5	6	1	2	5
1,700	2.5	3	6	1	2	5
1,800	3	3	6	1	2	5
1,900	3	3.5	7	1	2	5
2,000	3	3.5	7	2	2	6
2,100	3	4	8	2	2	6
2,200	3.5	4	8	2	2	6
2,300	3.5	5	8	2	2	6
2,400	3.5	5	8	3	2	6
2,500	3.5	5.5	8	3	2	7
2,600	3.5	5.5	8	4	2	8
2,700	4	5.5	8	4	2	8
2,800	4	6	8	4	2	8

자료 : 보건복지부, 2015 한국인 영양소 섭취기준.

표 1-25 생애주기별 권장식사패턴 B형(우유 및 유제품 1회 포함)

B타입						
열량(kcal)	곡류	고기·생선·계란·콩류	채소류	과일류	우유·유제품	유지·당류
1,000	1.5	1.5	5	1	1	2
1,100	1.5	2	5	1	1	3
1,200	2	2	5	1	1	3
1,300	2	2	6	1	1	4
1,400	2.5	2	6	1	1	4
1,500	2.5	2.5	6	1	1	4
1,600	3	2.5	6	1	1	4
1,700	3	3.5	6	1	1	4
1,800	3	3.5	7	2	1	4
1,900	3	4	8	2	1	4
2,000	3.5	4	8	2	1	4
2,100	3.5	4.5	8	2	1	5
2,200	3.5	5	8	2	1	6
2,300	4	5	8	2	1	6
2,400	4	5	8	3	1	6
2,500	4	5	8	4	1	7
2,600	4	6	9	4	1	7
2,700	4	6.5	9	4	1	8

자료 : 보건복지부. 2015 한국인 영양소 섭취기준.

표 1-26 20대 남성을 위한 식단 작성의 예(19~64세, 2,400kcal, B형)

(회 분량)

메뉴	분량	아침	점심	저녁	간식
		쌀밥 육개장 조기구이 콩자반 실파무침	잔치국수 동태전 느타리버섯볶음 시금치나물 가지나물	잡곡밥 미역국 수육 모둠쌈&쌈장 도토리묵무침 배추김치	시리얼 우유 배 단감 사과 군고구마 녹차
곡류	4회	쌀밥 210g(1)	국수(생면) 210g(1)	잡곡밥 210g(1) 도토리묵 70g(0.1)	시리얼 30g(0.3) 고구마 140g(0.6)
고기·생선·계란·콩류	5회	쇠고기 30g(0.5) 조기 60g(1) 검정콩 20g(1)	동태, 계란 60g(1)	돼지고기 90g(1.5)	
채소류	8회	숙주, 고사리, 무 70g(1) 실파 70g(1)	애호박 17g(0.25) 김 0.5g(0.25) 느타리버섯 30g(1) 시금치 70g(1) 가지 70g(1)	미역 15g(0.5) 상추, 고추, 깻잎 70g(1) 배추김치 40g(1)	
과일류	3회				배 100g(1) 단감 100g(1) 사과 100g(1)
우유·유제품류	1회				우유 200mL(1)

자료 : 보건복지부, 2015 한국인 영양소 섭취기준.

표 1-27 20대 여성을 위한 식단 작성의 예(19~64세, 1,900kcal, B형)

(회 분량)

메뉴	분량	아침	점심	저녁	간식
		쌀밥 계란국 땅콩멸치볶음 애호박나물 깍두기	보리밥 팽이버섯된장국 소불고기 콩나물무침 오이소박이	떡국 갈치카레구이 꽈리고추볶음 배추겉절이 양배추샐러드	우유 토마토 귤 포도
곡류	3회	쌀밥 210g(1)	보리밥 210g(1)	가래떡 150g(1)	
고기·생선·계란·콩류	4회	계란 30g(0.5) 건멸치(소) 15g(1) 땅콩 6g(0.2)	쇠고기 60g(1)	쇠고기 18g(0.3) 갈치 60g(1)	

(계속)

메뉴	분량	아침	점심	저녁	간식
		쌀밥 계란국 땅콩멸치볶음 애호박나물 깍두기	보리밥 팽이버섯된장국 소불고기 콩나물무침 오이소박이	떡국 갈치카레구이 꽈리고추볶음 배추겉절이 양배추샐러드	우유 토마토 귤 포도
채소류	8회	애호박 70g(1) 깍두기 40g(1)	팽이버섯 15g(0.5) 양파 35g(0.5) 콩나물 70g(1) 오이 70g(1)	꽈리고추 35g(0.5) 배추 35g(0.5) 양배추 70g(1)	토마토 70g(1)
과일류	2회				귤 100g(1) 포도 100g(1)
우유·유제품류	1회				우유 200mL(1)

자료 : 보건복지부, 2015 한국인 영양소 섭취기준.

4) 건강을 유지하기 위한 식생활

만성질환을 예방하고 바람직한 건강상태를 유지하기 위한 방법으로 식생활 목표를 인지하고 식사지침에 따라 생활하는 것이 중요하다. 또한 가공식품을 사용할 때는 영양표시를 확인함으로써 개개인의 영양개선과 건강증진을 위해 활용하는 행동처럼 적극적인 식생활 태도의 확립이 필요하다. 국가 차원에서 제시된 성인을 위한 식생활 목표와 지침 및 영양표시제에 관하여 알아보자.

(1) 식생활 목표와 지침을 지킨다

우리나라는 영양결핍과 영양과잉이 공존하는 양극성 영양불균형의 문제를 지니고 있다. 이러한 영양문제는 국민의 건강에 직접적으로 영향을 주어 만성질환을 증가시키는 요인이 된다. 따라서 국민의 질병 예방과 건강 증진, 나아가 개인의 삶의 질을 향상시키기 위해 국가 차원에서 제정하여 보급한 식생활 목표와 지침을 지키는 것이 국민 건강 유지에 도움이 된다.

각 나라마다 그 나라의 식생활 패턴에 맞게 전체 식사에 관한 내용을 제안하고 국가 정책 및 문화적 배경 등을 다각적으로 고려하며 실현성이 높고 쉽게 접근할 수 있도록 목표와 지침을 설정하여 보급하고 있는 추세다.

우리나라에서는 1986년 한국영양학회에 의해 10개 조항의 '한국인을 위한 식사 지침'이 처음 발표되었고 보건복지부에서 1991년에 '국민 식생활지침'을 발표하였다. 이후에는 만성질환이 증가됨에 따라 이와 관련된 식생활을 개선하기 위해 보건복지부는 '한국인을 위한 식생활지침(2008~2011)', 농림축산식품부는 '한국인을 위한 녹색 식생활지침(2010)', 식품의약품안전처는 '당류 줄이기 실천가이드(2014)' 등을 발표한 바 있다. 그러나 2016년부터는 각 부처에 분산되어 있는 지침을 종합하여 바람직한 식생활을 위한 기본적인 수칙으로 '국민 공통 식생활 지침'을 제정하였다.

'국민 공통 식생활지침'의 내용은 다음과 같다.

1. 쌀·잡곡, 채소, 과일, 우유·유제품, 육류, 생선, 계란, 콩류 등 다양한 식품을 섭취하자.
2. 아침밥을 꼭 먹자.
3. 과식을 피하고 활동량을 늘리자.
4. 덜 짜게, 덜 달게, 덜 기름지게 먹자.
5. 단음료 대신 물을 충분히 마시자.
6. 술자리를 피하자.
7. 음식은 위생적으로, 필요한 만큼만 마련하자.
8. 우리 식재료를 활용한 식생활을 즐기자.
9. 가족과 함께하는 식사 횟수를 늘리자.

(2) 식품의 영양표시를 활용한다

식품의 영양표시는 포장된 식품에 함유된 영양소와 그 함량에 대한 정보를 나타내어 소비자로 하여금 자신의 요구에 맞는 식품선택을 할 수 있도록 돕는 도구다. 영양표시는 영양소 함량표시, 영양 강조표시, 건강 관련 표시로 분류된다.

이러한 영양표시는 식품을 선택하기 위한 보조 수단으로 사용할 수 있으며, 하루 식사에서 해당 식품이 차지하는 영양적 비중을 평가하여 식사구성에 반영하도록 하는 영양교육의 도구로 활용된다. 이는 일반 소비자들이 가공식품내 영양소

① 영양·기능정보		
② 1회분량		
③ 1회 분량 당	함량	④ % 영양소 기준치
⑤ 열량	150kcal	
⑥ 탄수화물	23g	7%
식이섬유	3g	12%
당류	10g	
⑦ 단백질	2g	3%
⑧ 지방	6g	11%
포화지방산	2g	
불포화지방산	3g	
콜레스테롤	10mg	3%
⑨ 나트륨	55mg	2%
⑩ 비타민 C	11mg	20%
⑪ 칼슘	20mg	7%
⑫ 기능성분 또는 지표성분	0mg	
⑬ * % 영양소 기준치 : 1일 영양소 기준치에 대한 비율		

그림 1-37
영양성분 표시
자료 : 식품의약품안전처 영양평가과.

의 절대 함량과 적절한 영양소 섭취량에 대한 상대적 비율이 어느 정도인지를 알 권리와 필요가 있는 맞춤영양 시대에 필수적인 영양정보이다. 영양표시는 궁극적으로 국민 개개인의 영양개선과 건강 증진에 기여하고 만성퇴행성 질환의 발생을 경감시키는 데 매우 중요한 역할을 할 수 있다.

영양섭취기준은 성별, 연령별로 값이 다르기 때문에 식품표시에는 사용하기 어렵다. 따라서 식품의약품안전처에서는 가공식품의 영양소 함량을 표시할 때 사용할 영양성분 기준치를 제정하였다. 영양성분 기준치는 소비자가 식품들의 영양소 함량을 쉽게 비교할 수 있도록 식품표시에 사용하는

표 1-28 식품의 영양표시를 위한 1일 영양성분 기준치

영양성분	기준치	영양성분	기준치	영양성분	기준치
탄수화물(g)	324	크롬(μg)	30	몰리브덴(μg)	25
당류(g)	100	칼슘(mg)	700	비타민 B_{12}(μg)	2.4
식이섬유(g)	25	철(mg)	12	비오틴(μg)	30
단백질(g)	55	비타민 D(μg)	10	판토텐산(mg)	5
지방(g)	54	비타민 E(mgα-TE)	11	인(mg)	700
포화지방(g)	15	비타민 K(μg)	70	요오드(μg)	150
콜레스테롤(mg)	300	비타민 B_1(mg)	1.2	마그네슘(mg)	315
나트륨(mg)	2,000	비타민 B_2(mg)	1.4	아연(mg)	8.5
칼륨(mg)	3,500	니아신(mg NE)	15	셀렌(μg)	55
비타민 A(μg RE)	700	비타민 B_6(mg)	1.5	구리(mg)	0.8
비타민 C(mg)	100	엽산(μg)	400	망간(mg)	3.0

자료 : 식품의약품안전처 식품등의 표시광고에 관한 법률.

하루 평균 영양소 섭취기준치를 말하는 것으로, 현재 만 4세 이상 일반인에 보편적으로 적용 가능한 비타민과 무기질 등 총 32종에 대한 기준치가 설정되어 있다. 이 영양소 기준치를 통해 하루 식사 중 해당 식품이 차지하는 영양적 비중을 파악함으로써 식사계획에 유용하게 활용할 수 있다.

표 1-29 2020 한국인 영양소 섭취기준(보건복지부)

• 에너지적정비율

성별	연령	에너지적정비율(%)				
		탄수화물	단백질	지질[1]		
				지방	포화지방산	트랜스지방산
영아	0–5(개월)	–	–	–	–	–
	6–11	–	–	–	–	–
유아	1–2(세)	55–65	7–20	20–35	–	–
	3–5	55–65	7–20	15–30	8 미만	1 미만
남자	6–8(세)	55–65	7–20	15–30	8 미만	1 미만
	9–11	55–65	7–20	15–30	8 미만	1 미만
	12–14	55–65	7–20	15–30	8 미만	1 미만
	15–18	55–65	7–20	15–30	8 미만	1 미만
	19–29	55–65	7–20	15–30	7 미만	1 미만
	30–49	55–65	7–20	15–30	7 미만	1 미만
	50–64	55–65	7–20	15–30	7 미만	1 미만
	65–74	55–65	7–20	15–30	7 미만	1 미만
	75 이상	55–65	7–20	15–30	7 미만	1 미만
여자	6–8(세)	55–65	7–20	15–30	8 미만	1 미만
	9–11	55–65	7–20	15–30	8 미만	1 미만
	12–14	55–65	7–20	15–30	8 미만	1 미만
	15–18	55–65	7–20	15–30	8 미만	1 미만
	19–29	55–65	7–20	15–30	7 미만	1 미만
	30–49	55–65	7–20	15–30	7 미만	1 미만
	50–64	55–65	7–20	15–30	7 미만	1 미만
	65–74	55–65	7–20	15–30	7 미만	1 미만
	75 이상	55–65	7–20	15–30	7 미만	1 미만
임신부		55–65	7–20	15–30		
수유부		55–65	7–20	15–30		

1) 콜레스테롤 : 19세 이상 300mg/일 미만 권고

- 에너지와 다량영양소

보건복지부, 2020

성별	연령	에너지(kcal/일)				탄수화물(g/일)				식이섬유(g/일)			
		필요 추정량	권장 섭취량	충분 섭취량	상한 섭취량	평균 필요량	권장 섭취량	충분 섭취량	상한 섭취량	평균 필요량	권장 섭취량	충분 섭취량	상한 섭취량
영아	0-5(개월)	500						60					
	6-11	600						90					
유아	1-2(세)	900				100	130					15	
	3-5	1,400				100	130					20	
남자	6-8(세)	1,700				100	130					25	
	9-11	2,000				100	130					25	
	12-14	2,500				100	130					30	
	15-18	2,700				100	130					30	
	19-29	2,600				100	130					30	
	30-49	2,500				100	130					30	
	50-64	2,200				100	130					30	
	65-74	2,000				100	130					25	
	75 이상	1,900				100	130					25	
여자	6-8(세)	1,500				100	130					20	
	9-11	1,800				100	130					25	
	12-14	2,000				100	130					25	
	15-18	2,000				100	130					25	
	19-29	2,000				100	130					20	
	30-49	1,900				100	130					20	
	50-64	1,700				100	130					20	
	65-74	1,600				100	130					20	
	75 이상	1,500				100	130					20	
임신부[1]		+0 +340 +450				+35	+45					+5	
수유부		+340				+60	+80					+5	

성별	연령	지방(g/일)				리놀레산(g/일)				알파-리놀렌산(g/일)				EPA + DHA(mg/일)			
		평균 필요량	권장 섭취량	충분 섭취량	상한 섭취량	평균 필요량	권장 섭취량	충분 섭취량	상한 섭취량	평균 필요량	권장 섭취량	충분 섭취량	상한 섭취량	평균 필요량	권장 섭취량	충분 섭취량	상한 섭취량
영아	0-5(개월)			25				5.0				0.6				200[2]	
	6-11			25				7.0				0.8				300[2]	
유아	1-2(세)							4.5				0.6					
	3-5							7.0				0.9					
남자	6-8(세)							9.0				1.1				200	
	9-11							9.5				1.3				220	
	12-14							12.0				1.5				230	
	15-18							14.0				1.7				230	
	19-29							13.0				1.6				210	
	30-49							11.5				1.4				400	
	50-64							9.0				1.4				500	
	65-74							7.0				1.2				310	
	75 이상							5.0				0.9				280	
여자	6-8(세)							7.0				0.8				200	
	9-11							9.0				1.1				150	
	12-14							9.0				1.2				210	
	15-18							10.0				1.1				100	
	19-29							10.0				1.2				150	
	30-49							8.5				1.2				260	
	50-64							7.0				1.2				240	
	65-74							4.5				1.0				150	
	75 이상							3.0				0.4				140	
임신부								+0				+0				+0	
수유부								+0				+0				+0	

[1] 1,2,3 분기별 부가량
[2] DHA

보건복지부, 2020

성별	연령	단백질(g/일)				메티오닌(g/일)				류신(g/일)			
		평균 필요량	권장 섭취량	충분 섭취량	상한 섭취량	평균 필요량	권장 섭취량	충분 섭취량	상한 섭취량	평균 필요량	권장 섭취량	충분 섭취량	상한 섭취량
영아	0-5(개월)			10				0.4				1.0	
	6-11	12	15			0.3	0.4			0.6	0.8		
유아	1-2(세)	15	20			0.3	0.4			0.6	0.8		
	3-5	20	25			0.3	0.4			0.7	1.0		
남자	6-8(세)	30	35			0.5	0.6			1.1	1.3		
	9-11	40	50			0.7	0.8			1.5	1.9		
	12-14	50	60			1.0	1.2			2.2	2.7		
	15-18	55	65			1.2	1.4			2.6	3.2		
	19-29	50	65			1.0	1.4			2.4	3.1		
	30-49	50	65			1.1	1.3			2.4	3.1		
	50-64	50	60			1.1	1.3			2.3	2.8		
	65-74	50	60			1.0	1.3			2.2	2.8		
	75 이상	50	60			0.9	1.1			2.1	2.7		
여자	6-8(세)	30	35			0.5	0.6			1.0	1.3		
	9-11	40	45			0.6	0.7			1.5	1.8		
	12-14	45	55			0.8	1.0			1.9	2.4		
	15-18	45	55			0.8	1.1			2.0	2.4		
	19-29	45	55			0.8	1.0			2.0	2.5		
	30-49	40	50			0.8	1.0			1.9	2.4		
	50-64	40	50			0.8	1.1			1.9	2.3		
	65-74	40	50			0.7	0.9			1.8	2.2		
	75 이상	40	50			0.7	0.9			1.7	2.1		
임신부[1]		+12 +25	+15 +30			1.1	1.4			2.5	3.1		
수유부		+20	+25			1.1	1.5			2.8	3.5		

성별	연령	이소류신(g/일)				발린(g/일)				라이신(g/일)			
		평균 필요량	권장 섭취량	충분 섭취량	상한 섭취량	평균 필요량	권장 섭취량	충분 섭취량	상한 섭취량	평균 필요량	권장 섭취량	충분 섭취량	상한 섭취량
영아	0-5(개월)			0.6				0.6				0.7	
	6-11	0.3	0.4			0.3	0.5			0.6	0.8		
유아	1-2(세)	0.3	0.4			0.4	0.5			0.6	0.7		
	3-5	0.3	0.4			0.4	0.5			0.6	0.8		
남자	6-8(세)	0.5	0.6			0.6	0.7			1.0	1.2		
	9-11	0.7	0.8			0.9	1.1			1.4	1.8		
	12-14	1.0	1.2			1.2	1.6			2.1	2.5		
	15-18	1.2	1.4			1.5	1.8			2.3	2.9		
	19-29	1.0	1.4			1.4	1.7			2.5	3.1		
	30-49	1.1	1.4			1.4	1.7			2.4	3.1		
	50-64	1.1	1.3			1.3	1.6			2.3	2.9		
	65-74	1.0	1.3			1.3	1.6			2.2	2.9		
	75 이상	0.9	1.1			1.1	1.5			2.2	2.7		
여자	6-8(세)	0.5	0.6			0.6	0.7			0.9	1.3		
	9-11	0.6	0.7			0.9	1.1			1.3	1.6		
	12-14	0.8	1.0			1.2	1.4			1.8	2.2		
	15-18	0.8	1.1			1.2	1.4			1.8	2.2		
	19-29	0.8	1.1			1.1	1.3			2.1	2.6		
	30-49	0.8	1.0			1.0	1.4			2.0	2.5		
	50-64	0.8	1.1			1.1	1.3			1.9	2.4		
	65-74	0.7	0.9			0.9	1.3			1.8	2.3		
	75 이상	0.7	0.9			0.9	1.1			1.7	2.1		
임신부		1.1	1.4			1.4	1.7			2.3	2.9		
수유부		1.3	1.7			1.6	1.9			2.5	3.1		

[1] 2,3 분기별 부가량

보건복지부, 2020

성별	연령	페닐알라닌 + 티로신(g/일)				트레오닌(g/일)				트립토판(g/일)			
		평균 필요량	권장 섭취량	충분 섭취량	상한 섭취량	평균 필요량	권장 섭취량	충분 섭취량	상한 섭취량	평균 필요량	권장 섭취량	충분 섭취량	상한 섭취량
영아	0-5(개월)			0.9				0.5				0.2	
	6-11	0.5	0.7			0.3	0.4			0.1	0.1		
유아	1-2(세)	0.5	0.7			0.3	0.4			0.1	0.1		
	3-5	0.6	0.7			0.3	0.4			0.1	0.1		
남자	6-8(세)	0.9	1.0			0.5	0.6			0.1	0.2		
	9-11	1.3	1.6			0.7	0.9			0.2	0.2		
	12-14	1.8	2.3			1.0	1.3			0.3	0.3		
	15-18	2.1	2.6			1.2	1.5			0.3	0.4		
	19-29	2.8	3.6			1.1	1.5			0.3	0.3		
	30-49	2.9	3.5			1.2	1.5			0.3	0.3		
	50-64	2.7	3.4			1.1	1.4			0.3	0.3		
	65-74	2.5	3.3			1.1	1.3			0.2	0.3		
	75 이상	2.5	3.1			1.0	1.3			0.2	0.3		
여자	6-8(세)	0.8	1.0			0.5	0.6			0.1	0.2		
	9-11	1.2	1.5			0.6	0.9			0.2	0.2		
	12-14	1.6	1.9			0.9	1.2			0.2	0.3		
	15-18	1.6	2.0			0.9	1.2			0.2	0.3		
	19-29	2.3	2.9			0.9	1.1			0.2	0.3		
	30-49	2.3	2.8			0.9	1.2			0.2	0.3		
	50-64	2.2	2.7			0.8	1.1			0.2	0.3		
	65-74	2.1	2.6			0.8	1.0			0.2	0.2		
	75 이상	2.0	2.4			0.7	0.9			0.2	0.2		
임신부		0.8	1.0			3.0	3.8			0.3	0.4		
수유부		0.8	1.1			3.7	4.7			0.4	0.5		

성별	연령	히스티딘(g/일)				수분(mL/일)					
		평균 필요량	권장 섭취량	충분 섭취량	상한 섭취량	음식	물	음료	충분섭취량		상한 섭취량
									액체	총수분	
영아	0-5(개월)			0.1					700	700	
	6-11	0.2	0.3			300			500	800	
유아	1-2(세)	0.2	0.3			300	362	0	700	1,000	
	3-5	0.2	0.3			400	491	0	1,100	1,500	
남자	6-8(세)	0.3	0.4			900	589	0	800	1,700	
	9-11	0.5	0.6			1,100	686	1.2	900	2,000	
	12-14	0.7	0.9			1,300	911	1.9	1,100	2,400	
	15-18	0.9	1.0			1,400	920	6.4	1,200	2,600	
	19-29	0.8	1.0			1,400	981	262	1,200	2,600	
	30-49	0.7	1.0			1,300	957	289	1,200	2,500	
	50-64	0.7	0.9			1,200	940	75	1,000	2,200	
	65-74	0.7	1.0			1,100	904	20	1,000	2,100	
	75 이상	0.7	0.8			1,000	662	12	1,100	2,100	
여자	6-8(세)	0.3	0.4			800	514	0	800	1,600	
	9-11	0.4	0.5			1,000	643	0	900	1,900	
	12-14	0.6	0.7			1,100	610	0	900	2,000	
	15-18	0.6	0.7			1,100	659	7.3	900	2,000	
	19-29	0.6	0.8			1,100	709	126	1,000	2,100	
	30-49	0.6	0.8			1,000	772	124	1,000	2,000	
	50-64	0.6	0.7			900	784	27	1,000	1,900	
	65-74	0.5	0.7			900	624	9	900	1,800	
	75 이상	0.5	0.7			800	552	5	1,000	1,800	
임신부		1.2	1.5							+200	
수유부		1.3	1.7						+500	+700	

- 지용성비타민

보건복지부, 2020

성별	연령	비타민 A(μg RAE/일)				비타민 D(μg/일)			
		평균 필요량	권장 섭취량	충분 섭취량	상한 섭취량	평균 필요량	권장 섭취량	충분 섭취량	상한 섭취량
영아	0-5(개월)			350	600			5	25
	6-11			450	600			5	25
유아	1-2(세)	190	250		600			5	30
	3-5	230	300		750			5	35
남자	6-8(세)	310	450		1,100			5	40
	9-11	410	600		1,600			5	60
	12-14	530	750		2,300			10	100
	15-18	620	850		2,800			10	100
	19-29	570	800		3,000			10	100
	30-49	560	800		3,000			10	100
	50-64	530	750		3,000			10	100
	65-74	510	700		3,000			15	100
	75 이상	500	700		3,000			15	100
여자	6-8(세)	290	400		1,100			5	40
	9-11	390	550		1,600			5	60
	12-14	480	650		2,300			10	100
	15-18	450	650		2,800			10	100
	19-29	460	650		3,000			10	100
	30-49	450	650		3,000			10	100
	50-64	430	600		3,000			10	100
	65-74	410	600		3,000			15	100
	75 이상	410	600		3,000			15	100
임신부		+50	+70		3,000			+0	100
수유부		+350	+490		3,000			+0	100

성별	연령	비타민 E(mg α-TE/일)				비타민 K(μg/일)			
		평균 필요량	권장 섭취량	충분 섭취량	상한 섭취량	평균 필요량	권장 섭취량	충분 섭취량	상한 섭취량
영아	0-5(개월)			3				4	
	6-11			4				6	
유아	1-2(세)			5	100			25	
	3-5			6	150			30	
남자	6-8(세)			7	200			40	
	9-11			9	300			55	
	12-14			11	400			70	
	15-18			12	500			80	
	19-29			12	540			75	
	30-49			12	540			75	
	50-64			12	540			75	
	65-74			12	540			75	
	75 이상			12	540			75	
여자	6-8(세)			7	200			40	
	9-11			9	300			55	
	12-14			11	400			65	
	15-18			12	500			65	
	19-29			12	540			65	
	30-49			12	540			65	
	50-64			12	540			65	
	65-74			12	540			65	
	75 이상			12	540			65	
임신부				+0	540			+0	
수유부				+3	540			+0	

• 수용성비타민

보건복지부, 2020

성별	연령	비타민 C(mg/일)				티아민(mg/일)			
		평균 필요량	권장 섭취량	충분 섭취량	상한 섭취량	평균 필요량	권장 섭취량	충분 섭취량	상한 섭취량
영아	0-5(개월)			40				0.2	
	6-11			55				0.3	
유아	1-2(세)	30	40		340	0.4	0.4		
	3-5	35	45		510	0.4	0.5		
남자	6-8(세)	40	50		750	0.5	0.7		
	9-11	55	70		1,100	0.7	0.9		
	12-14	70	90		1,400	0.9	1.1		
	15-18	80	100		1,600	1.1	1.3		
	19-29	75	100		2,000	1.0	1.2		
	30-49	75	100		2,000	1.0	1.2		
	50-64	75	100		2,000	1.0	1.2		
	65-74	75	100		2,000	0.9	1.1		
	75 이상	75	100		2,000	0.9	1.1		
여자	6-8(세)	40	50		750	0.6	0.7		
	9-11	55	70		1,100	0.8	0.9		
	12-14	70	90		1,400	0.9	1.1		
	15-18	80	100		1,600	0.9	1.1		
	19-29	75	100		2,000	0.9	1.1		
	30-49	75	100		2,000	0.9	1.1		
	50-64	75	100		2,000	0.9	1.1		
	65-74	75	100		2,000	0.8	1.0		
	75 이상	75	100		2,000	0.7	0.8		
임신부		+10	+10		2,000	+0.4	+0.4		
수유부		+35	+40		2,000	+0.3	+0.4		

성별	연령	리보플라빈(mg/일)				니아신(mg NE/일)[1]			
		평균 필요량	권장 섭취량	충분 섭취량	상한 섭취량	평균 필요량	권장 섭취량	충분 섭취량	상한 섭취량 니코틴산/니코틴아미드
영아	0-5(개월)			0.3				2	
	6-11			0.4				3	
유아	1-2(세)	0.4	0.5			4	6		10/180
	3-5	0.5	0.6			5	7		10/250
남자	6-8(세)	0.7	0.9			7	9		15/350
	9-11	0.9	1.1			9	11		20/500
	12-14	1.2	1.5			11	15		25/700
	15-18	1.4	1.7			13	17		30/800
	19-29	1.3	1.5			12	16		35/1000
	30-49	1.3	1.5			12	16		35/1000
	50-64	1.3	1.5			12	16		35/1000
	65-74	1.2	1.4			11	14		35/1000
	75 이상	1.1	1.3			10	13		35/1000
여자	6-8(세)	0.6	0.8			7	9		15/350
	9-11	0.8	1.0			9	12		20/500
	12-14	1.0	1.2			11	15		25/700
	15-18	1.0	1.2			11	14		30/800
	19-29	1.0	1.2			11	14		35/1000
	30-49	1.0	1.2			11	14		35/1000
	50-64	1.0	1.2			11	14		35/1000
	65-74	0.9	1.1			10	13		35/1000
	75 이상	0.8	1.0			9	12		35/1000
임신부		+0.3	+0.4			+3	+4		35/1000
수유부		+0.4	+0.5			+2	+3		35/1000

[1] 1mg NE(니아신 당량) = 1mg 니아신=60mg 트립토판

보건복지부, 2020

성별	연령	비타민 B6(mg/일)				엽산(μg DFE/일)[1]			
		평균 필요량	권장 섭취량	충분 섭취량	상한 섭취량	평균 필요량	권장 섭취량	충분 섭취량	상한 섭취량[2]
영아	0-5(개월)			0.1				65	
	6-11			0.3				90	
유아	1-2(세)	0.5	0.6		20	120	150		300
	3-5	0.6	0.7		30	150	180		400
남자	6-8(세)	0.7	0.9		45	180	220		500
	9-11	0.9	1.1		60	250	300		600
	12-14	1.3	1.5		80	300	360		800
	15-18	1.3	1.5		95	330	400		900
	19-29	1.3	1.5		100	320	400		1,000
	30-49	1.3	1.5		100	320	400		1,000
	50-64	1.3	1.5		100	320	400		1,000
	65-74	1.3	1.5		100	320	400		1,000
	75 이상	1.3	1.5		100	320	400		1,000
여자	6-8(세)	0.7	0.9		45	180	220		500
	9-11	0.9	1.1		60	250	300		600
	12-14	1.2	1.4		80	300	360		800
	15-18	1.2	1.4		95	330	400		900
	19-29	1.2	1.4		100	320	400		1,000
	30-49	1.2	1.4		100	320	400		1,000
	50-64	1.2	1.4		100	320	400		1,000
	65-74	1.2	1.4		100	320	400		1,000
	75 이상	1.2	1.4		100	320	400		1,000
임신부		+0.7	+0.8		100	+200	+220		1,000
수유부		+0.7	+0.8		100	+130	+150		1,000

성별	연령	비타민 B12(μg/일)				판토텐산(mg/일)				비오틴(μg/일)			
		평균 필요량	권장 섭취량	충분 섭취량	상한 섭취량	평균 필요량	권장 섭취량	충분 섭취량	상한 섭취량	평균 필요량	권장 섭취량	충분 섭취량	상한 섭취량
영아	0-5(개월)			0.3				1.7				5	
	6-11			0.5				1.9				7	
유아	1-2(세)	0.8	0.9					2				9	
	3-5	0.9	1.1					2				12	
남자	6-8(세)	1.1	1.3					3				15	
	9-11	1.5	1.7					4				20	
	12-14	1.9	2.3					5				25	
	15-18	2.0	2.4					5				30	
	19-29	2.0	2.4					5				30	
	30-49	2.0	2.4					5				30	
	50-64	2.0	2.4					5				30	
	65-74	2.0	2.4					5				30	
	75 이상	2.0	2.4					5				30	
여자	6-8(세)	1.1	1.3					3				15	
	9-11	1.5	1.7					4				20	
	12-14	1.9	2.3					5				25	
	15-18	2.0	2.4					5				30	
	19-29	2.0	2.4					5				30	
	30-49	2.0	2.4					5				30	
	50-64	2.0	2.4					5				30	
	65-74	2.0	2.4					5				30	
	75 이상	2.0	2.4					5				30	
임신부		+0.2	+0.2					+1.0				+0	
수유부		+0.3	+0.4					+2.0				+5	

[1] Dietary Folate Equivalents, 가임기 여성의 경우 400 μg/일의 엽산보충제 섭취를 권장함.
[2] 엽산의 상한섭취량은 보충제 또는 강화식품의 형태로 섭취한 μg/일에 해당됨.

• 다량무기질

보건복지부, 2020

성별	연령	칼슘(mg/일)				인(mg/일)				나트륨(mg/일)			
		평균 필요량	권장 섭취량	충분 섭취량	상한 섭취량	평균 필요량	권장 섭취량	충분 섭취량	상한 섭취량	평균 필요량	권장 섭취량	충분 섭취량	만성질환위험 감소섭취량
영아	0-5(개월)			250	1,000			100				110	
	6-11			300	1,500			300				370	
유아	1-2(세)	400	500		2,500	380	450		3,000			810	1,200
	3-5	500	600		2,500	480	550		3,000			1,000	1,600
남자	6-8(세)	600	700		2,500	500	600		3,000			1,200	1,900
	9-11	650	800		3,000	1,000	1,200		3,500			1,500	2,300
	12-14	800	1,000		3,000	1,000	1,200		3,500			1,500	2,300
	15-18	750	900		3,000	1,000	1,200		3,500			1,500	2,300
	19-29	650	800		2,500	580	700		3,500			1,500	2,300
	30-49	650	800		2,500	580	700		3,500			1,500	2,300
	50-64	600	750		2,000	580	700		3,500			1,500	2,300
	65-74	600	700		2,000	580	700		3,500			1,300	2,100
	75 이상	600	700		2,000	580	700		3,000			1,100	1,700
여자	6-8(세)	600	700		2,500	480	550		3,000			1,200	1,900
	9-11	650	800		3,000	1,000	1,200		3,500			1,500	2,300
	12-14	750	900		3,000	1,000	1,200		3,500			1,500	2,300
	15-18	700	800		3,000	1,000	1,200		3,500			1,500	2,300
	19-29	550	700		2,500	580	700		3,500			1,500	2,300
	30-49	550	700		2,500	580	700		3,500			1,500	2,300
	50-64	600	800		2,000	580	700		3,500			1,500	2,300
	65-74	600	800		2,000	580	700		3,500			1,300	2,100
	75 이상	600	800		2,000	580	700		3,000			1,100	1,700
임신부		+0	+0		2,500	+0	+0		3,000			1,500	2,300
수유부		+0	+0		2,500	+0	+0		3,500			1,500	2,300

성별	연령	염소(mg/일)				칼륨(mg/일)				마그네슘(mg/일)			
		평균 필요량	권장 섭취량	충분 섭취량	상한 섭취량	평균 필요량	권장 섭취량	충분 섭취량	상한 섭취량	평균 필요량	권장 섭취량	충분 섭취량	상한 섭취량[1]
영아	0-5(개월)			170				400				25	
	6-11			560				700				55	
유아	1-2(세)			1,200				1,900		60	70		60
	3-5			1,600				2,400		90	110		90
남자	6-8(세)			1,900				2,900		130	150		130
	9-11			2,300				3,400		190	220		190
	12-14			2,300				3,500		260	320		270
	15-18			2,300				3,500		340	410		350
	19-29			2,300				3,500		300	360		350
	30-49			2,300				3,500		310	370		350
	50-64			2,300				3,500		310	370		350
	65-74			2,100				3,500		310	370		350
	75 이상			1,700				3,500		310	370		350
여자	6-8(세)			1,900				2,900		130	150		130
	9-11			2,300				3,400		180	220		190
	12-14			2,300				3,500		240	290		270
	15-18			2,300				3,500		290	340		350
	19-29			2,300				3,500		230	280		350
	30-49			2,300				3,500		240	280		350
	50-64			2,300				3,500		240	280		350
	65-74			2,100				3,500		240	280		350
	75 이상			1,700				3,500		240	280		350
임신부				2,300				+0		+30	+40		350
수유부				2,300				+400		+0	+0		350

[1] 식품외 급원의 마그네슘에만 해당

• 미량무기질

보건복지부, 2020

성별	연령	철(mg/일)				아연(mg/일)				구리(μg/일)			
		평균 필요량	권장 섭취량	충분 섭취량	상한 섭취량	평균 필요량	권장 섭취량	충분 섭취량	상한 섭취량	평균 필요량	권장 섭취량	충분 섭취량	상한 섭취량
영아	0–5(개월)			0.3	40			2				240	
	6–11	4	6		40	2	3					330	
유아	1–2(세)	4.5	6		40	2	3		6	220	290		1,700
	3–5	5	7		40	3	4		9	270	350		2,600
남자	6–8(세)	7	9		40	5	5		13	360	470		3,700
	9–11	8	11		40	7	8		19	470	600		5,500
	12–14	11	14		40	7	8		27	600	800		7,500
	15–18	11	14		45	8	10		33	700	900		9,500
	19–29	8	10		45	9	10		35	650	850		10,000
	30–49	8	10		45	8	10		35	650	850		10,000
	50–64	8	10		45	8	10		35	650	850		10,000
	65–74	7	9		45	8	9		35	600	800		10,000
	75 이상	7	9		45	7	9		35	600	800		10,000
여자	6–8(세)	7	9		40	4	5		13	310	400		3,700
	9–11	8	10		40	7	8		19	420	550		5,500
	12–14	12	16		40	6	8		27	500	650		7,500
	15–18	11	14		45	7	9		33	550	700		9,500
	19–29	11	14		45	7	8		35	500	650		10,000
	30–49	11	14		45	7	8		35	500	650		10,000
	50–64	6	8		45	6	8		35	500	650		10,000
	65–74	6	8		45	6	7		35	460	600		10,000
	75 이상	5	7		45	6	7		35	460	600		10,000
임신부		+8	+10		45	+2.0	+2.5		35	+100	+130		10,000
수유부		+0	+0		45	+4.0	+5.0		35	+370	+480		10,000

성별	연령	불소(mg/일)				망간(mg/일)				요오드(μg/일)			
		평균 필요량	권장 섭취량	충분 섭취량	상한 섭취량	평균 필요량	권장 섭취량	충분 섭취량	상한 섭취량	평균 필요량	권장 섭취량	충분 섭취량	상한 섭취량
영아	0–5(개월)			0.01	0.6			0.01				130	250
	6–11			0.4	0.8			0.8				180	250
유아	1–2(세)			0.6	1.2			1.5	2.0	55	80		300
	3–5			0.9	1.8			2.0	3.0	65	90		300
남자	6–8(세)			1.3	2.6			2.5	4.0	75	100		500
	9–11			1.9	10.0			3.0	6.0	85	110		500
	12–14			2.6	10.0			4.0	8.0	90	130		1,900
	15–18			3.2	10.0			4.0	10.0	95	130		2,200
	19–29			3.4	10.0			4.0	11.0	95	150		2,400
	30–49			3.4	10.0			4.0	11.0	95	150		2,400
	50–64			3.2	10.0			4.0	11.0	95	150		2,400
	65–74			3.1	10.0			4.0	11.0	95	150		2,400
	75 이상			3.0	10.0			4.0	11.0	95	150		2,400
여자	6–8(세)			1.3	2.5			2.5	4.0	75	100		500
	9–11			1.8	10.0			3.0	6.0	80	110		500
	12–14			2.4	10.0			3.5	8.0	90	130		1,900
	15–18			2.7	10.0			3.5	10.0	95	130		2,200
	19–29			2.8	10.0			3.5	11.0	95	150		2,400
	30–49			2.7	10.0			3.5	11.0	95	150		2,400
	50–64			2.6	10.0			3.5	11.0	95	150		2,400
	65–74			2.5	10.0			3.5	11.0	95	150		2,400
	75 이상			2.3	10.0			3.5	11.0	95	150		2,400
임신부				+0	10.0			+0	11.0	+65	+90		
수유부				+0	10.0			+0	11.0	+130	+190		

보건복지부, 2020

성별	연령	셀레늄(μg/일)				몰리브덴(μg/일)				크롬(μg/일)			
		평균 필요량	권장 섭취량	충분 섭취량	상한 섭취량	평균 필요량	권장 섭취량	충분 섭취량	상한 섭취량	평균 필요량	권장 섭취량	충분 섭취량	상한 섭취량
영아	0-5(개월)			9	40							0.2	
	6-11			12	65							4.0	
유아	1-2(세)	19	23		70	8	10		100			10	
	3-5	22	25		100	10	12		150			10	
남자	6-8(세)	30	35		150	15	18		200			15	
	9-11	40	45		200	15	18		300			20	
	12-14	50	60		300	25	30		450			30	
	15-18	55	65		300	25	30		550			35	
	19-29	50	60		400	25	30		600			30	
	30-49	50	60		400	25	30		600			30	
	50-64	50	60		400	25	30		550			30	
	65-74	50	60		400	23	28		550			25	
	75 이상	50	60		400	23	28		550			25	
여자	6-8(세)	30	35		150	15	18		200			15	
	9-11	40	45		200	15	18		300			20	
	12-14	50	60		300	20	25		400			20	
	15-18	55	65		300	20	25		500			20	
	19-29	50	60		400	20	25		500			20	
	30-49	50	60		400	20	25		500			20	
	50-64	50	60		400	20	25		450			20	
	65-74	50	60		400	18	22		450			20	
	75 이상	50	60		400	18	22		450			20	
임신부		+3	+4		400	+0	+0		500			+5	
수유부		+9	+10		400	+3	+3		500			+20	

현재의 식생활 바로 보기

CHAPTER

1/ 적절한 체중이란

비만이 건강에 미치는 부정적 영향이 알려지면서 비만에 대한 지나친 염려로 많은 사람들이 체중 감량을 시도하고 있다. 이러한 양상은 특히 자신의 외모와 체형에 관심이 많은 10~20대 여성들 사이에서 급속히 증가하고 있는 실정이다. 다이어트 방법도 예전보다 다양해지고 체중에 관심을 갖기 시작하는 연령 또한 점차 낮아지고 있다. 과체중이나 비만인 경우에 건강상의 이유로 체중을 감량하는 것은 바람직한 일이다. 그러나 정상체중이나 저체중인 경우에도 체중이나 체형에 대한 정확한 판단이나 기준 없이 무분별한 체중 감량을 시도하는 것은 건강을 해치고 신체불균형을 야기할 수 있다. 그러므로 정상체중의 중요성, 체형에 대한 올바른 인식을 가지고 균형 잡힌 식생활을 하는 것이 중요하다.

1) 비만의 정의

비만은 그 자체가 만성질환일 뿐만 아니라 다른 만성질환을 유발하는 주요 원인 중의 하나이다. 2019년 국민건강영양조사 제8기 1차년도 자료에 의하면 우리나라의 만 19세 이상 성인의 34.4%가 비만으로 보고되었다. 보통 비만이라고 하면 체중이 많이 나가는 것(체중과다, overweight)이라고 단순하게 생각하기도 한다. 비만이란, 신체 내에 쌓인 지방질이 정상보다 높은 것을 말한다. 즉, 신체활동에 의해서 소비된 에너지보다 음식물로 섭취된 에너지가 더 많을 경우 여분의 에너지가 지방조직으로 체내에 축적되어 생기는 것이다. 일반적으로 섭취한 에너지는 기초대사에 60~70%, 운동과 행동에 15~30% 그리고 음식물의 소화·흡수·대사 등에 10% 정도가 소비된다. 체중과다는 뼈의 무게가 무겁거나 근육이 잘 발달되어 초래될 수도 있다. 따라서 비만을 판단할 때는 체지방량이 과다한지, 적정수준인지를 고려해야 한다.

2) 비만의 종류

(1) 비만이 된 시기에 따른 분류

비만이 된 시기에 따라 분류하면 다음과 같다.

■ **소아비만**

소아비만(지방세포 증식형)이 가장 많이 나타나는 시기는 영아기, 5~6세 그리고 사춘기이다. 이때는 지방세포의 크기만 커지는 성인비만과는 달리 지방세포의 수도 증가한다(그림 2-1). 또한 성장이 빨라 세포 수가 급격히 늘어나고 한 번 생긴 지방세포는 체중이 감소하여도 수는 줄어들지 않아 성인이 된 후 다시 체중이 증가할 가능성이 높다. 유아기 비만은 돌이 지나면 운동이 활발해져 소실되는 경우가 대부분이지만 일부는 비만이 계속되거나 일단 체중이 감소되었다가 학교에 들어간 후 재발하기도 한다.

그림 2-1
소아비만

■ **성인비만**

성인비만(지방세포 비대형)이란 성인이 된 이후에 비만이 되는 것을 말한다(그림

그림 2-2
성인비만

2-2). 소아비만과 비교했을 때, 지방세포의 수는 늘어나지 않고 크기만 큰 상태로, 소아비만보다는 체중 조절을 했을 때 체중 감소 성공률이 높다. 하지만 정상체중을 가진 사람에 비해 성인병에 걸릴 위험이 높기 때문에 체중 조절이 필요하다.

(2) 체지방의 분포에 따른 분류

체지방의 분포 양상에 따라 상체비만(복부비만, 중심성 비만, 남성형 비만)과 하체비만(말초비만, 여성형 비만)으로 구분된다.

▪ 상체비만

상체비만 중에서 우리 몸의 다른 부위보다 복부 또는 복강 내에 지방이 과다하게 축적된 경우를 복부비만이라 한다. 복부에 지방이 과다하게 축적되는 이유는 나이 증가, 과식, 운동 부족, 유전적 영향 등이 복합적으로 관여하는 것으로 알려져 있다.

복부비만을 따로 구분하는 이유는 하체비만에 비하여 복부비만인 사람들에게서 당뇨병, 고혈압, 이상지질혈증, 동맥경화성 심혈관 질환(뇌졸중, 허혈성 심장 질환) 등의 성인 질환 발생률이 높기 때문이다. 따라서 복부비만은 엉덩이 비만이나 상체비만에 비해 성인병의 위험을 초래할 가능성이 커 복부비만의 예방을 위하여 많은 노력이 필요하겠다. 일반적으로 남성이 여성보다 복부비만인 경우가 많아 복부 비만을 다른 이름으로 남성형 비만이라고도 한다.

▪ 하체비만

하체비만은 엉덩이나 허벅지 등 하체에 지방이 많이 몰려 있는 둔부형 비만으로 여성 비만자들에게 많이 나타나는 여성형 비만이다. 하체비만은 복부비만에 비해 비교적 건강에 덜 해롭다고 알려져 있다. 그러나 여성형 비만인 사람도 다이어트를 반복하여 체중 변화가 심해지면 나중에 복부비만이 될 가능성이 높아지면서 건강 위험도가 점점 증가한다.

3) 비만의 원인

(1) 유전

부모 중 한쪽이 비만이면 자녀가 비만이 될 확률은 40%이고, 부모 양쪽이 다 비만일 경우에는 50~70%에 달하며, 부모가 마른 경우는 10% 미만이다. 이처럼 비만은 유전적인 요인이 크며 유전적으로 기초대사율이 낮은 것도 비만자의 특징이다. 유전에 의한 비만은 지방세포의 수의 증가뿐만 아니라 지방세포의 크기가 커지는 것을 포함한 두 가지 유형의 혼합형으로 그만큼 체중을 감소시키기가 힘들다는 것을 의미한다.

(2) 과식

과식은 비만의 가장 큰 원인이다. 음식을 지나치게 많이 먹으면 섭취에너지가 소비에너지보다 많아져서 남는 에너지가 체내에 저장된다. 이것이 지방세포에 중성지방으로 축적되면서 체지방량이 증가하고 체중이 증가하는 것이다.

(3) 운동 부족

음식물을 섭취만 하고 운동을 전혀 하지 않는 경우 소비에너지에서 기초대사에너지, 식품대사를 위한 에너지, 활동대사에너지 중 활동대사에너지가 줄어들 뿐만 아니라 근육의 감소로 기초대사에너지도 함께 줄어 전체적인 소비에너지가 감소된다. 따라서 쉽게 체중이 증가하게 된다.

(4) 스트레스

현대인의 질병은 많은 경우 스트레스에 의해 발병된다. 비만 또한 정신적인 스트레스로 인해 유발되기도 한다. 급성 스트레스의 경우 식욕이 줄어들게 되고 만성 스트레스에 시달리면 식욕이 오히려 증가하게 된다. 직장 상사나 동료와의 갈등,

그리고 가정과 사회에서 받게 되는 스트레스가 과음과 과식을 유발하고 이로 인해 열량 섭취가 늘어나서 비만에 이르기 쉽다.

(5) 약물 부작용 및 내분비요인

스테로이드는 식욕 항진으로 비만을 일으킬 수 있고, 항우울제(아미트립틸린)도 체중 증가를 유발한다. 에스트로겐 계통은 지방 축적을 일으키지는 않으나 부종으로 인해 체중이 늘어나게 한다. 비만은 쿠싱증후군(Cushing's syndrom), 인슐린종, 갑상샘기능저하증 등의 질병이 있을 때도 나타나지만 이러한 경우는 전체 비만 환자의 1% 내외로 매우 드물다.

4) 비만 판정

비만은 신장과 체중을 이용하여 스스로 손쉽게 판정할 수 있다. 또한 신체구성성분은 지방조직과 지방을 제외한 제지방조직의 두 가지 성분으로 나눌 수 있는데, 신체구성성분을 측정함으로써 비만을 판정할 수도 있다(그림 2-3).

그림 2-3
비만 판정

(1) 신체지수를 이용하는 방법

■ **브로카지수**

브로카(Broca)지수는 표준체중을 구하는 가장 일반적인 방법으로 자신의 체중과 신장만 알면 쉽게 계산할 수 있다. 공식은 다음과 같다.

표준체중 구하기

동양인에게 적용가능한 변형한 브로카지수의 변형식

- 남성 표준체중 = (신장 − 100) × 0.9
- 여성 표준체중 = (신장 − 100) × 0.85(혹은 0.8)

비만도 = {(실측체중 − 표준체중) ÷ 표준체중} × 100

판정

수　　척 : −20% 미만
저 체 중 : −10 ~ −19%
정상체중 : −10 ~ +10%
과 체 중 : +10 ~ +19%
비　　만 : +20% 이상

일반적으로 표준체중의 10% 이내를 정상, 10% 이상을 과체중, 20% 이상을 비만이라고 한다.

■ 체질량지수

체질량지수(body mass index, BMI)는 체지방의 정도를 표준체중보다 비교적 정확하게 반영할 수 있고 매우 간단히 구할 수 있다.

체질량지수(BMI) = 체중(kg) ÷ 신장(m^2)

판정

저체중 : 18.5 미만
정상 : 18.5~22.9
비만 전 단계 : 23~24.9
비만 : 25 이상
　1단계 비만 : 25~29.9
　2단계 비만 : 30~34.9
　3단계 비만 : 35 이상

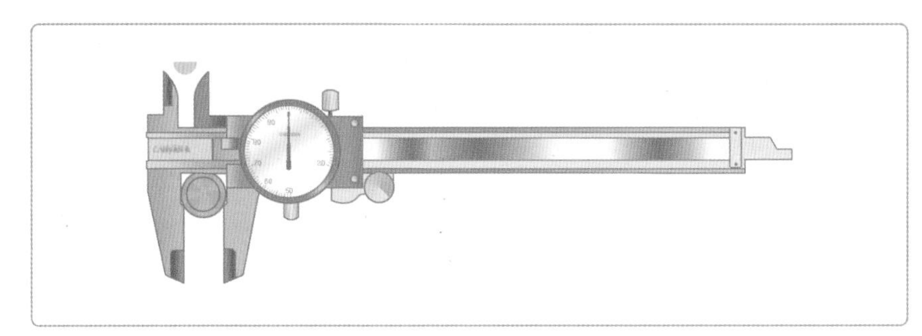

그림 2-4
캘리퍼

(2) 체지방량을 측정하는 방법

피부두겹두께 측정법, 전기저항 측정법, 수중체중 측정법이 있다. 그중 가장 정확한 방법은 수중체중 측정법이다. 이 방법은 지방조직이 다른 조직보다 밀도가 낮아 지방조직이 많을수록 잠수했을 때 더 많이 가벼워지는 원리를 이용한 것이다.

- **피부두겹두께** 피부두겹두께는 캘리퍼(caliper)라는 기구로 간단히 측정할 수 있다. 상박, 견갑골 밑, 복부, 상완위, 허벅지 등 서너 군데를 같이 측정하면 더 정확한 체지방량을 측정할 수 있다(그림 2-4).
- **전기저항측정법** 사람에게 해가 없는 미세한 전류를 손과 발에 흘린 다음 되돌

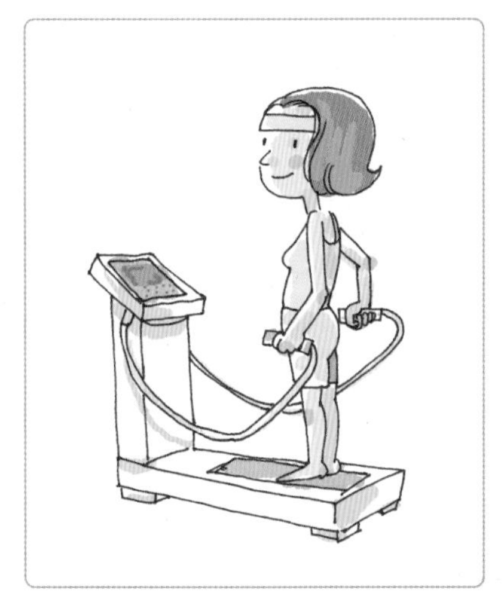

그림 2-5
전기저항측정법

그림 2-6
체지방의 분포 형태

아오는 저항을 측정하는 것이다(그림 2-5). 근육조직이 약 75%의 수분과 풍부한 전해질을 함유하고 있는 것에 비해 지방조직은 수분함량이 적고 전해질, 특히 포타슘의 농도가 낮아 전기의 흐름을 방해하는 성질이 있어 같은 신장이라도 지방이 많은 사람일수록 전류의 흐름에 대한 저항이 크다. 신속하면서도 상당히 정확하여 임상적으로 가장 많이 이용된다.

(3) 허리둘레와 엉덩이둘레를 이용하는 방법

비만의 경우 체지방의 양과 분포가 중요하다. 복부비만은 남성형 또는 사과형 비만으로 불리는 반면, 하체비만은 여성형 또는 서양배형 비만으로 불린다. 배 부분에 지방 침착이 많은 복부비만은 같은 체질량지수라도 성인병 발생률이 더욱 높다(그림 2-6). 복부형(중심성) 비만은 허리둘레와 엉덩이둘레를 측정한 후 허리둘레를 엉덩이둘레(waist to hip ratio, WHR)로 나누어 판정할 수 있다.

남성의 경우 0.8에서 1.0 사이, 여성의 경우 0.7에서 0.85 사이가 정상범위이고, 비율이 높을수록 복부비만의 정도가 심한 것이다. 허리둘레는 배꼽을 지나는 배의 둘레를 측정하고, 엉덩이둘레는 둔부의 최대돌출부위를 측정한다. 한편 대한비만학회에서는 2018년도에 허리둘레를 기준으로 남성 90cm 이상, 여성 85cm 이상일 때를 복부비만으로 정의했다.

5) 비만과 건강문제

(1) 만성질환 발생률 증가

비만의 가장 큰 문제점은 고혈압, 당뇨병, 심장병, 동맥경화, 뇌졸중, 골관절염, 각종 암 및 우울증 등 여러 만성질환의 원인이 되고 특정 질환의 증세를 악화시킬 수도 있다는 것이다(그림 2-7). 체질량지수가 증가할수록 만성질환의 위험도 증가하게 된다.

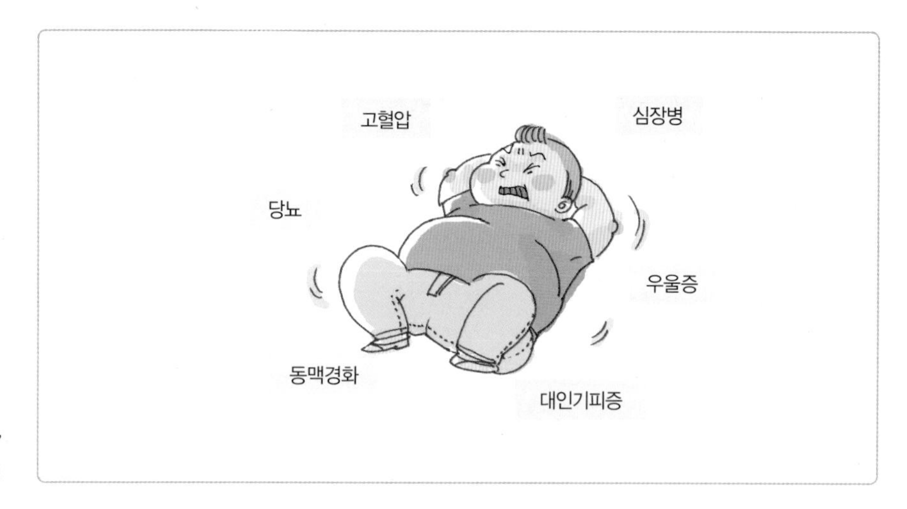

그림 2-7
비만이 수반하는 질병

(2) 대사증후군

대사증후군은 미국 NCEP–ATP III(National cholesterol Education Program, Adult Treatment Panel III)의 기준으로 볼 때 개인이 ① 복부비만(허리둘레 : 남성 102cm 이상, 여성 88cm 이상), ② 고중성지방혈증(중성지방 ≥ 150mg/dl 이상), ③ 저HDL 콜레스테롤혈증(HDL–C : 남성 40mg/dl 미만, 여성 50mg/dl 미만), ④ 혈압 상승(혈압 : 130/85mmHg 이상), ⑤ 혈당 상승(공복혈당 : 110mg/dl 이상) 중 3가지 이상인 경우 대사증후군으로 진단한다.

위의 NCEP–ATP III 기준을 기본으로 하고 복부비만을 정의하기 위하여 2005년 대한비만학회에서 제시한 허리둘레 기준(허리둘레 : 남성 90cm 이상, 여성 85cm 이상)을 사용하였으며, 혈압 기준(130/85mmHg 이상)에 혈압약을 복용한 병력도 포함하고, 2003년 미국당뇨학회가 제시한 공복혈당장애 기준(공복혈당 100mg/dl 이상)과 치료 중인 경우(인슐린주사를 맞거나 혈당강하제를 복용)를 포함하여 2005년 국민건강·영양조사 결과를 분석한 결과, 20세 이상 성인 남성의 30.8%, 성인 여성의 23.7%가 대사증후군에 해당되었다.

대사증후군 환자는 관상동맥 질환, 심근경색증, 뇌졸중의 위험이 3배 증가하며 결과적으로 생존율이 감소하는데, 무엇보다도 복부비만이 가장 큰 위험요인으로 간주된다.

잠깐! 알아봅시다 **대사증후군의 진단기준**

- 복부비만 : 허리둘레 남성 90cm 이상, 여성 85cm 이상
- 고중성지방혈증 : 중성지방 ≥ 150mg/dl 이상
- 저HDL콜레스테롤혈증 : HDL-콜레스테롤 남성 40mg/dl 미만, 여성 50mg/dl 미만
- 혈압 상승 : 수축기혈압 130mmHg 이상이거나 이완기혈압 85mmHg 이상 또는 혈압약 복용
- 혈당 상승 : 공복 시 혈당이 100mg/dl 이상 또는 인슐린 주사나 당뇨병약 복용

(3) 성기능 이상

비만 여성은 월경불순 및 불임증의 위험이 높으며, 비만 남성에게는 성기능 감퇴가 나타날 수 있다.

(4) 호흡기 질환

고도비만에서는 과도한 지방조직의 축적으로 흉벽이나 횡경막의 운동이 제한되고 호흡장애를 초래한다. 코를 많이 골게 되며, 수면 중 무호흡증후군이 나타나기도 한다.

(5) 근골격계 이상

비만은 체중이 부하되는 관절의 골관절염 발생률을 높이며 체중이 증가할수록 발생 빈도가 높다(그림 2-8). 통풍과 비만의 관련성은 이미 알려진 것으로 요산의 생산 증가나 배설 감소에 기인한다.

그림 2-8
비만에 따른 근골격계 이상

(6) 심리적 질환

비만인은 신체상에 대한 사회적인 편견에 부딪히거나 여러 가지 불평

등을 겪게 되는데, 특히 여성은 이를 수치스럽게 생각하며 불안이나 우울증, 적응장애, 인격장애, 히스테리 등을 나타내기도 한다. 사회적으로 열등감을 느끼며 체중 감량에 대한 개인조절능력의 결함에 대해 죄책감을 갖기도 한다.

6) 비만과 식사요법

(1) 에너지 섭취

- 에너지 제한의 기본원칙 : 비만은 섭취에너지가 소비에너지보다 큰 상태이므로 섭취에너지를 줄이고 소비에너지를 증가시켜서 에너지 평형을 음(−)으로 하여 체지방량이 소비에너지로 이용되도록 한다.
- 탄수화물 55~60%, 지방 15~20%, 단백질 20~25%로 단백질 비율을 평소보다 증가시킨다.
- 성별, 연령, 비만도, 합병증 유무, 노동이나 스포츠에 의한 신체활동량, 체중 감소의 진행 상황 등을 종합적으로 판단하여 결정한다.

(2) 영양소 섭취

■ 단백질

에너지 섭취를 줄일 경우 자칫하면 체단백질이 분해되어 에너지로 사용됨으로써 근육조직이 약화되고 몸의 주요 기관인 간, 심장, 신장 등 내부 장기의 내장 단백질이 소모되어 손상되기 쉽다. 단백질 식품에는 지방이 함께 들어 있는 경우가 많으므로 두부, 두유 등 콩류, 흰살 생선, 난백(삶은 계란), 닭가슴살 등 지방이 적게 들어 있는 단백질 식품을 선택하여 섭취하는 것이 좋다.

■ 지질

필수지방산의 부족은 발육 장애나 피부염의 원인이 된다. 지용성 비타민(A, D, E, K)은 지방산과 함께 섭취되므로 지질은 성인의 경우 하루 총 열량의 15~30% 정

그림 2-9
탄수화물 100g을 함유한 식품과 중량

도를 권장한다. 이상지질혈증, 동맥경화의 예방을 위하여 어유 등 EPA를 함유한 ω-3계 지방산(예: 어유, 식물성 유지, 호두·잣 같은 견과류) 섭취도 중요하다.

■ **탄수화물**

탄수화물을 지나치게 제한하면 지방이 불완전하게 산화되어 케톤(keton)체를 생산하여 케토시스(ketosis)의 원인이 되며 또한 뇌신경계는 포도당을 에너지원으로 사용하므로 하루에 최소 100g 정도의 탄수화물 보급이 필요하다. 탄수화물은 복합탄수화물, 즉 도정하지 않은 전곡류(현미밥, 잡곡밥 등), 과일, 채소로부터 섭취하는 것이 권장된다(그림 2-9).

■ **비타민과 무기질**

비타민은 몸의 대사를 원활하게 하는 데 필요하다. 비타민은 대부분 체내에서는 합성할 수 없으므로 식품으로 충분한 섭취가 필요하다. 수용성 비타민인 비타민 B 복합체와 비타민 C, 그리고 지용성 비타민 A·D는 부족하기 쉬우므로 섭취에 주의해야 한다. 무기질 중에서는 특히 칼슘, 철이 부족하지 않도록 유의해야 한다. 비타민 및 무기질은 동물성 식품에도 포함되어 있으나 과일이나 채소에 풍부하므로 채소와 과일은 하루 6회 이상(1일 김치 2회, 녹황색 채소 2회, 과일 2회) 섭취하는 것이 권장되며, 부족한 경우 비타민 및 무기질 영양제 섭취가 바람직하다.

■ **식이섬유**

식이섬유는 식물에 함유되어 있는 셀룰로스나 펙틴 등을 말하며 인체 내에는 이것을 소화시킬 수 있는 효소가 없어 인체 내에서 소화·흡수되지 않고 배설된다. 식이섬유는 탄수화물이나 지방의 흡수를 지연시키고 체내에서 물을 흡착하여 만복감을 주며 장내에서 콜레스테롤, 지방과 결합하여 체외로 배출되므로 지방의 흡수율을 저하시키는 작용도 한다. 식이섬유가 많이 함유된 식품에는 현미밥, 현미빵, 보리빵이나 통곡식, 대두류, 버섯류, 채소류, 과일류, 미숫가루, 생식, 감자 등이 있다.

■ **알코올**

알코올은 주로 간에서 대사되어 1g당 7kcal의 열량을 내며, 알코올이 분해되는 동안에는 체지방의 연소가 억제된다. 알코올과 함께 안주 섭취 시 칼로리 섭취가 증가하여 체중 증가의 원인이 될 수 있다.

■ **물**

물은 신체의 신진대사를 촉진하는 기능이 있다. 충분한 물을 섭취하는 것은 공복감을 줄여주어 다이어트에 도움이 되며, 다이어트 시 체단백 분해로 생기는 노폐물을 몸 밖으로 배출하는 데도 기여한다. 그러므로 하루에 6~8컵 이상 마셔야 한다.

(3) 식습관 개선

비만자는 식사하는 속도가 빨라서 만족감을 느끼기 전에 불필요한 과식을 하며, 다른 행동을 하면서 식사를 하는 경우가 많아, 무의식적으로 과식하기 쉽다. 또한 식사를 하는 횟수가 적고 한 번에 과식하는 경향이 심하다.

그러므로 빨리 먹는 것, 한꺼번에 과식하는 것, 야식 등 좋지 않은 식습관을 개선해야 한다. 인간의 뇌에서는 충분한 양을 섭취하면 포만감을 느끼고 식사를 멈추도록 만복중추에서 신호를 보내고, 배가 고프면 섭식중추에서 무언가를 먹으라고 명령을 내린다. 식사 후 혈액 내의 포도당이 상승하여 만복중추를 자극하기까지는 일정 시간이 걸리는데 식사를 너무 급하게 하면 이미 혈당이 올라갔음에도 불구하고 만복중추가 자극을 받지 못해 계속 식사를 하게 되어 과식을 할 수 있다.

(4) 저에너지 식사요법과 초저에너지 식사요법

■ **저에너지 식사요법**

1일 섭취 식이량을 1,000~1,600kcal 정도로 제한하는 요법으로 1일 표준체중당 1.0~1.5kg의 양질의 단백질과 1일 최저 100g의 탄수화물을 섭취하여 제지방조직(LBM)의 감소를 막는 것이 필요하며 운동요법을 병행하는 것이 효과적이다.

■ **초저에너지 식사요법**

초저에너지 식사요법(very low calorie diet, VLCD)은 1일 섭취 에너지량을 500kcal 이하로 하는 반기아요법으로 의료진의 충분한 관리 하에 난치성 고도비만치료에 이용된다.

(5) 행동수정요법

비만자의 섭식행동은 생리적 공복감인 내인성 자극보다 외적·사회적 인자(스트레스, 습관)에 의하여 강하게 지배받는 경우가 많다. 따라서 비만자의 식습관이나 섭식행동에 대하여 행동수정요법의 기본과 환자의 그릇된 행동습관을 환자 스스로 관찰, 인식, 분석하여 자발적인 행동은 수정하도록 구체적으로 지도할 필요가 있다. 보상을 통한 긍정적인 강화요법은 주위 친구나 가족들의 협조도 필요하다.

잠깐! 알아봅시다 **행동수정요법의 4단계**

1. 일상의 섭식행동을 상세히 기록한다.
2. 섭식행동 기록을 분석하여 영향을 주는 인자를 알아낸다.
3. 적절하지 못한 행동을 수정하고 바람직한 섭식행동을 확립한다.
4. 적절한 섭식행동을 보편화하기 위한 식습관을 기른다.

7) 바람직한 체중 조절

순수지방 1g은 9kcal를 내지만, 체지방조직에 들어 있는 지방은 약간의 단백질, 무기질, 물을 함유하므로 체지방 1g은 7.7kcal 정도가 된다.

사람의 에너지 대사는 복잡하기 때문에 에너지 섭취를 줄여 체중을 줄인다는 개념은 맞지만 체중 변화와 에너지 균형이 꼭 일치하지는 않는다. 어떤 경우 단시간에 땀을 흘려 큰 에너지 소모 없이 2~3kg이 빠질 수도 있고, 단식으로 체중이 급격히 감소되어 체지방뿐만 아니라 글리코겐, 체근육 및 체수분이 같이 빠져나갈 수도 있다. 또한 사람에 따라 대사속도가 달라서 체중이 같은 사람이 같은 양의 음식을 먹더라도 어떤 사람은 체중이 늘고, 어떤 사람은 체중이 유지·감소될 수 있다. 유산소 운동을 한 달간 계속하면 체중에는 큰 변화가 없더라도 체지방이 감소하고, 신체의 근육과 혈액 및 근육 글리코겐의 양이 증가하는 효과가 있다.

전문가의 도움 없이 안전하게 뺄 수 있는 체중 감량의 최대치는 1주일에 약 1kg이다. 체지방 1kg에 7,700kcal의 에너지가 들어 있으므로 1주일에 체지방 1kg을 빼려면 매일 약 1,000kcal를 덜 먹어야 한다. 실제로 좀 더 바람직한 감량 목표는 1주일에 약 0.5kg 감소, 즉 매일 약 500kcal씩 덜 먹는 것이다.

일반적으로 체질량지수(BMI)를 사용해서 목표 체중을 정하는데, 대한비만학회에서는 BMI 18.5~23을 권장한다. 대한영양사회의 경우 체중 조절 시 여성은 BMI 21, 남성은 BMI 22를 목표 BMI로 잡는다. 목표 체중을 계산하는 공식은 다음과 같다.

$$\text{목표 체중(kg)} = \text{목표 BMI} \times \text{신장}^2(m^2)$$

한 예로, 키가 165cm인 여성의 경우 목표 BMI를 21로 잡으면, 목표 체중은 21×(1.65)2 ≒ 57kg이 된다.

목표 체중에 도달하기 위해 필요한 섭취 에너지를 구할 때는 체중을 유지한 상

표 2-1 생활 활동 강도에 따른 1일 에너지 필요량

활동 종류	에너지 필요량
가벼운 활동(사무직)	25~30kcal/kg
중등도 활동(서비스업)	30~35kcal/kg
약간 힘든 활동(건설업)	35~40kcal/kg
아주 힘든 활동(운동선수)	40kcal/kg~

태에서 3~7일간의 식사 섭취 실태를 기록한 후 영양 섭취 프로그램으로 자신의 칼로리 섭취량을 계산한다. 다음에 체중을 유지하는 데 필요한 에너지 필요량을 생활 활동 강도에 따라 표 2-1을 이용해서 계산한다. 1일 에너지 섭취량을 계산하는 데 표준체중, 조절체중, 현재체중을 사용할 수 있다. 표준체중을 이용하는 계산법은 빠른 체중 감량을 원할 때 이용하는 것으로 아주 엄격한 방법이다. 조절체중을 이용하는 계산법은 비만도가 20~30% 이상인 사람이 이용하는 방법이다. 앞에서 사용한 표준체중은 현재의 체중을 고려하지 않은 것이므로, 실제로 많이 먹던 사람이 갑자기 낮은 에너지를 섭취하는 것은 현실적으로 문제가 따를 수밖에 없다. 따라서 현재체중을 감안하여 표준체중을 보정한 것이 조절체중이다. 현재의 체중이 표준체중에 비해 많이 초과할 때 조절체중을 이용하는 것이 효과적이다. 표준체중이나 조절체중이 현재체중과 차이가 많을 때는 표준체중이나 조절체중으로 계산된 낮은 에너지 섭취량을 계속하기 힘들다. 이때 현재체중을 사용하여 구한 에너지 섭취량은 보다 관대한 방법으로서 체중 감소의 폭은 적은 편이나 체중 감량하기가 쉬워 오랫동안 할 수 있고 기초대사량의 급격한 저하가 일어나지 않기 때문에 요요 현상이 잘 일어나지 않는다.

일주일에 0.5kg 정도의 감량을 원한다면 하루 약 500kcal를 덜 섭취해야 한다. 그렇다면 키가 160cm, 체중이 74kg이고, 중등도 활동을 하는 여성이 일주일에 0.5kg, 한 달에 2kg 정도의 감량을 목표로 했을 때 섭취해야 하는 1일 에너지량을 계산해보자.

표준체중을 이용하는 계산법

1. 표준체중을 구한다(Broca법 이용).
   표준체중 : (160 − 100) × 0.9 = 54kg
2. 활동도에 따른 에너지 필요량 : 54 × 30(중등도 활동) = 약 1,620kcal
3. 1일 에너지 섭취량 : 1,620 − 500 = 1,120kcal

조절체중을 이용하는 계산법

1. 조절체중을 구한다.
   조절체중 : {54 + (74 − 54)/4} = 59kg
2. 활동도에 따른 에너지 필요량 : 59 × 30(중등도 활동) = 약 1,770kcal
3. 1일 에너지 섭취량 : 1,770 − 500 = 1,270kcal

현재 체중을 이용하는 계산법

1. 현재 체중 : 74kg
2. 활동도에 따른 에너지 필요량 : 74 × 30(중등도 활동) = 약 2,220kcal
3. 1일 에너지 섭취량 : 2,220 − 500 = 1,720kcal

(1) 상황에 따른 다이어트

■ 직장인의 다이어트

직장인은 과도한 업무, 승진, 대인관계 등으로 항상 스트레스를 받게 된다. 이러한 스트레스를 해소하기 위한 방법, 혹은 원활한 대인관계를 유지하기 위한 방편으로 자연스럽게 회식을 하게 되며, 이때 섭취한 음식과 술이 비만의 원인으로 작용한다. 한 통계에 의하면, 직장인은 일주일에 평균 2~3회 정도 늦은 시간에 밤참을 먹고 있었다. 이처럼 직장인의 경우 잦은 회식과 외식 및 밤참 등으로 인해 쉽게 비만이 될 수 있으므로 식생활관리가 반드시 필요하다.

- **회식과 다이어트** 술은 지방과 비슷한 열량(알코올 1g은 7kcal)을 낸다(표 2–2). 그러나 술은 높은 열량과 달리 영양소는 거의 없다. 그러므로 술을 '빈열량식품(empty calorie food)'이라고 말한다. 술 1잔은 대략 60~140kcal의 에너지를

표 2-2 술의 열량

종류	용량(mL)	알코올 농도(%)	제공단위(cc)	제공단위당 열량(kcal)
고량주	250	40	1잔(50)	140
소주	750	25	1잔(50)	90
이강주	750	25	1잔(50)	90
문배주	700	40	1잔(50)	140
청하	300	16	1잔(50)	65
막걸리	750	6	1대접(200)	110
맥주	500	6	1컵(200)	96
생맥주	500	5	1잔(500)	185
위스키	360	40	1잔(40)	110
백포도주	100	12	1잔(150)	140
적포도주	700	12	1잔(150)	125

자료 : 손숙미 외, 다이어트와 체형관리, 2004.

표 2-3 주요 안주의 열량

종류	눈대중	중량(g)	열량(kcal)
새우깡	1봉지	85	440
팝콘	1접시	20	109
돈가스	1인분	121	334
마른 오징어	1마리	60	198
부대찌개	1인분	200	250
프랑크소시지	1조각	31	89
베이컨	1조각	7	45
땅콩	10개	10	45
아몬드	7개	8	45
삼겹살 구이	1인분	150	505
파인애플 통조림	1캔	520	400
굴 통조림	1캔	480	320
황도 통조림	1캔	440	320
깐 포도 통조림	1캔	167	135
말린 바나나	33조각	50	140

자료 : 손숙미 외, 다이어트와 체형관리, 2004.

낸다. 술은 되도록 낮은 도수를 선택하는 것이 좋으며, 함께 먹는 안주들의 열량이 높은 경우가 많으므로 주의해야 한다(표 2-3).

- **야간근무와 다이어트** 야간근무를 하는 직장인들은 저녁에 라면, 떡볶이 등의 간식을 먹고 밤 늦게 집에 와서 저녁 식사를 하는 경우가 많다. 이렇게 밤 늦게 섭취하는 저녁 식사는 비만으로 가는 지름길이다. 따라서 퇴근 후에는 과일이나 저지방우유를 1잔 정도 마신 후 취침하는 것이 좋다.
- **외식과 다이어트** 직장인의 경우 하루에 한 끼 정도는 항상 외식으로 해결하게 된다. 외식에서 섭취하게 되는 음식은 대부분 지방과 설탕이 많이 들어 있고 자극적이며 과식하기 쉽다. 특히 양식과 중식을 먹는 경우 한끼에 하루 필요 열량의 1/2을 섭취하는 경우도 많다. 따라서 외식을 할 때는 양식이나 중식보다는 일식이나 한식을 택하는 것이 좋으며 한식은 밥, 국, 김치, 나물, 생선으로 구성된 한식이 열량도 낮으면서 포만감을 줄 수 있어 좋다(그림 2-10).

그림 2-10
식품별 열량

■ 중년의 다이어트

중년에 접어들면 몸의 생리적 기능이 떨어지며 체형도 변화한다. 기초대사율은 감소하고, 움직이는 운동량도 적어지는데, 식욕은 감소하지 않아 열량을 '소모'하기보다는 '저장'하는 현상이 나타나게 된다. 중년의 비만은 당뇨병, 고혈압, 심혈관 질환, 수면 중 무호흡증후군, 골관절염, 통풍, 담석 및 담관 질환, 지방간, 신장 질환 등을 유발시킬 수 있는 위험요인이다(표 2-4). 비만인의 사망률은 정상인에 비하여 최고 12배까지 높은 것으로 알려져 있으며, 성인병 발생률도 정상인에 비해 높

표 2-4 비만과 관련된 상대적 위험도

매우 높음(위험도 : 3배 이상)	중등도(위험도 : 2~3배)	약간 높음(위험도 : 1~2배)
인슐린 비의존성 당뇨병	관상동맥성 심장 질환	암(유방암, 자궁내막암, 대장암)
담낭 질환	중풍	생식기 호르몬 이상
이상 지혈증	고혈압	다낭종성 난소증후군
인슐린 저항	골관절염(슬관절)	수정 이상
수면 무호흡증	통풍	요통
		모성 비만과 관련된 태아 결손

자료 : Obesity, Report of Consultation of Obesity, 1997.

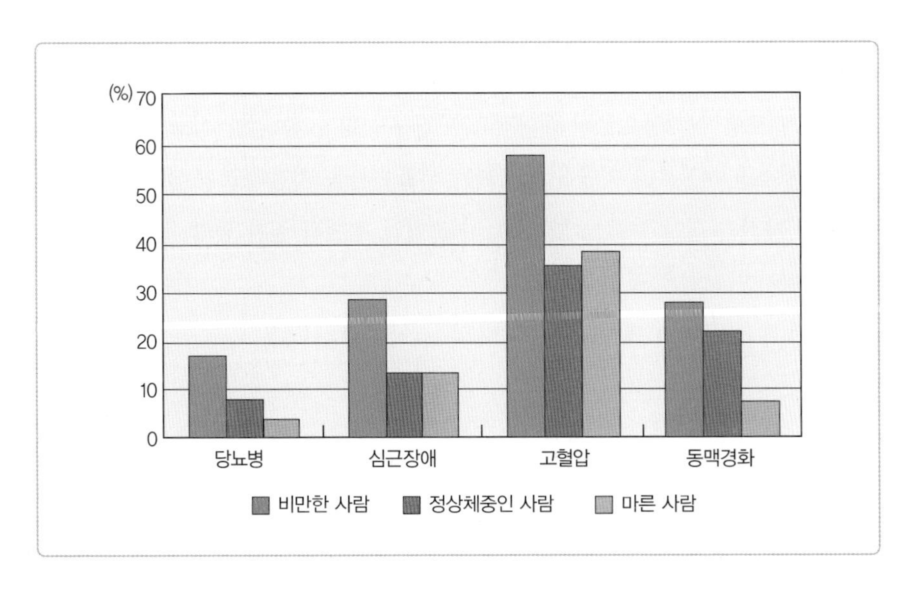

그림 2-11
비만과 성인병의 발생률

자료 : 보건복지부, 2005년도 국민건강영양조사-총괄, 2006.

은 것으로 알려져 있다(그림 2-11). 중년층에게 적절한 체중 유지는 건강과 직결되며 건강관리의 중요한 과제라 할 수 있다.

(2) 체질에 따른 다이어트

사람에 따라 살이 찌기 쉬운 사람과 살이 찌고 싶어도 잘 찌지 않는 사람이 있다. 비만의 원인으로 생활환경적인 영향에 의한 에너지 과잉설과 부모로부터의 유전적인 인자가 함께 고려된다.

비만은 유전적으로 비만이 되기 쉬운 소인을 가진 사람이 과식이나 운동량이 부족할 때 발생하는 단순비만이 대부분이다. 내분비 질환에 의한 속발성 비만증은 전체 비만 인구의 1% 미만으로 알려져 있다. 유전적으로 기초대사량이 낮은 것도 비만자의 특징이며, 이러한 특징 외에도 비만상태가 어머니와 닮은 경우, 예를 들어 하반신에만 살이 쪘다든지 허리 주위에만 군살이 붙어 있는 식으로, 지방이 붙은 상태가 어머니와 똑같은 경우도 유전의 가능성이 있다고 할 수 있다. 비만은 유전인자의 영향이 강하며 유전 외에 부모의 식습관이나 생활습관의 영향도 있을 것으로 생각된다.

체중 조절에서 가장 중요한 점은 비만의 원인을 파악하는 것이다. 비만은 앞에서 살펴본 바와 같이 유전적 원인과 환경적 원인이 상호작용한 결과이다. 유전적으로 비만의 소질이 없는 사람은 비만이 잘되지 않으나 유전적 소질이 있는 사람은 비만 환경에 조금만 노출되어도 비만이 되기 쉽다. 유전적 소질은 자신의 집안의 비만 정도를 살펴봄으로써 대략적으로 알 수 있다. 즉 집안 식구 중 비만자가 많다면 청소년 시절부터 비만을 일으키는 생활습관을 지양하고 조심해야 할 것이다. 특히 자신의 집안 사람들에게 당뇨나 고혈압, 심혈관 질환 등의 유전적 성향이 있다면 이러한 노력은 필수적이다.

8) 맞춤영양

(1) 영양유전체학

영양유전체학(Nutrigenomics)은 영양학 연구에 유전자 과학을 응용하는 기술로, 유전자 발현과 이에 대한 효소의 대사경로 촉진과 억제를 총체적으로 해석할 수 있다. 이 기술을 활용함에 따라 영양소가 대사경로와 항상성에 어떻게 영향을 미치며 그것에 의하여 생활습관병의 진행단계에 어떻게 효과를 발휘하는지를 이해하는 것이 가능해졌다. 또한 영양유전체학은 개인의 유전자정보를 해석하여 각자의 유전자형(genotype)에 상응하는 맞춤형 식품의 개발을 실현하는 기술이기도 하다(그림 2-12).

(2) 개인별 영양학

유전적 인자와 건강상태와의 상호관계에 대한 연구에서, 어떤 종류의 식사에 대한 감수성에 개인차가 있다는 것이 보고되고 있다. 즉 영양 섭취에 대한 생체반응, 예를 들어 고지질 혹은 저지질 식사에 대한 반응이 유전자형에 따라 다르다는 것이

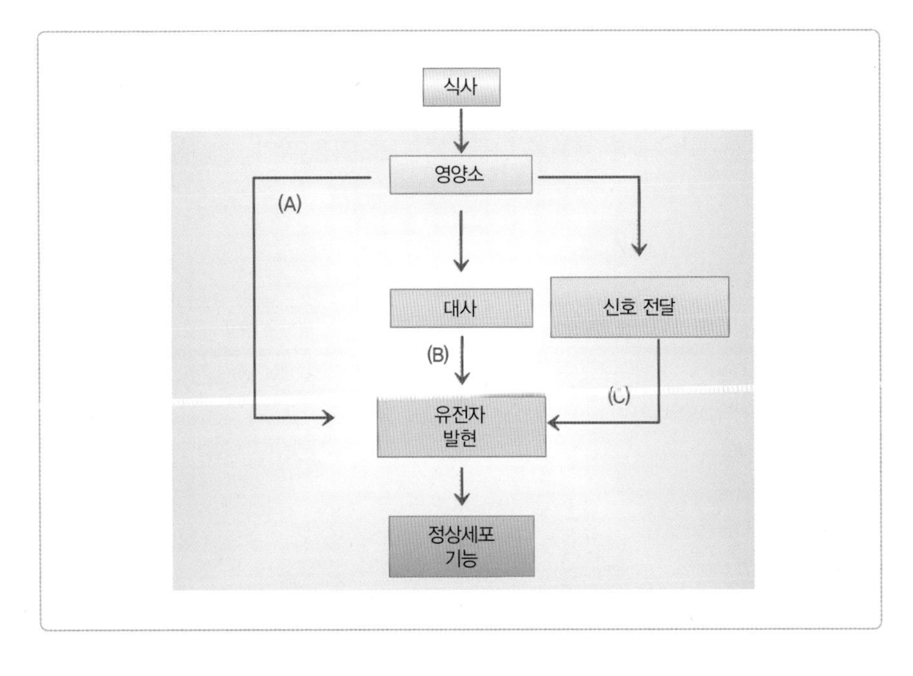

그림 2-12
영양유전체학
(영양-유전자 상호작용)

알려지고 있다.

이미 미국에서는 사람의 볼 안쪽에서 DNA 샘플을 채취한 다음 유전자형을 분석하고 개인의 유전자형을 해석하여 식사를 지도하는 회사가 영업 중이다. 이 해석 결과를 기초로, 고기, 어류, 채소, 과일, 곡류, 포화지방산, 설탕, 항산화 비타민, 엽산, 알코올 등의 섭취와 관련된 식생활, 흡연, 체중 조절, 운동 등의 생활습관에 관한 개인별 영양상담을 해주는 것이다.

사람들은 건강을 위한 식사가 어떤 것인지 알고는 있다. 또 본인의 식습관을 바꾸는 것이 매우 어렵다는 것도 알고 있다. 이와 같이 식생활을 개선하는 것이 쉽지는 않지만 개개인에게 맞춘 영양, 즉 맞춤영양이라는 새로운 영양상담은 보다 본인에 맞는 건강한 식사를 하도록 권장하는 계기가 될 수 있다.

2/ 건강한 몸매를 만들려면

1) 운동

건강한 사람들에게 운동을 왜 하느냐고 물으면 다양한 답을 들을 수 있다(표 2–5). 20대는 자신의 외모를 보기 좋게 유지하거나 근력을 키우기 위해서, 40대는 운동을 통해 콜레스테롤과 체중이 너무 늘어나는 것을 막기 위해서, 80대는 보행

표 2–5 규칙적인 운동의 효과

특정 질환의 위험률 감소	개선된 웰빙 느낌
• 심장병 • 대장암과 유방암 • 고혈압 • 뇌졸중 • 골다공증 • 비만 • 당뇨(비인슐린 의존성)	• 증가된 웰빙 느낌 • 우울증과 걱정 감소 • 스트레스 완화

그림 2-13
규칙적인 운동은 건강한 삶을 위한 보험

기구 없이 걸을 수 있는 자립보행능력을 키우기 위해서라고 답한다.

규칙적인 운동은 모든 연령에게 도움이 된다(그림 2-13). 신체 건강을 개선함으로써 심혈관 질환, 암, 고혈압, 골다공증, 척추 손상 등의 위험을 완화시킬 수 있으며 웰빙 인식을 증가시키고 우울증, 걱정, 스트레스 완화에도 도움이 된다.

(1) 다이어트와 운동

다이어트를 할 때는 식사요법만으로도 체중을 빨리 감량할 수 있으나, 제지방조직과 안정 시 에너지 소비량도 감소한다는 단점이 있다. 운동을 하면 식사요법을 통한 감량보다 체중 감소 속도는 느리지만 제지방량을 유지하면서 안정 시 에너지 소비량 감소도 막을 수 있다. 따라서 건강한 몸매를 위해서는 식사요법과 운동을 병행하는 것이 바람직하다. 평상시보다 하루 500kcal를 적게 섭취하고, 운동으로 또 다른 500kcal를 소비하면 1주일에 1kg 정도를 줄일 수 있다.

(2) 운동과 건강 증진

운동의 주된 효과는 신체 건강 증진이다. 신체 건강은 멋진 근육, 가는 허리선 또는 운동의 양으로 평가되는 것이 아니라 근력과 지구력으로 측정된다. 근력은 근육이 낼 수 있는 최대 힘과 관련이 있고, 지구력은 근육이 활동을 지속할 수 있는 시간을 말한다.

유산소능이 좋을수록 더 오래, 열심히 운동할 수 있다. 유산소능척도는 최대 산소소비량(VO_2 max)을 재어 측정한다. 일반적으로 초보자들은 최대 산소소비량의 40~60% 수준에서 운동하도록 프로그램을 짜는 것이 좋고, 훈련이 지속되면 최대 산소소비량의 70~85%까지 올려서 훈련할 수도 있다.

■ 내 몸에 맞는 운동강도

자신에게 맞는 운동강도는 최대 산소소비량 대신 최대심박수(heart rate max)를 이용해서 간단하게 추정할 수 있다. 최대심박수를 추정할 때는 220에서 자기 나이를 빼면 된다. 운동에 적절한 목표심박수는 최대심박수와 안정 시 심박수의 차이인 최대 여유심박수(heart rate max reserve)를 이용해서 정한다. 즉, 안정 시 심박수에 최대 여유심박수의 50%(40~85%) 정도를 더해서 목표심박수로 사용한다. 예를 들어, 어떤 20세 여성의 안정 시 심박수가 70이라면 안정 시 심박수에 최대 여유 심박수의 50%를 더해서 심박수가 135회/1분이 되도록 운동하면 된다.

최대심박수 = (220 − 만 나이, 예 : 20세) = 200
목표심박수(회/분) = 70 + (최대심박수 − 안정 시 심박수) × 0.5
= 70 + (200 − 70) × 0.5 = 135회

더 간단히 운동강도를 정하고자 할 때는 최대심박수만 이용해서 최대심박수의 55~90%로 운동할 수도 있다. 즉, 20세 여성이 최대심박수의 60% 수준으로 운동하려면, 1분에 맥박이 120회 뛰도록 운동하면 된다.

목표심박수(회/분) = 최대심박수 × 비율
= (220 − 20) × 0.60 = 200 × 0.60 = 120회

그림 2-14
맥박을 느낄 수 있는 위치와 자가 측정법

■ 심박수 측정방법

적정 수준의 유산소 강도로 운동을 하고 있는지 여부는 휴식시간 또는 운동 직후에 맥박을 재어 측정할 수 있다(그림 2-14). 맥박을 잴 때는 손가락을 가볍게 손목이나 목 동맥 부위에 올려놓고, 10초 동안 잰 후 6배를 곱하면 1분 동안의 심박수가 나온다.

■ 근육의 에너지원

근육은 지방, 포도당, 아미노산을 에너지로 이용하며 사용되는 양과 비율은 운동 강도에 따라 다르다. 우리가 휴식 중일 때는 근육에 필요한 에너지의 85%가 지방에서 공급되고, 나머지가 포도당(10%)과 아미노산(5%)에서 공급된다.

저강도나 중강도의 활동 시에도 지방이 주된 에너지원으로 쓰이는데, 지방을 에너지로 쓰기 위해서는 산소가 필요하며 지방을 에너지원으로 사용하는 저·중강도 운동을 유산소성 운동이라고 한다. 조깅, 장거리 달리기, 수영, 에어로빅 댄스 등이 유산소성 운동에 해당된다(그림 2-15).

■ 맞춤 운동 프로그램

건강한 신체는 한 번 성취한다고 해서 평생 지속되지 않는다. 운동의 효과는 훈련

그림 2-15
여러 가지 유산소 운동

잠깐! 알아봅시다 **운동과 수분 공급**

운동은 수분필요량을 증가시키는데, 날씨가 무더울 때는 더 많은 수분을 섭취해야 한다. 일반적으로 운동 2~30분 전에 2컵 정도의 수분을 섭취하고, 운동 중에는 30분마다 1컵 정도의 수분을 보충해야 한다. 운동 시간이 길어지면 물 대신에 스포츠 음료를 마실 수도 있다.

을 멈추고 2주가 지나면 줄고 2~8달이 지나면 모두 사라진다. 이런 이유 때문에 바쁜 시간을 쪼개서라도 자신에게 잘 맞는 운동을 꾸준히 해야 한다. 운동하려고 마음을 먹었다가도 쉽게 포기하는 이유는 목표가 너무 크거나 자신에게 맞지 않아 재미를 느끼지 못하기 때문이다.

- **저항성 운동** 저항성 운동은 근력, 유연성, 지구력을 증가시키고 유산소성 운동 실행능력을 개선한다. 한 번에 20~45분 정도, 1주일에 2~3회의 저항성 운동이 적합하다. 한 번의 운동과정에 약 10가지의 다른 동작을 각각 4~12회 반복하

는데, 처음에는 동작의 종류와 반복 횟수를 적게 하다가 점차 늘린다. 한 동작마다 근육이 약간 피곤하다는 느낌이 들도록 해야 한다(그림 2-16).

스트레칭은 거의 매일 하는 것이 좋다. 스트레칭을 하면 근육과 관절의 유연성이 증가되고, 다치거나 넘어질 위험이 줄어든다.

그림 2-16
저항성 운동의 예

표 2-6 1시간 운동 시 에너지 소모량

운동 종목	열량 소비량(kcal/kg/hr)	60kg인 경우 1시간당 소비량(kcal/hr)
농구	10.0	600
등산	9.0	540
스키	8.8	528
축구	7.0	420
조깅	7.0	420
테니스	6.1	366
스케이트	5.8	348
승마	5.1	306
에어로빅	5.0	300
수영	4.4	264
체조	4.0	240
역도	4.0	240
볼링	3.9	234
청소	3.7	222
골프	3.6	216
자전거 타기	3.0	180
걷기	3.0	180

자료 : MH Williams. Nutrition for health, fitness & sport, 2002.

• **유산소 운동** 유산소 운동은 심폐지구력을 강화하는 데 효과적이다. 자신의 건강과 체중을 유지하기 위해서는 하루에 30분씩 일주일에 5일 이상 중강도의 유산소운동을 해야 한다. 비만, 혈압이나 만성 퇴행성 질환을 개선하고자 하는 경우에는 고강도 유산소 운동을 매일 30분씩 일주일에 5회 이상 하거나 중강도 유산소 운동으로 하루 1시간씩 5일 이상 하는 것이 권장된다.

초보자는 저강도 걷기와 달리기를 교대로 하다가 운동하는 것이 몸에 익숙해지면 점차 강도를 높인다. 수영, 조깅, 달리기, 에어로빅 댄스, 사이클링 등이

잠깐! 알아봅시다

우리나라 국민의 신체활동 지침 실천율

2019년 국민건강통계에서 성인의 유산소 신체활동 실천율은 남성이 52.6%로, 여성 42.7%보다 높고 연령이 낮을수록 높았다. 근력운동실천율은 남성이 33.1%로, 여성 14.6%보다 2배 이상 높았고, 연령별로는 남녀 모두 20대에서(남자 47.1%, 여자 17.9%) 높았다.

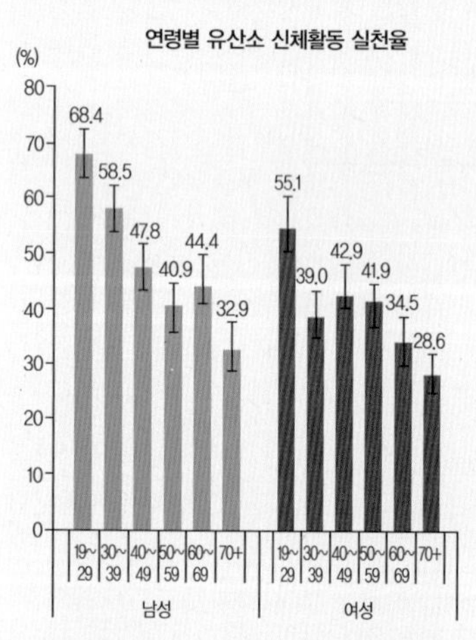

※ 유산소신체활동 실천율 : 일주일에 중강도 신체활동을 2시간 30분 이상 또는 고강도 신체활동을 1시간 15분 이상 또는 중강도와 고강도 신체활동을 섞어서(고강도 1분은 중강도 2분) 각 활동에 상당하는 시간을 실천한 분율. 만 19세 이상

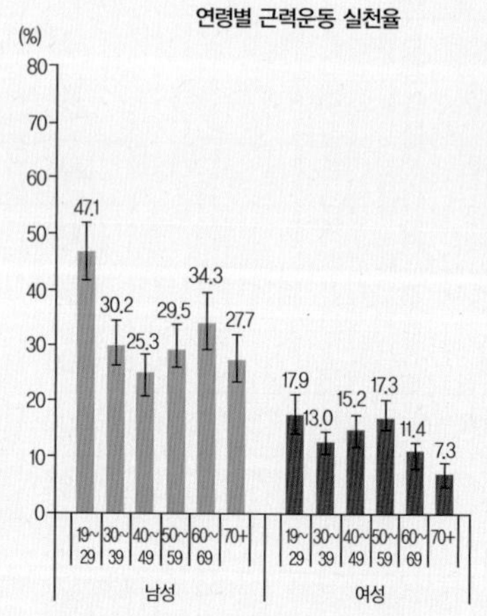

※ 근력운동 실천율 : 최근 1주일 동안 팔굽혀펴기, 윗몸 일으키기, 아령, 역기, 철봉 등의 근력운동을 2일 이상 실천한 분율. 만 19세 이상

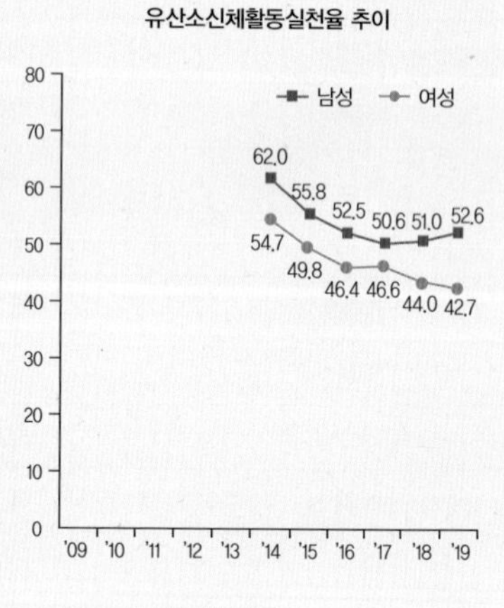

※ 유산소신체활동실천율 : 일주일에 중강도 신체활동을 2시간 30분 이상 또는 고강도 신체활동을 1시간 15분 이상 또는 중강도와 고강도 신체활동을 섞어서(고강도 1분은 중강도 2분) 각 활동에 상당하는 시간을 실천한 분율. 만 19세 이상

※ 2005년 추계인구로 연령표준화

적합한 운동 종목이다. 운동별 에너지 소모량은 표 2-6과 같다.

2) 이상 식습관의 진단과 치료

(1) 거식증

거식증(anorexia nervosa)을 앓는 사람들은 계속 굶으면서도 본인이 너무 말랐다고 생각하지 않는다. 정상적인 사람들의 경우 체중의 20~25%가 체지방인 데 비해, 거식증에 걸린 사람들은 체중의 7~13%만이 체지방이다. 이들은 금방 추위를 느끼고 맥박수가 비정상적으로 낮으며 부정맥을 나타내기도 한다. 또, 피부가 거칠고 불임을 경험하거나 임신을 해도 결과가 좋지 않고 혈압이 낮다. 이러한 식이장애를 가진 청소년의 골밀도는 60대 여성의 골밀도와 유사해서 골다공증이 발생하기도 한다(표 2-7, 그림 2-17).

그림 2-17
거식증 환자의 모습

표 2-7 거식증의 진단

필수 증상	다른 공통 증상
• 체중이 정상보다 15% 이하이고 체중 늘리기를 거절함 • 체중이 늘어나는 것을 매우 무서워함 • 올바르지 않은 신체상을 가짐 체지방이 매우 적은데도 신체 일부가 매우 뚱뚱하다고 생각함	• 저칼로리 식사와 지나친 운동으로 인해 체중 감소 • 낮은 심박수, 저혈압, 저체온 • 엄마나 자매가 거식증 • 완벽주의자 • 마구잡이 먹기와 토하기(폭식증과 증상 공유) • 체중과 몸매에 대한 왜곡(폭식증과 증상 공유)

■ **원인과 발생률**

거식증의 원인으로는 사회가 여성의 날씬함에 부여하는 가치, 사회가 기대하는 체중과 몸매를 갖추고자 하는 욕구, 낮은 자긍심, 삶의 어떤 면을 조절하고자 하는 욕구 등이 종종 거론되며, 약 1%의 젊은 여성과 약 0.1%의 남자 청소년에게서 거식증이 생긴다고 보고되고 있다. 체중 조절이 필요한 엘리트 운동선수나 발레리나 등은 다른 사람보다 거식증을 경험할 가능성이 높다.

■ **치료**

거식증을 빠르고 완전하게 치료할 수 있는 방법은 없다. 심각하지 않은 경우에도 이 증상을 치료하는 데는 상당히 오랜 시간이 걸리고 전문가의 도움이 필요하다. 거식증 치료 프로그램은 일반적으로 체중을 정상으로 복원하고, 자긍심을 높이면서 체중과 몸매에 대한 태도를 개선하기 위해 심리 카운슬링을 받고, 항우울 약제 복용, 가족치료, 식사와 운동습관을 정상적으로 하는 데 초점을 맞춘다. 거식증 치료의 성공률은 50% 정도이고, 일찍 치료할수록 치료효과가 크다.

(2) 폭식증

폭식증(bulimia nervosa)은 여성 청소년과 젊은 여성의 1~3%, 남성 청소년의 약 0.5%에서 발생한다. 이 증상은 정기적으로 다이어트와 마구잡이 먹기를 하고 다시 토하고 다이어트 및 운동을 통해 체중 증가를 예방하려는 시도 등으로 특징지을 수 있다. 이런 증상을 가지는 사람들 중 대다수가 구토와 함께 설사제나 이뇨제를 사용한다. 빈번한 구토로 인해 이가 부식될 수 있고, 이뇨제 사용으로 체액 균형이 깨져 병이 발생할 수 있다.

거식증 환자와 달리 폭식을 하는 사람들은 저체중이거나 쇠약하지 않다. 일반적으로 정상체중이거나 약간 과체중이다. 폭식증도 거식증처럼 체조, 역도, 레슬링 등의 체급 종목, 피겨스케이팅, 장거리 달리기 등의 운동선수, 경마 기수, 발레리나 등에게서 더 많이 발생한다(표 2-8).

표 2-8 폭식증의 진단

필수 증상	다른 공통 증상
• 최소 3달간 1주일에 2번 이상 마구 먹기를 경험한다. • 마구 먹는 동안 먹는 것을 자제할 수 없다. • 마구 먹은 것을 보상하기 위해 토하고, 다이어트하고, 격렬하게 운동해서 체중 증가를 막는다. • 지속적으로 체중과 몸매에 대해 지나치게 생각한다.	• 고칼로리 음식을 마구 먹는다. • 몰래 먹는다. • 적은 양의 음식도 먹고 토한다. • 정상체중이거나 과체중이다. • 체중 감소 시도 때문에 체중 변화가 심하다. • 우울 • 약물 남용(술, 다이어트 약, 진정제 등) • 치아 손상

■ **폭식의 원인**

확실한 원인은 알려져 있지 않지만 우울증, 식사 조절의 비정상성, 체중 증가와 기근 사이클 등이 원인일 것으로 생각된다. 굶주림과 식사 억제가 배고프다는 느낌을 더 자극시켜 마구잡이식의 먹기를 촉발할 수도 있다.

■ **치료**

폭식치료는 영양과 심리상담에 주안점을 두고 있다. 잘못된 식습관을 규칙적인 식사와 간식으로 대체하면 마구잡이식의 먹기와 구토에 대한 욕구를 줄일 수 있다. 자긍심을 높이고 체중과 몸매에 대한 태도를 개선하고자 하는 심리상담이 영양상담과 병행되어야 한다. 많은 경우 항우울제가 같이 사용된다.

(3) 마구먹기장애

마구먹기장애(binge-eating disorder)를 가진 사람들은 약간 과체중이거나 비만인 경향이 있고, 1/3이 남성이다. 폭식을 하는 사람들처럼, 혼자 단시간에 수천 칼로리의 음식을 먹고, 마구 먹는 것을 자제할 수 없으며, 먹은 후에는 고민과 우울을 경험한다.

이 장애로 진단받으려면 6개월 넘게 1주일에 평균 2번 이상 마구먹기를 한 경험이 있어야 한다. 폭식증 환자와 달리 마구먹기장애를 가진 사람들은 체중 증가를 조절하기 위해 토하거나, 하제를 사용하거나 굶거나 지나치게 운동하지 않는다. 스트레스, 우울, 노여움, 걱정, 기타 다른 부정적인 감정들이 이 장애를 촉발하는 것으로 보인다.

잠깐! 알아봅시다 **마구먹기장애 진단기준**

- 단시간에 극도로 많은 양의 음식을 섭취(수천 칼로리)
- 최근 6개월간 1주일에 2번 이상 마구 먹기 사례를 보임
- 혼자 마구 먹기
- 마구 먹는 동안에는 자제가 안 됨
- 마구 먹은 후에 자기 증오, 죄의식, 우울 또는 역겨움

3/ 건강에 영향을 미치는 생활습관

1) 흡연

우리나라에서는 최근 들어 금연운동이 활발히 일어나고 있고 학교, 회사, 식당, 거리, 대중교통 등 금연구역이 늘어나고 있다. 그러나 아직 우리나라의 흡연율은 높은 편이며, 특히 여성의 흡연율이 감소하고 있지 않다. 여기서는 흡연과 관련된 건강문제에 대해 알아보도록 하자.

(1) 흡연율

우리나라 19세 이상 성인의 흡연율은, 남성은 현재 흡연율이 2009년에 47.0%이었던 것이 2019년에 35.7%로 감소한 반면, 여성의 흡연율은 2009년 7.1%, 2019년 6.7%로 변화 없이 그대로 유지하고 있다(그림 2-18).

성인의 연령별 흡연율 변화를 보면 남성의 경우는 모든 연령에서 흡연율이 감소하는 것을 알 수 있다. 여성의 경우도 모든 연령에서 감소하였고, 65세 이상에서는 흡연율이 현저히 감소하였다.

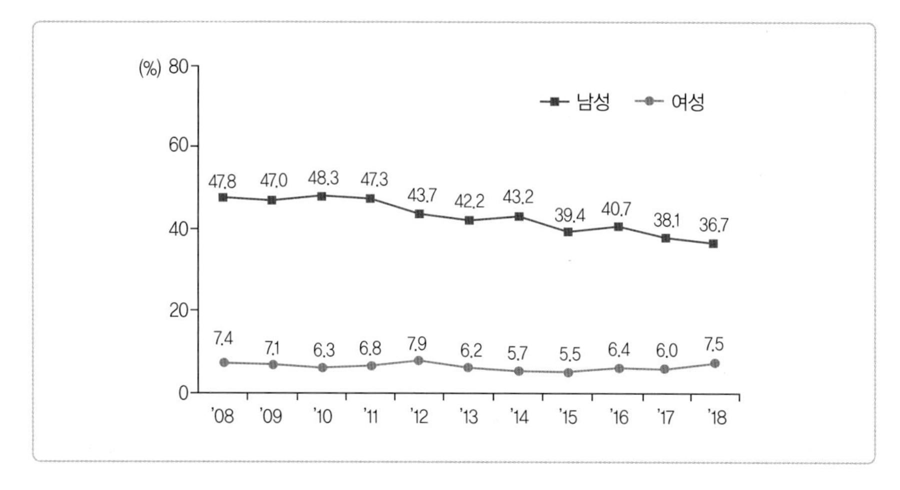

그림 2-18
현재흡연율 추이

자료 : 보건복지부, 질병관리청, 2019 국민건강통계, 2020.
※ 현재흡연율 : 평생 담배 5갑(100개비) 이상 피웠고 현재 담배를 피우는 분율, 만 19세 이상
※ 2005년 추계인구로 연령표준화

청소년의 현재 흡연율 변화 추이를 보면 남학생은 2008년 중학생 10.3%, 고등학생 23.8%였던 것이 2019년 중학생 4.0%, 고등학생 14.2%로 감소하였으나 2016년 이후 약간 증가하는 추세에 있다. 여학생은 2008년 중학생 5.4%, 고등학생 11.1%였던 것이 2019년 중학생 2.3%, 고등학생 5.22%로 감소하였으나 남학생과 같이 2016년 이후 약간 증가하는 추세에 있다. 그러므로 흡연교육이 필요한 것으로 보인다.

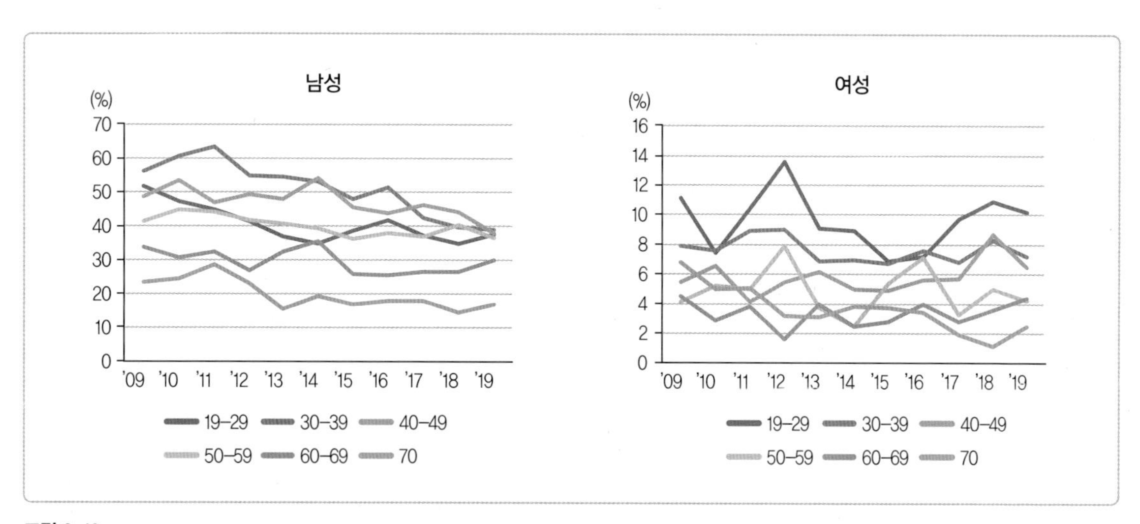

그림 2-19
우리나라 성인의 연령별 흡연율 변화

자료 : 보건복지부, 질병관리청, 2019 국민건강통계, 2020.
※ 현재흡연율 : 평생 담배 5갑(100개비) 이상 피웠고, 현재 담배를 피우는 분율, 만 19세 이상(1998년 : 만 20세 이상)

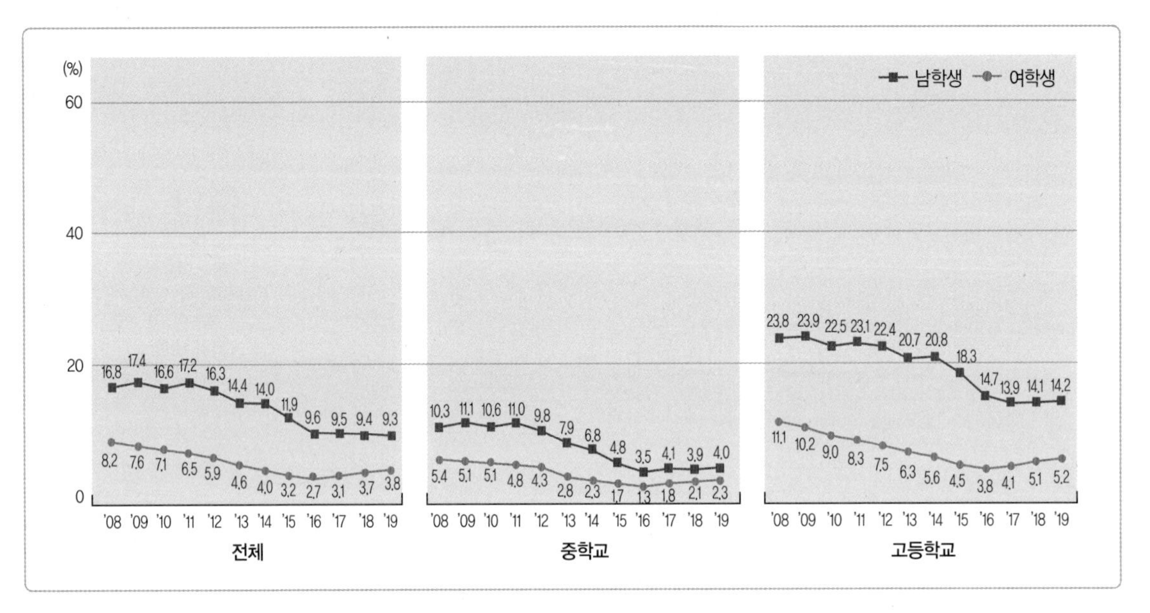

그림 2-20

우리나라 청소년의 흡연율 변화

자료 : 교육부, 보건복지부, 질병관리본부, 제15차 청소년건강형태조사통계, 2019.

※ 현재흡연율 : 최근 30일 동안 1일 이상 흡연한 사람의 분율

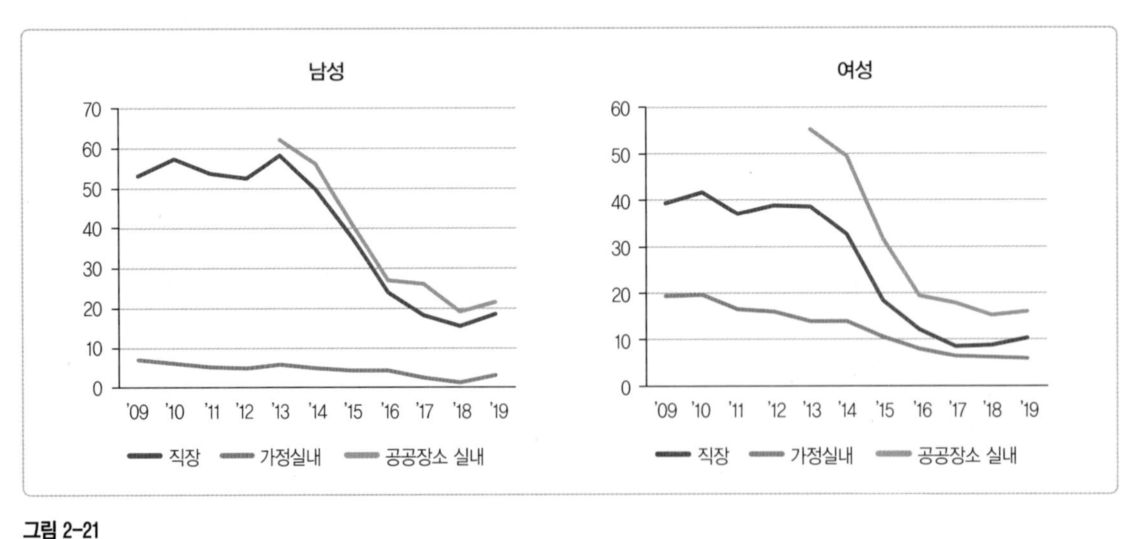

그림 2-21

우리나라 성인의 간접흡연 노출 변화

자료 : 보건복지부, 질병관리청, 2019 국민건강통계, 2020.

※ 직장 실내 간접흡연 노출률(현재 비흡연자) : 현재 일을 하고 있는 현재 비흡연자(과거 흡연자 포함) 중 직장의 실내에서 다른 사람이 피우는 담배 연기를 맡는 분율. 만 14세 이상.

※ 가정 실내 간접흡연 노출률(현재 비흡연자) : 현재 비흡연자(과거 흡연자 포함) 중 가정의 실내에서 다른 사람이 피우는 담배 연기를 맡는 분율. 만 19세 이상.

간접흡연 노출의 변화 추이를 보면 남성은 2009년 직장 내 53.3%, 가정 실내 6.9%였던 것이 2019년 직장 내 18.4%, 가정 실내 2.8%로 2014년 이후 급격하게 감소하였다. 여성도 2009년 직장 내 39.5%, 가정 실내 19.4%였던 것이 2019년 직장 내 10.3%, 가정 실내 6.0%로 2014년 이후 급격하게 감소하였다. 공공장소 실내에서의 간접흡연도 남녀 모두 2013년 이후 급격하게 감소하는 추세를 보이고 있다.

(2) 흡연에 영향을 미치는 요인

흡연에 영향을 미치는 요인은 직접적 요인과 간접적 요인으로 나눌 수 있다. 직접적인 요인으로는 성인에 대한 모방심리, 남성적 과시욕, 호기심, 학업 및 이성문제로 인한 스트레스 해소책, 사회집단의 강화 및 압력, 사회적 억압과 권위에 대한 반항심, 감각적 즐거움, 편안함, 육체적·심리적 중독 및 습관성이 복합적으로 작용한다. 연령별로 보면 청소년의 경우 집단적 압력과 동질성 강화, 성인 모방심리가 작용하고, 대학생의 경우는 호기심, 스트레스 해소가 가장 강하게 작용하며, 성인의 경우는 즐거움과 편안함, 스트레스 해소, 육체적·심리적 중독, 습관성 등이 작용한다.

흡연에 영향을 미치는 간접적인 요인으로는 자아존중감, 자신감, 감각을 추구하는 성향, 충동성, 인지적 능력, 구강적 욕구 등이 있다. 흡연층은 비흡연자보다 자아존중감과 자신감이 상대적으로 낮고, 감각 추구성향은 높게 나타났다.

(3) 담배의 유해성분

담배 연기 속에는 니코틴, 타르, 일산화탄소, 질소, 메탄, 에탄, 아세트알데하이드, 질소화합물 등 약 4,000여 종의 화학물질이 들어 있다.

니코틴은 담배 연기의 주요 물질로, 담배 연기는 체내에 들어온 지 수초 후에 뇌까지 도달하여 신경계를 자극시켜 일시적으로 쾌감과 정신적인 안정감을 느끼게 한다. 그러나 흡연을 심하게 할 경우 오히려 우울증이 생기거나 습관성 중독증이 나타나게 된다. 담배 한 개비에는 0.2~2.2mg의 니코틴이 들어 있는데 담배 두 갑에 들어 있는 40~60mg은 치사량으로 알려져 있다. 하루에 한 갑 이상을 피우면 니코틴 중독이라고 볼 수 있으며 메스꺼움, 구토, 복통, 설사, 어지럼증, 시력장애, 청각장애가 생기거나 식은땀이 나고 심한 경우 경련, 혼수상태에 이르게 될 수도 있다.

그림 2-22
혈액 내 일산화탄소 농도에 따른 증상

타르는 독성이 있는 여러 물질의 혼합물로 담배에 독특한 맛을 부여한다. 타르는 담배 연기를 통해 폐로 들어가 우리 몸의 모든 세포와 장기에 피해를 준다. 담배 한 개비를 피울 때 체내로 들어오는 타르의 양은 10mg 정도이다.

담배를 피우면 발생하는 일산화탄소는 혈액 속에서 산소를 이동시키는 헤모글로빈과 강한 친화력을 가지고 있으므로 일산화탄소를 들이마시면, 헤모글로빈은 산소 대신에 일산화탄소와 결합하여 조직으로의 산소 공급에 지장을 준다. 뇌의 산소공급이 부족하면 반응과 판단력이 둔해지고, 심혈관계 기능이 감소한다. 하루에 한 갑에서 한 갑 반 정도의 담배를 피우면 혈액 내 일산화탄소 농도가 2~5%가 되며 두 갑을 피우면 5~10%, 세 갑 이상이면 10~20% 정도가 되며, 혈액 내 일산화탄소 농도가 60% 이상이 되면 사망에 이른다(그림 2-22).

(4) 흡연과 건강문제

흡연은 수명을 단축시키고, 호흡기계 및 심혈관계 질환, 암의 발생 위험을 높인다. 여성의 경우 임신 중 흡연은 기형아 출산의 위험을 증가시킨다.

흡연은 수명과 밀접한 관계가 있는데 담배 한 개비를 피울 때마다 평균적으로 5분 30초의 생명이 단축되며, 하루에 두 갑 이상의 담배를 피는 사람은 담배를 피우지 않는 사람에 비해 평균 7~8년 일찍 사망할 위험이 있다고 한다. 세계보건기구는 매년 250만 명이 흡연으로 인한 질병으로 사망한다고 보고하였고, 우리나라도 매년 3만 명이 흡연으로 인한 질병에 이환되어 사망한다고 보고하였다.

담배를 장기간 피우게 되면 호흡기계기능에 이상이 생겨 불순물이 빠르게 축적되고, 점막이 불순물을 제거할 수 없게 된다. 시간이 지남에 따라 가래와 기침이 나오고 초기에는 계단을 오르는 등의 운동 시 호흡곤란을 느끼는 운동성 호흡곤란증이 나타나나 병이 진행됨에 따라 안정 시에도 호흡곤란이 생겨 일상생활에 지장을 받게 된다. 또 담배 연기 속의 주성분인 니코틴은 심박출량을 증가시켜 혈압을 증가시키고, 말초혈관에서 혈관을 수축하여 혈소판 응집을 촉진함으로써 혈전생성을 촉진시키며, 혈액 내 지방성분을 증가시킨다. 일산화탄소는 동맥의 상피세

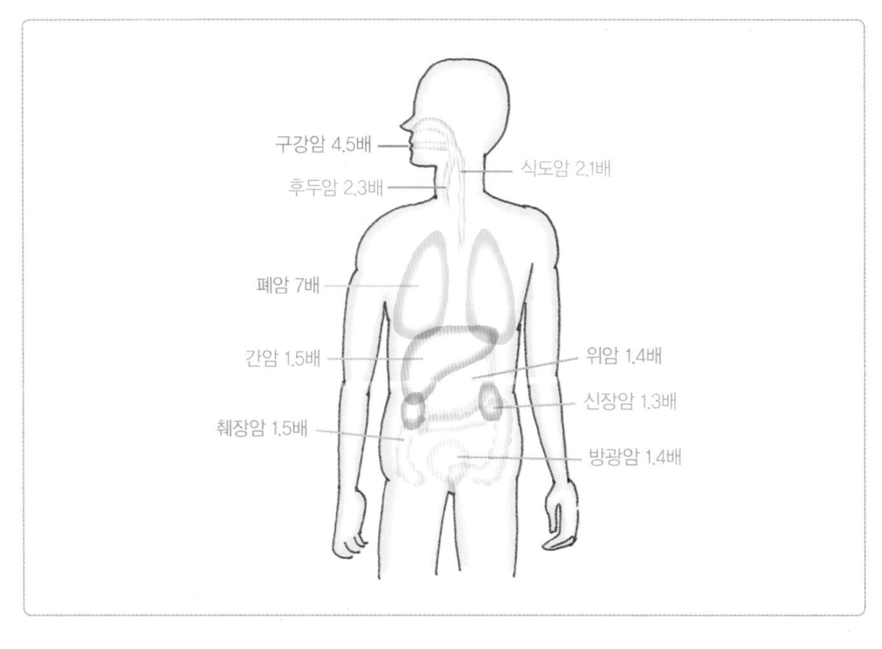

그림 2-23
흡연과 암 발생 위험

포를 파괴하고 동맥벽으로 콜레스테롤 유입을 증가시킨다.

현재 사람에게서 발생하는 암의 종류 중 30~40%가 담배 때문이라고 한다. 특히 폐암의 경우 비흡연자에 비해 하루 반 갑 정도의 담배를 피우면, 발생 위험이 17배 높으며, 하루 두 갑 정도를 피우면 100배가 높고, 두 갑 이상을 피우면 10명 중 1명은 폐암으로 사망하게 된다고 한다. 일반적으로 흡연자는 비흡연자에 비해 다양한 암의 발생률이 증가한다(그림 2-23).

임신 중 흡연은 기형아의 출산과 관련이 있다. 한 조사에 나타난 우리나라 임신부의 흡연율은 약 10%였고, 하루에 일곱 개비 정도 피우며 임신 7주가 지나면 흡연을 중단하는 것으로 보고되었다.

(5) 흡연과 영양문제

담배를 피우면 입맛이 변화하며, 담배에 포함되어 있는 성분에 의해 영양소 대사가 변할 수도 있다. 담배 속에 함유된 청산(HCN)은 비타민 B_{12}의 결핍을 일으킬 수 있다. 흡연자의 경우 혈액 내 비타민 C와 베타카로틴 농도가 비흡연자에 비해 낮다는 것이 보고되고 있는데, 이는 담배 연기에 의해 항산화 비타민들이 빠르게 분해되기 때문이다. 그러므로 흡연자는 과일이나 채소를 충분히 섭취하여 항산화 영양소 체내 보유량이 부족하지 않도록 해야 한다. 담배 한 개비의 흡연으로 25mg의 비타민 C가 소모된다고 하므로 흡연자의 경우 비타민 C의 섭취를 높일 것을 권장하고 있다.

2) 음주

술을 마시면 일반적으로 기분이 좋아지고, 이를 통해 다른 사람과 이해를 돈독하게 하는 등 사교적인 의미를 가지고 있다. 그런데 왜 술을 마시지 말라고 하는 것일까? 과도한 알코올 섭취는 개인의 신체적인 건강에 위험요소이며, 안전사고 등의 위험을 초래하기 때문이다. 최근 술을 마시기 시작하는 연령이 낮아지고, 여성의 음주가 점점 증가하고 있는 추세여서 음주에 대한 주의가 필요해지고 있다. 다른 연령대보다 음주량이 많고 음주 횟수가 잦은 성인들은 술이 신체에 주는 여러 가지 영향을 이해하고 적당한 음주문화를 만드는 것이 건강 유지에 도움이 될 것이다.

(1) 음주율

최근 1년 동안 한 달에 1회 이상 음주한 분율인 월간 음주율의 변화 추이를 보면 남자는 2009년 75.8%였던 것이 2019년 73.4%로 약간 감소하였으나 연도별로 비슷한 비율을 나타낸다. 여자의 경우는 2009년 43.4%였던 것이 2019년 48.4%로 지속적으로 음주율이 증가하는 추세를 보여주고 있다.

1회 평균 음주율이 7잔(여자 5잔) 이상이며 주 2회 이상 음주하는 고위험음주율의 변화 추이를 보면 남자는 2009년 21.4%였던 것이 2019년 18.6%로 약간 감소하는 추세이다. 그러나 여자의 경우는 2009년 5.7%였던 것이 2019년 6.5%로 지속적으로 증가하는 추세를 보여주고 있어 여성 음주에 대한 교육이 필요한 실정이다.

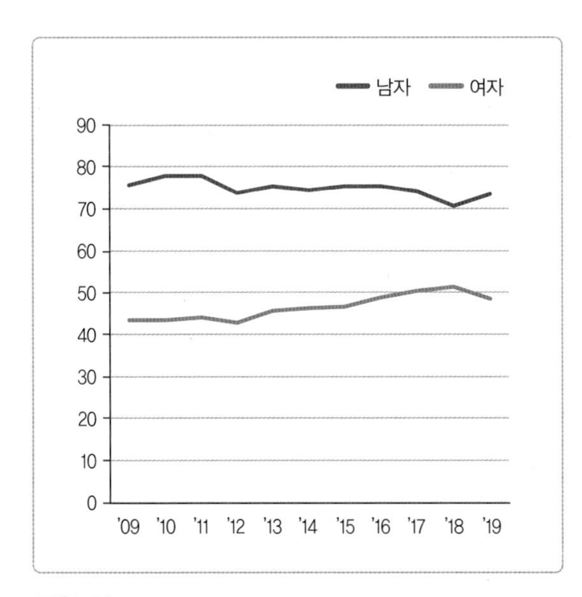

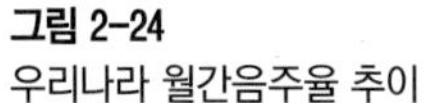

그림 2-24
우리나라 월간음주율 추이

자료 : 보건복지부, 질병관리청, 2019 국민건강통계, 2020.
※ 월간음주율 : 최근 1년 동안 한달에 1회 이상 음주한 분율, 만 19세 이상
※ 2005년 추계인구로 연령 표준화

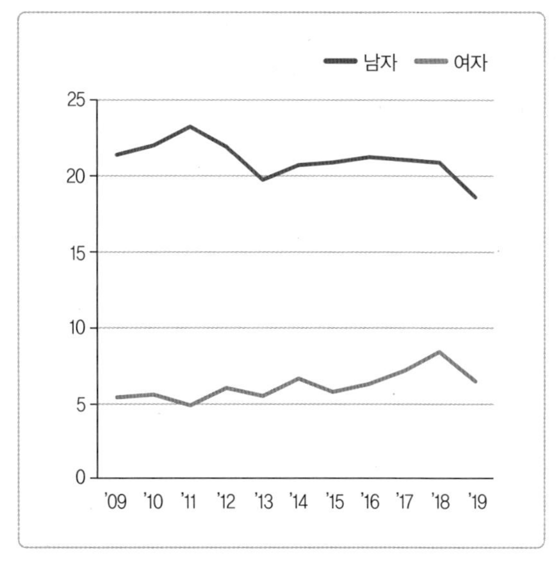

그림 2-25
우리나라 고위험음주율 추이

자료 : 보건복지부, 질병관리청, 2019 국민건강통계, 2020.
※ 고위험음주율 : 1회 평균 음주량이 7잔(여성 5잔) 이상이며, 주 2회 이상 음주하는 분율, 만 19세 이상
※ 2005년 추계인구로 연령 표준화

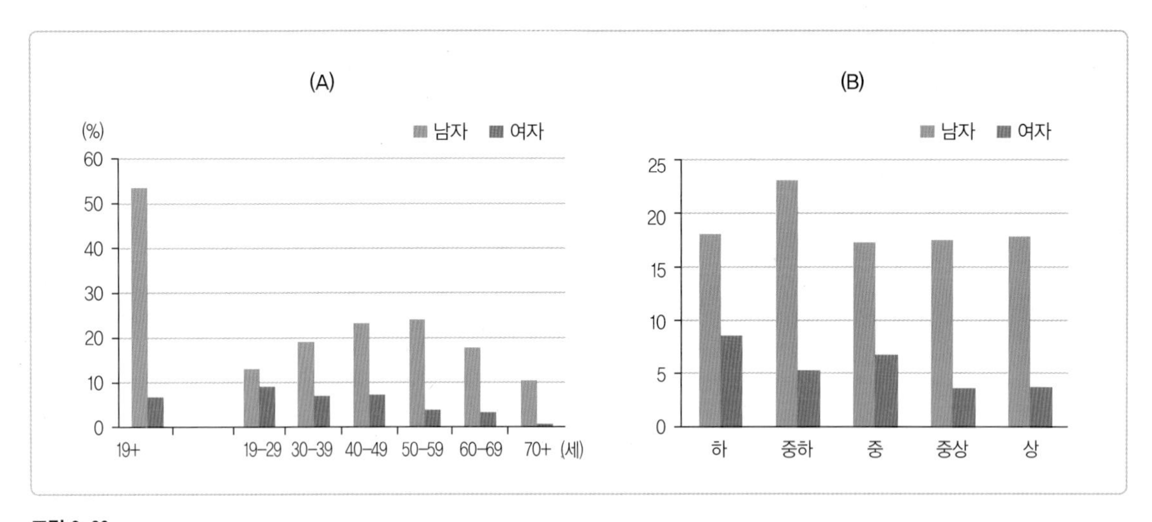

그림 2-26
우리나라 성인의 성별·연령별(A), 소득수준별(B) 고위험음주율

자료 : 보건복지부, 질병관리청, 2019 국민건강통계, 2020.
※ 고위험음주율 : 1회 평균 음주량이 7잔(여성 5잔) 이상이며, 주 2회 이상 음주하는 분율, 만 19세 이상

고위험음주율(2019)을 연령별로 살펴보면 남자는 40~59세가 높은 반면 여자는 19~29세로 여자가 남자에 비해 비율은 낮았지만 더 낮은 연령에서 많은 음주를 하는 것을 알 수 있다(그림 2-26A). 소득수준에 따라 보면 남자는 소득수준이 '중하'인 경우 고위험음주율이 가장 높았으며, 여자는 '하' 수준에서 가장 높았다. 즉 소득수준이 낮은 경우에 고위험음주율이 높은 경향을 나타냈다(그림 2-26B).

(2) 술의 영양성분

술은 곡류, 고구마 같은 서류와 과일에 들어 있는 탄수화물이 발효과정을 거쳐 만들어지는 알코올을 주성분으로 한다. 술은 크게 두 가지로 나눌 수 있는데 식품 내 전분이나 당을 발효시킨 것을 발효주라 하고 이것을 증류해서 얻은 것을 증류주라고 한다. 발효주에는 포도주와 같은 과일주, 맥주, 탁주 등이 있고 증류주에는 소주, 위스키, 브랜디 등이 있다. 발효주는 종류에 따라 알코올 농도가 4~13% 정도이지만 증류주는 알코올 농도가 25~45%로 발효주에 비해 높다. 요사이 판매되는 소주의 경우, 과일향을 첨가하거나 알코올성분 함량을 낮추는 경향이 있는데 이것이 여성의 음주량 증가의 한 요인으로 작용할 수 있을 것이다.

알코올은 체내에서 1g당 7kcal의 열량을 내므로 술을 많이 마실수록, 알코올 농도가 높은 술을 마실수록 열량 섭취가 증가하게 된다. 그런데 술은 열량 이외에는 지방, 단백질, 무기질, 비타민과 같은 영양성분을 가지고 있지 않는 빈열량식품(empty calorie food)에 속하므로 계속해서 많은 양의 술을 섭취하면 체중은 증가하지만 미량 영양소가 부족해져 여러 건강상의 문제를 일으킨다.

(3) 알코올 대사

섭취된 알코올은 위에서부터 흡수가 시작되고 소장에서 거의 모든 양이 흡수되어 간으로 이동한다. 간에서는 알코올 탈수소효소에 의해 아세트알데하이드로 분해되며, 아세트알데하이드는 다시 아세트알데하이드 탈수소효소에 의해 신체에 해가 없는 아세트산으로 변하여 열량을 내고, 물과 이산화탄소로 분해된다. 술에 취해 얼굴이 빨개지거나 심장 박동이 높아지고, 구토와 같은 증상이 나타나는 것은 아세트알데하이드 때문이다. 일반적으로 성인의 경우, 체중(kg)당 1시간 동안 0.1g

그림 2-27
알코올의 흡수와 분해에 영향을 주는 요인

의 알코올을 분해할 수 있다.

알코올의 흡수와 분해에는 여러 가지 요인이 작용을 한다. 알코올과 함께 섭취하는 음식의 양이 많을수록, 지방과 단백질이 많은 음식일수록 알코올 흡수가 지연되며, 반면에 탄산음료와 섞어 마시면 흡수가 빨리된다. 술의 알코올 농도가 높을수록 흡수가 빠르며, 섭취 속도가 빠르면 흡수가 빠르고, 피로하면 알코올 흡수가 빨라진다. 알코올은 약물과 같이 섭취하면 흡수가 빠르며, 체중이 많이 나갈수록 혈액량이 많아 알코올이 혈액에 희석되어 천천히 취한다. 여성의 경우 남성에 비해 술에 약한 경향이 있는데, 여성은 선천적으로 남성에 비해 알코올 분해효소의 생산이 적고, 체내 수분 양이 상대적으로 적어 섭취한 술이 희석되는 속도가 느리기 때문이다(그림 2-27).

(4) 알코올과 영양문제

알코올의 과도한 섭취는 위산 분비를 증가시켜 위궤양을 일으키며 식욕 부진, 영양 결핍을 일으킨다. 또한 알코올은 췌장액의 분비를 막아 지질과 단백질의 소화를 억제한다. 소장에서 지질과 티아민, 리보플라빈, 비타민 B_{12}와 엽산의 흡수를 억제시켜 각기병, 악성빈혈, 거대적아구성 빈혈 등 비타민 부족증을 일으킬 수 있다. 또한 비타민 B_6와 비타민 D 대사과정을 방해하여 칼슘의 이용률을 감소시켜 골절과 골다공증의 위험을 높인다.

(5) 알코올과 건강문제

알코올 섭취는 혈압을 증가시킨다. 혈압 상승은 심장, 뇌혈관장애의 위험인자로 알려져 있다. 알코올은 간에 지방을 축적시키고, 중성지방의 혈중농도를 증가시켜 지방간이나 심장 순환계 질환의 위험을 증가시킨다. 알코올은 면역체계에도 손상을 주어 항체 생산이나 면역반응을 감소시켜 박테리아 감염, 암에 대한 방어능력을 감소시킨다.

혈액 내 알코올 농도가 증가하면 알코올은 뇌로 이동하고, 뇌의 운동조절기능을 저하시켜 운동과 사고작용에 혼란을 초래한다. 혈액 내 알코올 농도에 따른 행동 변화는 그림 2-28과 같다.

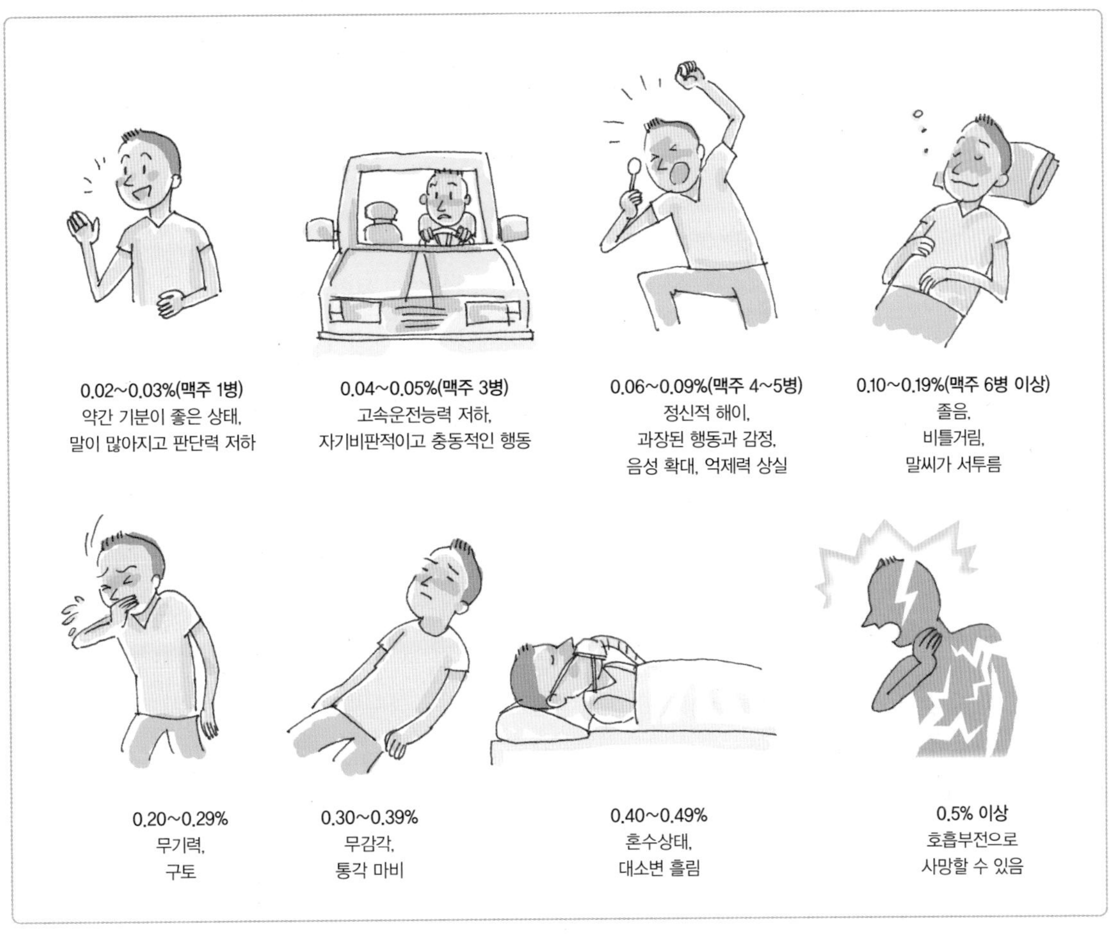

그림 2-28
혈액 내 알코올 농도에 따른 행동 변화

자료 : 임완기, 성인의 건강관리, 1998.

3) 스트레스

인체 외부와 내부에서 오는 여러 자극에 의해 불편함을 느끼게 되는 것을 스트레스라 한다. 과거에는 주로 신체적 자극에 의한 스트레스를 많이 받았으나 사회가 복잡해짐에 따라 정신적인 요인이 스트레스에 많은 영향을 주고 있다. 견딜 수 있는 얼마간의 스트레스는 생활에 활력을 줄 수 있으나 스트레스가 너무 커서 이를 극복하지 못하면 신체적·정신적 문제가 발생하게 된다.

(1) 스트레스 인지율

우리나라 성인의 스트레스 인지율 변화 추이를 보면 남자는 2009년 28.8%였던 것이 2019년 29.3%이며, 여자는 2009년 34.0%였던 것이 2019년 32.3%를 보이고 있다. 남자에 비해 여자의 스트레스 인지율이 높았으며 연도별로 변동이 있으나 큰 차이 없이 유지되고 있다(그림 2-29).

성인의 스트레스 인지율(2019)을 연령별로 보면 남자는 30~49세가 높은 반면 여자는 19~29세가 가장 높고 나이가 증가하면서 감소하는 경향을 보인다(그림 2-30A). 소득수준에 따라 보면 남녀 모두 소득수준이 '하'인 경우에 스트레스 인지율이 높았고 남자는 소득이 증가하면 감소하는 경향을 보이지만 여자의 경우는 소득과 따른 차이가 없는 것으로 보인다(그림 2-30B).

우리나라 성인의 스트레스 원인으로는 경제적 어려움, 직장생활, 인간관계, 자녀문제, 질병 등이 있다. 남성의 경우 직장생활에 의한 스트레스가 가장 크고, 여성의 경우는 경제적 어려움으로 인해 가장 많은 스트레스를 받고 있다. 연령별로는 20대에서는 직장생활, 30대와 40대에서는 직장생활과 경제적 어려움, 50대에서는 경제적 어려움과 인간관계가 주요 스트레스 원인으로 작용한다(표 2-9).

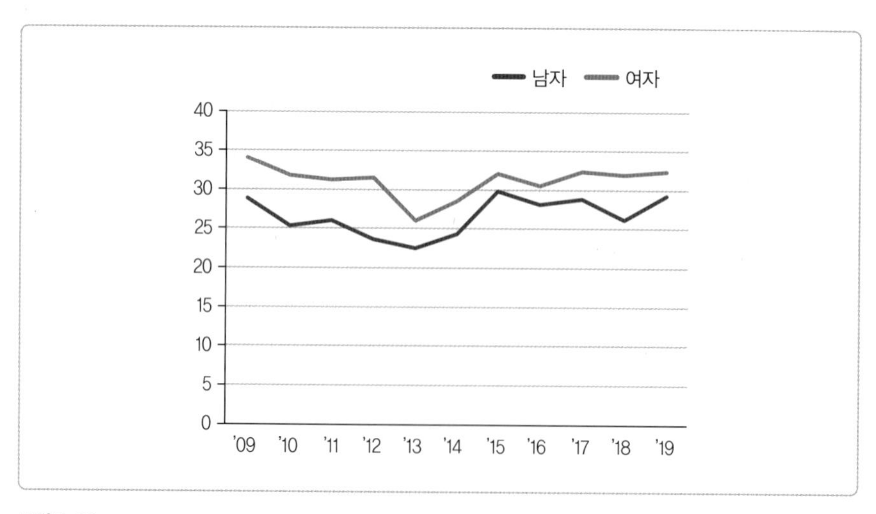

그림 2-29
우리나라 성인의 스트레스 인지율

자료 : 보건복지부, 질병관리청, 2019 국민건강통계, 2020.
※ 스트레스 인지율 : 평소 일상생활 중에 스트레스를 '대단히 많이' 또는 '많이' 느끼는 분율, 만 19세 이상

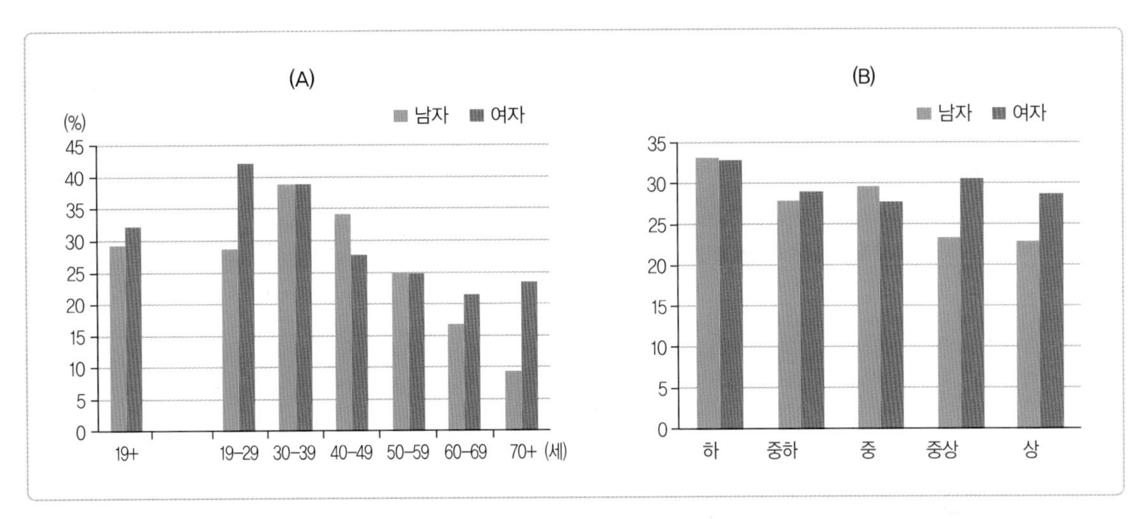

그림 2-30
우리나라 성인의 스트레스 인지율의 성별·연령별(A), 소득수준별(B) 비율

자료 : 보건복지부, 질병관리청, 2019 국민건강통계, 2020.
※ 스트레스 인지율 : 평소 일상생활 중에 스트레스를 '대단히 많이' 또는 '많이' 느끼는 분율, 만 19세 이상

표 2-9 20세 이상 성인의 성별 스트레스 원인

(단위 : %)

스트레스 원인	전체	남성	여성
인간관계	14.73	14.19	15.3
질병	7.18	5.73	8.5
노후문제	1.41	1.66	1.18
가족의 우환	5.65	3.58	7.53
임신, 출산, 육아	1.84	0.07	3.44
자녀교육	3.19	1.14	5.05
자녀문제	8.15	3.71	12.20
직장생활	24.47	37.56	12.54
경제적 어려움	25.78	25.73	25.83
주거생활환경	3.21	2.05	4.25
근무, 통학 어려움	0.88	1.23	0.57
가까운 사람의 죽음	0.77	0.60	0.92
기타	2.74	2.73	2.76

자료 : 보건복지부·한국보건사회연구원, 1998 국민건강·영양조사-보건의식행태조사, 2002.

노화로 인한 생리적 변화는 누구에게나 일어나지만 개인의 유전적 특징, 질병 유무, 경제적 여건에 따라 노화의 속도가 다르므로 중년기 이후 개인이 느끼는 스트레스의 정도는 다양하다. 노인이 되면 신체기능에 대한 관심이 증가하고 가족과 사회로부터의 소외감, 경제문제, 인간의 가치에 대한 회의 등 심리적인 갈등을 많이 겪게 된다. 60대와 70대 우리나라 노인의 경우에는 경제적 어려움, 자녀문제, 질병으로부터 많은 스트레스를 받고 있다.

특히 여성의 경우 남성에 비해 결혼 후 임신과 출산, 육아와 가사를 책임지면서 더 많은 스트레스에 노출된다. 나이가 들어감에 따라 정신적인 면에서 퇴직, 자녀의 결혼으로 인한 허전함과 무상감을 느끼게 되는데, 이를 빈새둥우리 증후군(empty-nest-syndrome)이라고 한다.

우리나라 청소년의 스트레스 인지율 변화 추이를 보면 중학교 남학생은 2009년 35.9%였던 것이 2019년 29.1%으로 약간 감소하는 추세이나 여학생은 2009년 46.0%였던 것이 2019년 45.9%로 남학생에 비해 높은 수준을 유지하고 있다. 고등학생은 중학생에 비해 스트레스 인지율이 높게 나타났다. 남학생은 2009년 40.6%

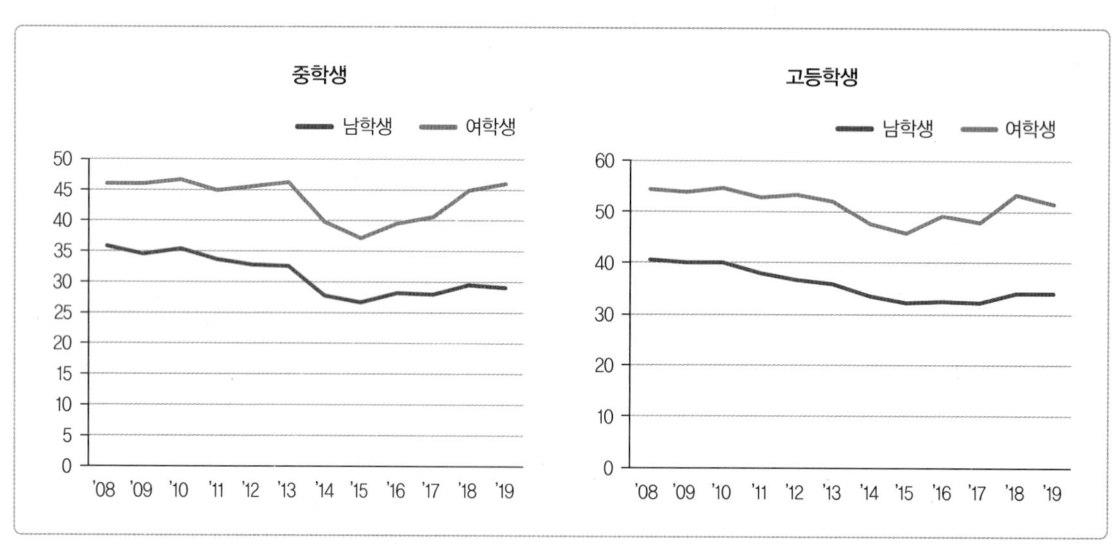

그림 2-31
우리나라 청소년의 스트레스 인지율

자료 : 교육부, 보건복지부, 질병관리본부, 제15차 청소년건강형태조사통계, 2019.
※ 스트레스 인지율 : 평소 일상생활 중에 스트레스를 '대단히 많이' 또는 '많이' 느끼는 사람의 분율

였던 것이 2019년 34.1%로, 여학생은 2009년 54.4%였던 것이 51.5%로 남녀 모두 약간 감소하는 추세이나 여학생의 스트레스 인지율이 남학생보다 높았다(그림 2-31). 사춘기가 되면 여성과 남성을 구별짓는 성적 특징이 나타나고 신체적인 급격한 성장을 겪게 되며, 자아개념을 형성하는 과정에서 정신적으로도 많은 갈등을 겪는다. 우리나라 청소년이 느끼는 스트레스의 원인은 학업문제가 가장 높았으며 진로문제, 친구문제, 가정문제, 금전문제, 이성문제, 건강문제가 그 뒤를 따랐다.

(2) 스트레스에 대한 반응

처음 스트레스에 노출되면 부신에서 아드레날린이 분비되며 호흡이 빨라지고, 혈압이 상승하며, 맥박과 체온이 증가한다. 또 심혈관계가 지속적인 자극을 받고 소화작용은 억제되며, 혈당이 높아진다. 이 상태에서 스트레스가 지속되면 체내 대사가 너무 항진되어 각종 질병에 대한 저항력이 감소하므로 여러 가지 신체적인 질병이 나타나기 시작한다. 과도한 스트레스에 대한 부작용으로는 두통, 피로, 심장질환, 요통, 궤양과 같은 신체적인 증상 및 일시적인 기억상실, 신경과민, 초조, 불안과 같은 정신적인 증상이 나타나는데 스트레스가 관여하지 않는 병은 거의 없다고 알려져 있다.

(3) 스트레스로 인한 질병

스트레스에 장기간 노출되면 식사 섭취와 수면이 잘 이루어지지 않고, 스트레스를 견디기 위해 음주나 과다한 흡연 및 단 음식을 과잉 섭취할 수 있다. 과도한 스트레스가 자주 되풀이되면 개인의 생리적인 항상성이 깨지면서 질병에 걸릴 위험이 높아진다.

■ 심혈관계 질환

스트레스로 인해 혈압과 맥박이 상승하고, 동맥경화증이 유발될 수 있다. 스트레스를 받게 되면 부신피질 호르몬, 아드레날린, 알도스테론, 레닌과 같은 혈압을 높이는 호르몬 분비가 증가한다. 스트레스를 받으면 놀라거나 흥분되고, 심장이 두근거리고, 이로 인해 부정맥이 일어날 수 있다. 또 스트레스는 혈액을 응고시키는 작용을 하고, 혈액 내 콜레스테롤과 유리지방산수준을 증가시키며 동맥벽에 콜레스테롤을 축적시켜 동맥경화증을 유발한다.

■ **신경계 질환**

장기간 스트레스를 받으면 두통, 편두통, 긴장성 두통, 기타 부위의 통증, 경련, 어지럼증 등을 느끼게 된다. 이러한 상태에서 히스테리 불안증, 우울증, 공황장애, 적응장애가 수반되기도 하며 자율신경실조증에 걸리기도 한다.

■ **여성 질환**

스트레스는 난소의 기능에 직접적으로 작용하여 배란 이상을 일으킬 수 있다. 임신에 대한 기대가 너무 지나치면 오히려 임신이 잘 안 되기도 한다.

■ **비뇨기계 질환**

스트레스를 받으면 배뇨 장애, 신경성 빈뇨, 야뇨증이 나타날 수 있다. 성인의 경우 방광에 소변이 150mL 고이면 소변을 보는데 긴장하거나 불안하고 초조하면, 30~50mL만 고여도 소변을 보는 신경성 빈뇨증세가 나타난다.

■ **소화기계 질환**

스트레스를 받으면 궤양, 과민성대장증후군, 소화불량, 식욕 부진 등이 나타난다. 스트레스는 위나 십이지장 부위에 궤양을 발생시킬 수 있는데 위궤양 발생의 40~60%가 스트레스로 인한 것이라고 한다. 스트레스를 받으면 위액이 과다 분비되고 점액 분비가 저해되어 위점막이 헐며 궤양이 발생하게 된다. 과민성대장증후군은 하복부에 불쾌감, 통증을 느끼거나 설사와 변비가 번갈아가면서 자주 나타나는 증상을 보인다.

■ **내분비계 질환**

정신적인 스트레스를 받으면 내분비계 이상으로 당뇨병, 갑상샘기능항진증, 비만, 심인성다음증 등이 나타난다.

(4) 스트레스관리

스트레스로 인한 질병들은 약물치료법을 통해 일시적으로 증상이 감소되기는 하지만 근본적인 처방이 어렵다. 그러므로 스트레스성 질환은 근원이 되는 스트레스를 완화시키고, 적절하게 대처하는 것이 가장 중요하다.

■ 정신적 관리

스트레스의 해소는 스트레스 자체를 없애는 것이 아니라, 스트레스를 받고 있는 개인의 생각이나 마음, 신념 등을 변화시켜 좀 더 여유 있게 스트레스에 대처할 수 있게 해주는 것이다. 긍정적인 대인관계는 스트레스 해소에 대한 다양한 정보를 얻도록 도와주며, 그들과 건강 증진활동을 함께할 수 있는 계기를 마련해준다.

■ 신체적 관리

균형 잡힌 식사와 운동, 적절한 휴식은 스트레스관리에 중요한 요소이다.

- **영양관리** 스트레스를 받으면 이를 극복하기 위해 체내 대사율이 높아지고 저장되어 있던 에너지를 소비하게 되어 음식 섭취가 증가하게 된다. 에너지 섭취는 주로 질병, 화상, 수술, 암, 발열 등 신체적인 스트레스를 받을 때 그 요구량이 증가한다. 그리고 스트레스에 의해 체내 단백질이 분해되어, 배설량이 증가하므로 단백질 요구량이 증가한다. 특히 단백질은 면역성분 합성, 손상된 조직의 재생, 기타 생명 유지에 필요한 기관의 합성을 위해 필요한데 스트레스를 받을 때의 단백질 요구량은 체중 1kg당 1~2g 정도이다. 에너지와 단백질 요구량이 증가하면 이에 따른 비타민 B군의 요구량이 증가해야 한다. 균형 잡힌 음식 섭취와 함께 여유 있게 식사를 즐기며 천천히 음미하는 식습관도 중요하다.
- **운동 및 휴식** 운동은 스트레스에 의해 분비된 호르몬을 체외로 배출시키고, 긴장을 완화시키며, 기분을 고조시켜 질병을 감소시키거나 예방해주는 역할을 한다. 운동 후 휴식은 스트레스로 인해 체내에서 일어난 생리적인 변화를 감소시키는 데 도움이 된다.

건강한 가정 만들기

1 임신기의 영양관리

2 수유기의 영양관리

3 영아기의 영양관리

4 유아기의 영양관리

5 아동기의 영양관리

6 청소년기의 영양관리

CHAPTER

1/ 임신기의 영양관리

대부분의 부부는 건강한 자녀를 갖길 소망한다. 임신은 모든 부부에게 축복이다. 따라서 부부는 임신 전부터 건강한 부모가 되기 위한 노력을 해야 한다. 정상적인 임신을 통해 건강한 아이를 출산하기 위해서는 임신 전부터 건강관리에 노력해야 하며 특히 임신기간의 영양관리에 힘써야 한다. 임신기의 영양상태는 모체의 건강과 태아 발달, 그리고 출생 후 아기의 건강과 아기가 성인이 되었을 때의 질병 유발에도 영향을 미친다.

1) 임신기의 생리적 변화

임신 동안 가장 현저하게 나타나는 변화는 체중의 증가이다. 적당한 체중 증가는 임신 중 영양관리 및 성공적인 임신 진행의 중요한 지표가 된다. 균형 잡힌 식사를 하는 건강한 임신부의 경우 임신기간 동안 평균 10~16kg이 증가하게 된다. 체중 증가의 가장 큰 원인은 수분 증가로, 총 수분증가량의 절반 이상은 모체의 혈액이 증가함으로써 발생한 것이다. 그림 3-1처럼 임신에 의한 체중 증가는 태아 3.5kg, 태반 0.45kg, 양수 0.9kg, 세포 외액 1.35kg, 유방과 자궁 1.35kg, 혈액량 1.85kg, 산모의 지방축적 3.6kg 정도다.

임신 중 체중증가량은 전기(임신 후 3개월)에 0.5~2kg, 중기(4~6개월)에 3.5~

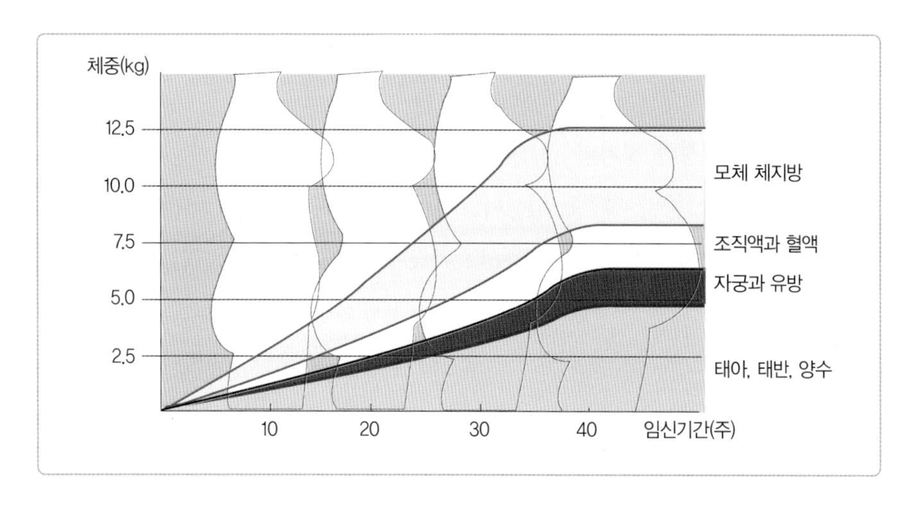

그림 3-1
임신기간의 체중 증가

5kg, 후기(마지막 3개월)에 6~9kg이 증가한다. 갑작스런 체중 증가는 부종이나 임신중독증에 의한 것일 수 있으므로 주의해야 하며, 임신 전에 말랐던 사람은 체중 증가량이 평균보다 높을 수 있다. 임신 중 체중 증가를 제한하면 정상적인 태아 발달, 모체의 생식기관이나 기능에 나쁜 영향을 줄 수 있다. 특히, 본래 비만한 사람이 임신 중에 체중 증가를 억제하기 위해 심한 저칼로리 식사를 하는 경우가 종종 있는데 이는 건강한 아기 출산에 바람직하지 않다.

잠깐! 알아봅시다 비만 임산부

최근 서구화된 식생활의 영향으로 한국 사회의 비만 인구가 증가하고 있는데 이는 임신부의 경우에도 해당된다. 임신 중의 비만을 정의하기는 어려우나 바람직한 체중 증가량을 초과하여 체중이 증가되는 경우에 비만 임산부로 간주한다. 비만 임산부의 경우 임신중독증, 당뇨병, 거대아 출산, 지연분만, 이완출혈, 조기 파수 등으로 인한 각종 합병증과 산과적 이상을 초래할 수 있다. 또 분만 후 모체의 과잉 체중을 줄이기 위한 신체적·심리적 부담이 가중된다. 비만 임산부에게서 태어난 일부 신생아는 혈관에 지질이 침착되는 동맥경화의 초기 증세를 보인다는 보고가 있어 임신기간 동안 체중이 지나치게 증가하지 않도록 주의해야 한다. 임신기간 중 지나친 체중 증가가 일어난 경우 억지로 체중을 급격히 줄이려고 시도하는 것은 태아와 모체에 무리가 될 수 있다. 필요 이상의 에너지 섭취를 줄이고 균형 잡힌 식사를 하며, 가벼운 운동을 병행하여 체중 조절을 시도하는 것이 바람직하다.

2) 태아의 성장

건강한 태아는 건강한 정자와 건강한 난자가 만나는 드라마틱한 순간부터 탄생한다. 이를 위해서는 준비·계획된 임신이 가장 바람직하다. 따라서 어머니는 모체나 태아의 건강을 위해 임신 수개월 전부터 바람직한 체중을 유지하며 균형 잡힌 식사와 함께 운동을 통해 체력을 단련하는 등의 준비를 해야 한다.

어머니 못지않게 아버지의 역할도 중요하다. 그동안 건강한 아이를 출산하는 열쇠가 주로 어머니 쪽에 있다고 생각되어왔으나 최근 연구 결과에 의하면 불임과 기형아 출산을 유발하는 원인의 약 40% 정도가 남성(손상된 정자) 쪽에 있음이 밝혀졌다. 따라서 부부가 건강한 자녀 갖기를 계획하였다면 아버지 쪽에서도 균형 잡힌 식사를 하고, 흡연 및 과음을 금하고, 방사선·중금속·농약 등 위해성분에 노출되는 기회를 줄이는 등 건강한 새 생명의 탄생을 미리 준비하여야 한다.

임신기간은 총 40주로 임신 1~2주는 정자와 난자가 만나 자궁벽에 착상하는 시기이고, 임신 3~8주는 배아 발달기로서 태아의 주요 장기를 포함한 기본적인 구

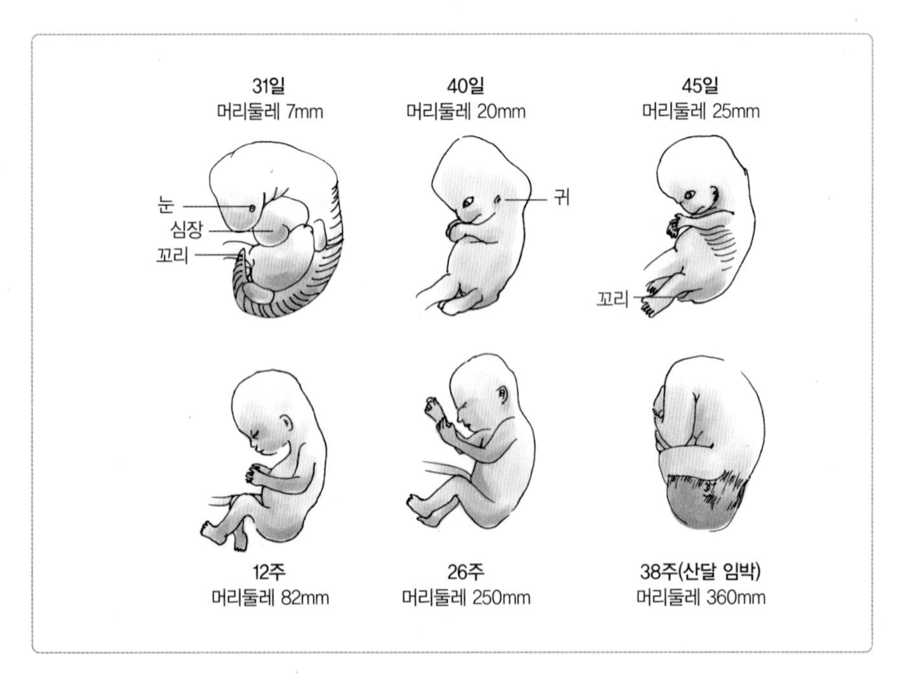

그림 3-2
자궁 속의 태아

조가 만들어지는 시기이며, 임신 9~38주는 태아 발달기로서 태아의 크기가 커지고 주요 기관들이 성숙되는 시기이다(그림 3-2).

모체와 태아의 영양 공급에 가장 중요한 역할을 하는 기관이 바로 태반이다. 임신이 시작되고 1개월 후부터 자궁벽에서 발달하기 시작한 태반을 통해 모체 혈액에 포함된 영양소, 호르몬, 항체 및 산소 등이 태아에게 전달된다. 태아의 대사산물 및 폐기물 역시 태반을 통하여 모체의 혈액으로 운반된다. 태반은 임신의 유지에 필요한 60여 가지의 효소와 일부 호르몬 등을 자체 생산하기도 한다. 영양 상태가 좋은 임신부는 임신 초기에 건강한 태반을 만들어 모체와 태아 간의 영양소 및 대사물의 이동을 원활히 수행함으로써 건강한 태아를 분만할 확률이 높다.

3) 임신부의 식사

임신을 하면 태아와 모체의 새로운 조직 합성을 위해 모든 영양소 필요량이 증가하고 대사도 증진된다. 임신기에 필요한 총 에너지량은 비임신기보다 약 20% 증가하는데 그 증가량의 80%는 태아를 위해 필요하다. 임신부의 3분기별 에너지 증가를 보면 전기에는 에너지 증가가 없고 중기와 후기에 증가한다. 새로운 체조직 증가에 따른 에너지 필요량 증가도 임신 초기에는 입덧으로 인해 식사 섭취량이 감소하는 경향이 있어 임신 전기에는 임신 전과 동일하게 먹고 중기에 340kcal, 후기에는 450kcal를 더 먹도록 한다. 또한 단백질 상태를 양호하게 유지하기 위해 임신 기간 동안은 비임신부보다 단백질을 25g 더 먹어야 한다. 특히 신경 써야 할 영양소가 엽산과 비타민 D로 태아의 발달과 모체의 건강에 중요한 영향을 미치며 칼슘, 인 및 철 등도 신경 써서 더 많이 섭취해야 한다(표 3-1).

(1) 임신 전반기

임신 초기인 2~3개월에는 모체에 처음으로 생리적인 변화가 일어나고 입덧 등 음식에 대한 기호가 예민하게 변화하므로 편식으로 인한 영양장애가 생기지 않도록

표 3-1 한국 임신부 및 수유부의 1일 영양소 섭취기준

영양소		비임산부 (19~29세)	임산부		
			전기	중기	후기
에너지(kcal)	필요추정량	2,000	+0	+340	+450
탄수화물(g)	평균필요량	100	+35		
	권장섭취량	130	+45		
단백질(g)	평균필요량	45	+0	+12	+25
	권장섭취량	55	+0	+15	+30
비타민 A(μg RE)	평균필요량	460	+50		
	권장섭취량	650	+70		
	상한섭취량	3,000	3,000		
비타민 D(μg)	충분섭취량	10	+0		
	상한섭취량	100	100		
비타민 E(mgα-TE)	충분섭취량	12	+0		
	상한섭취량	540	540		
비타민 K(μg)	충분섭취량	65	+0		
비타민 C(mg)	평균필요량	75	+10		
	권장섭취량	100	+10		
	상한섭취량	2,000	2,000		
티아민(mg)	평균필요량	0.9	+0.4		
	권장섭취량	1.1	+0.4		
리보플라빈(mg)	평균필요량	1.0	+0.3		
	권장섭취량	1.2	+0.4		
니아신(mgNE)	평균필요량	11	+3		
	권장섭취량	14	+4		
	상한섭취량*	35/1,000	35/1,000		
비타민 B_6(mg)	평균필요량	1.2	+0.7		
	권장섭취량	1.4	+0.8		
	상한섭취량	100	100		
엽산(μg DFE)	평균필요량	320	+200		
	권장섭취량	400	+220		
	상한섭취량	1,000	1,000		
비타민 B_{12}(μg)	평균필요량	2.0	+0.2		
	권장섭취량	2.4	+0.2		
칼슘(mg)	평균필요량	550	+0		
	권장섭취량	700	+0		
	상한섭취량	2,500	2,500		
인(mg)	평균섭취량	580	+0		
	권장섭취량	700	+0		
	상한필요량	3,500	3,000		
칼륨(mg)	충분섭취량	3,500	+0		
철(mg)	평균섭취량	11	+8		
	권장필요량	14	+10		
	상한섭취량	45	45		
아연(mg)	평균필요량	7.0	+2.0		
	권장섭취량	8.0	+2.5		
	상한섭취량	35	35		

*니코틴산/니코틴아미드

자료 : 한국영양학회. 2020 한국인 영양소 섭취기준.

해야 한다. 이러한 변화는 임신 4~5개월까지 지속될 수 있으며 특히 공복 시 구토 증세가 심해지므로 음식을 소량씩 자주 섭취하도록 한다. 따라서 일단 구미에 당기는 음식을 섭취하도록 하며 종합 비타민제나 무기질 보충제를 섭취하는 것도 도움이 된다. 또한 채소나 과일을 많이 섭취하여 변비를 예방하는 것도 중요하다.

(2) 임신 후반기

임신 전반기에 비해 갑작스러운 체중증가와 영양소 필요량이 크게 증가하므로 특히 열량, 단백질, 칼슘 및 철의 섭취가 부족하지 않도록 주의한다. 이를 위해 1일 3회의 식사 외에도 2~3회 정도의 간식을 섭취하는 것도 좋다. 자극성 있는 음식은 되도록 제한하고 식욕을 증진시키는 음식과 소화가 잘 되는 음식을 먹도록 한다(표 3-2).

표 3-2 임신부를 위한 권장식품

영양소	권장식품
단백질	우유, 두부, 콩, 살코기
탄수화물	쌀, 현미, 잡곡, 감자, 고구마, 옥수수
엽산	브로콜리, 시금치, 갓, 녹색채소, 양배추, 버섯, 콩류, 호두, 계란, 오렌지
비타민, 무기질	당근, 호박, 바나나, 완두, 버섯, 각종 과일류, 각종 채소류
철, 칼슘	우유, 치즈, 푸른 채소, 분유, 미역

4) 임신 시 나타나는 증상

(1) 입덧

임신 초기에는 사람마다 차이가 있으나 메스꺼움과 구토증상이 나타난다. 흔히 아침에 심한 경향을 보여 'morning sickness'라고 부르는데 일반적으로는 입덧이라고 한다. 임신 2~3개월까지 계속되다가 임신 중반이 되면 사라지는데 사람에 따라 임신기간 내내 지속되기도 한다. 입덧이 발생하는 이유는 확실치 않지만 임신

중 분비되는 호르몬과 관련 있는 것으로 받아들여지며 임신에서 오는 긴장과 스트레스로 인한 심리적인 요인에 의한 것일 수도 있다.

입덧을 완화시키기 위해서는 소량씩 자주 식사하고, 위가 비어 있는 시간을 줄이고 탄수화물이 풍부한 식사를 하는 것이 좋다. 아침에 먹는 마른 과자, 비스킷 등이 도움이 될 수도 있다. 심한 입덧으로 식품 섭취량이 감소하여 모체의 체중이 감소하면 태아의 영양소 공급에도 문제가 생기므로 정맥주사를 이용한 치료를 받는 것이 좋다. 특히 수분, 전해질, 영양소를 충분히 보충해주어야 한다.

(2) 빈혈

빈혈은 흔히 나타나는 영양결핍증으로 우리나라 임신부의 50~60%가량이 이 증세를 보인다. 임신 중에는 철 결핍에 의한 빈혈 빈도가 가장 높고, 그다음으로 높은 것은 엽산 결핍에 의한 거대적아구성 빈혈이다.

임신을 하면 태아에게 필요한 물질을 공급하기 위해 모체의 혈액이 증가한다. 혈액량은 임신 전기, 중기에 걸쳐 계속 증가하다가 말기에는 약간 둔화된다. 임신 34주경이면 비임신 때보다 혈장이 약 50% 이상 증가한다. 즉, 적혈구에 비해 혈장의 양이 많이 증가하므로 혈액성분의 농도가 감소되면서 혈액이 희석되는 희석빈혈현상이 나타나 헤모글로빈 농도 및 적혈구 수가 감소한다. 이러한 임신성 빈혈을 예방하기 위해서는 하루 24mg의 철이 권장되므로 임신부는 난황, 살코기, 내장, 녹황색 채소 등 철이 많이 함유된 식품을 충분히 섭취해야 한다. 우리나라 소도시 임신부의 1/3이 호소하는 엽산결핍성 빈혈을 예방하기 위해서는 620㎍DFE/일의 엽산이 권장된다. 엽산은 녹색 채소와 동물성 식품에 주로 함유되어 있다.

(3) 위장장애

임신에 의한 위장장애 중 가장 흔한 것이 변비이다. 태반에서 분비되는 호르몬인 프로게스테론은 자궁과 장의 근육을 이완시켜 변비를 유발하는데 신선한 채소, 과일과 물을 많이 섭취하는 것이 좋고, 규칙적인 운동도 도움이 된다.

임신에 의해 소화기관의 근육이 이완되어 위산이 식도로 역류하면 임신부는 가슴이 답답하거나 복부 팽만감을 느끼게 된다. 이때는 되도록 위에서 오래 머무르는 기름진 음식이나 자극성이 강한 향신료를 금하는 것이 좋다. 또한 위의 압력을 줄이기 위하여 식사시간을 피해 물을 섭취하거나, 식사 후 바로 눕는 행위를 자제하도록 한다.

5) 임신 시 나타나는 여러 문제들

(1) 조산과 유산

습관성 유산의 원인으로는 성세포 자체의 결함과 모체의 나쁜 환경요인을 지적한다. 모체의 나쁜 환경요인에는 여러 가지가 있을 수 있으나 중요한 것은 모체의 불량한 영양상태이다. 전쟁이나 자연재해로 인한 장기간의 기아를 겪은 지역에서 태아 사망률이 증가하고 출생 시 태아의 체중 저하 및 태아 기형을 흔히 볼 수 있다는 것을 통해 모체의 영양상태가 임신 진행에 매우 중요한 영향을 끼친다는 사실을 알 수 있다. 열량과 비타민 결핍, 특히 엽산이 부족한 임신부에게서 높은 유산 빈도를 보였다는 연구보고가 이를 뒷받침해주고 있다.

오늘날에는 대체적으로 모체의 불량한 영양상태가 유산의 가능성을 높이는 요소가 된다. 따라서 습관성 유산환자의 경우 체중이 과소한 경우는 충분한 식사와 휴식으로 적절한 체중을 유지하고, 비만한 경우엔 임신 전에 체중을 줄여야 한다. 특히, 최근에는 여성의 체중 자체보다 체지방량이 수태율과 밀접한 관련이 있는 것으로 밝혀졌는데 체지방이 생식기능과 관련이 있는 호르몬의 합성에 직접적인 영향을 주기 때문이다. 따라서 평상시 적절한 체지방량을 유지하는 것이 중요하다.

(2) 임신중독증

임신중독증은 주로 임신 20주 이후부터 나타나는데 고혈압, 단백뇨, 부종, 갑작스러운 체중 증가, 졸음, 두통, 시각장애, 메스꺼움, 구토 등의 증상을 보인다. 심하면 경련증상이 일어나고, 치료하지 않으면 모체나 태아 모두에게 위험하다. 정확한 원인은 아직까지 규명되지 않고 있으나 나트륨의 과잉 섭취, 단백질 섭취의 부족, 과다한 체중 증가, 칼슘 부족 등이 가능한 요인으로 추측되고 있다.

잠깐! 알아봅시다 **비만 여성의 임신 합병증**

중등 이상의 비만은 임신 합병증의 위험을 증가시킨다. 보통 정도의 과체중 여성(BMI 25~30)도 임신 당뇨병 위험이 정상체중자에 비해 2~6배 높으며 임신기 고혈압 발생률도 상당히 높다. 또한 제왕절개 분만이나 수술 후 합병증으로 거대아 출산 등의 위험이 높으며 거대아는 차후 비만해지는 경향을 보인다. 따라서 비만한 상태로 임신을 하면 당뇨병과 고혈압이 발생하는지에 대해 주의 깊게 점검하고, 운동량을 늘려 체중이 적게 증가하도록 주의해야 한다.

(3) 이식증

임신 중에는 특정 식품에 대한 혐오 또는 갈망이 종종 나타난다. 임신부의 66~85%가 이식증을 경험한다. 임신기간에는 단 음식에 대한 선호도가 증가하는데 이는 증가한 에너지 요구량을 충족시키기 위한 일종의 생리현상이다.

6) 임신기간 중 피해야 할 것

(1) 비과학적인 금기식품

우리나라에는 예로부터 임신부에게 금하는 식품이 많았다. 금기 식품에는 오리, 닭, 개, 오징어, 토끼, 염소 등의 동물성 식품과 녹색 채소, 인삼, 식혜, 율무 등이 포함되어 있다. 주로 아기의 피부 질환, 못생긴 아기의 출산을 우려한 유사금기에 해당하는 식품 혹은 분만 시 장애가 된다고 믿는 식품에 대한 금기가 많았다. 그러나 금기 식품의 대부분은 과학적인 근거가 없으며 단백질과 비타민의 급원식품이 대부분이므로 가능하면 임신 중에 제한하지 않도록 한다.

(2) 카페인

카페인 섭취가 인체에 미치는 영향에 관해서는 논란이 많다. 그러나 과량의 카페인 섭취는 조산, 유산, 사산과 관련이 있고 저체중아를 출산할 가능성을 높인다.

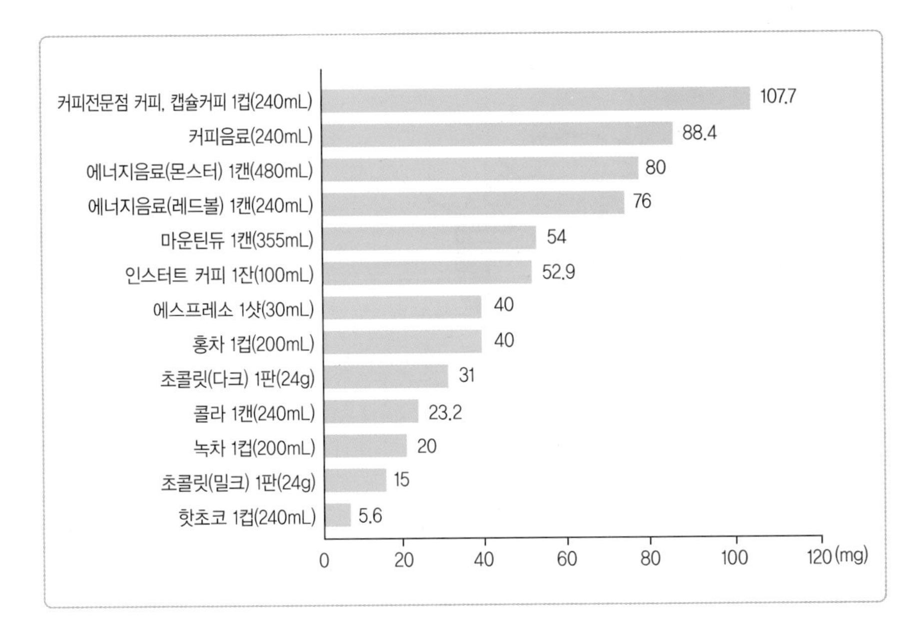

그림 3-3
식품의 카페인 함량

따라서 임신 중에는 하루 2~3잔 이상의 커피를 마시지 않는 것이 좋다. 카페인은 커피 외에 홍차, 녹차, 코코아, 초콜릿, 콜라 등의 음료와 몇 가지 약품에도 들어 있다(그림 3-3). 2008년 식품의약품안전청에서는 임산부의 카페인 섭취량을 하루 300mg 이하로 설정한 바 있다.

(3) 알코올

다량의 알코올은 태아에게 해를 준다. 임신 중에는 알코올을 금하는 것이 좋다. 알코올 중독인 임신부에게서 태어난 아이에게 나타나는 이상 증상을 태아알코올증후군(Fetal alcohol syndrome : FAS)이라 한다. 주요 증상으로는 태아기와 출생 후의 성장 지연, 두개골 또는 두뇌의 기형, 중추신경계의 이상, 행동 및 지능 장애, 학습능력 장애를 들 수 있으며 이와 같은 장애는 청소년기를 거쳐 성인기까지 지속된다. 태아알코올증후군을 지닌 아동의 얼굴 형태로는 인중이 희미하고, 윗입술이 얇으며, 안면의 입체감 감소를 들 수 있다(그림 3-4). 미국의 경우 한 해에 약 4,000~7,000명의 유아가 태아알코올증후군 증세를 보인다.

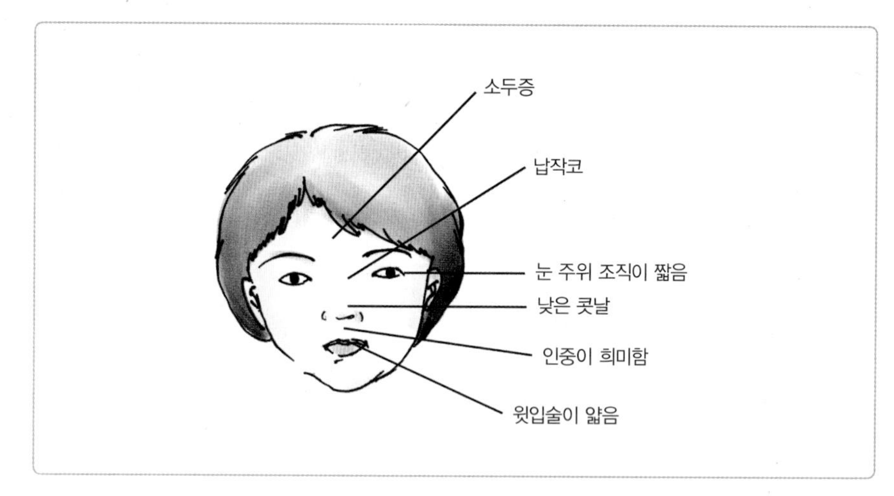

그림 3-4
태아알코올증후군의 얼굴 특징

(4) 흡연

흡연은 저체중아 출생률을 증가시킨다. 흡연으로 인해 발생하는 일산화탄소, 니코틴 및 기타 다른 탄화수소화합물 등이 모체로부터 태반을 통한 산소와 영양소의 공급을 저해하기 때문이다. 또한 출생 후 아기가 성장하면서 호흡기 질환에 걸릴 확률이 높아지고 암에 쉽게 걸릴 수 있다는 의견도 있다. 임신부는 직접 흡연뿐만 아니라 주변 사람에 의한 간접흡연도 피하는 것이 좋다.

(5) 약물

태아는 매우 예민하므로 모체가 복용하는 약물로 인해 미숙아가 되거나 불구 또는 기형이 되기 쉽다. 임신부는 될 수 있는 대로 약물의 복용을 금하는 것이 안전하며 부득이한 경우에는 의사의 지시를 따르도록 한다.

잠깐! 알아봅시다 **비타민과 무기질 보충문제**

가임기 여성은 체내에 영양소저장분을 확보하는 것이 좋다. 특히 칼슘과 철, 엽산 같은 영양소는 임신이 되면 부족하기 쉬우므로 보충제를 활용하는 것도 바람직하다. 그러나 일부 비타민과 무기질의 과잉섭취 또는 과잉축적은 해로울 수 있으므로 유의해야 한다.

2/ 수유기의 영양관리

과거에는 모유영양이 아이를 양육하는 유일한 방법이었다. 그러나 우유나 조제유가 보급되고 인공수유가 증가하면서 한때 인공수유가 모유영양보다 위생적이고 편리한 양육법으로 알려지기도 했다. 현재는 모체가 질병이나 정신장애를 가지고 있거나 혹은 약물중독이 있는 경우를 제외하고는 모유가 어린이에게 가장 좋은 음식이라는 데 모두가 동의하고 있으며 모유수유율을 증가시키기 위한 노력들을 하고 있다.

1) 모유수유의 현황

세계보건기구는 생후 6개월까지 완전 모유수유를 권장하고 있다. 우리나라의 경우 1970년대의 모유수유율은 90% 수준이었으나, 이후 조제 분유가 시장에 등장하면서 모유수유율이 급격히 감소하였다. 최근 20년간 우리나라 수유부의 출산 후 6개월 완전 모유수유율은 2006년 14.1%, 2009년 13.6%, 2012년 11.4%, 2015년 9.4%, 2018년에는 2.3%로 계속 감소하고 있는 추세이다(한국보건사회연구원 전국 출산력 및 가족 보건복지 실태조사 자료). 2018년도의 조사에서 생후 1개월의 완전모유수유율은 36.6%, 생후 4개월은 26.4%인 데 반해 생후 6개월의 완전모유수유율은 2.3%로 현저하게 낮게 나타나는데, 이는 생후 4~5개월 이후 이유보충식을 시작하기 때문에 생후 6개월의 완전모유수유율이 급속히 줄어든 것으로 사료된다. 실제로 생후 6개월에 부분적으로 모유수유를 하는 영아들의 비율을 더하면 모유수유를 하는 전체 영아의 비율은 44.5% 정도이다.

2) 수유의 형태

(1) 유방의 구조와 성숙

성인 여성의 유방은 분비조직, 지방조직 및 섬유조직으로 이루어져 있다. 분비조직은 여러 개의 소엽으로 이루어져 있고 소엽 안에는 유즙을 분비하는 유포가 포도송이 모양으로 모여 있다(그림 3-5). 유포에서 만들어진 유즙은 유관을 따라 흘러나와 유두를 통해 분비된다. 임신이 진행되면서 에스트로겐과 프로게스테론 등의 호르몬 분비 증가에 의해 유선조직이 발달하고 그 결과 유방의 무게도 평소의 2~3배로 증가한다. 분만 후에는 에스트로겐과 프로게스테론의 양이 급속히 감소하는 반면 프로락틴의 분비는 증가한다.

(2) 모유의 생성과 분비

출산 후 모체는 다량의 프로락틴을 생성하는데 이 호르몬이 모유 생성을 촉진한다. 모유의 생성과 분비과정은 아기가 젖을 빠는 흡인력과 호르몬 및 신경반사가 관여하는 복잡한 과정이다. 아기가 젖을 빨면 유두의 신경자극이 어머니의 뇌로 전달되어 모유의 생성 및 분비를 일으킨다. 이를 일명 흘러내림 반사(let-down reflex)라고 한다(그림 3-5). 아기가 젖을 빠는 자극이 뇌하수체 전엽에 전달되면 프로락틴 분비를 자극하여 유포세포에서 모유생성이 촉진되는 한편, 뇌하수체 후엽에서는 옥시토신 분비를 자극하여 유관 주위의 근육을 수축시켜, 생성된 모유가

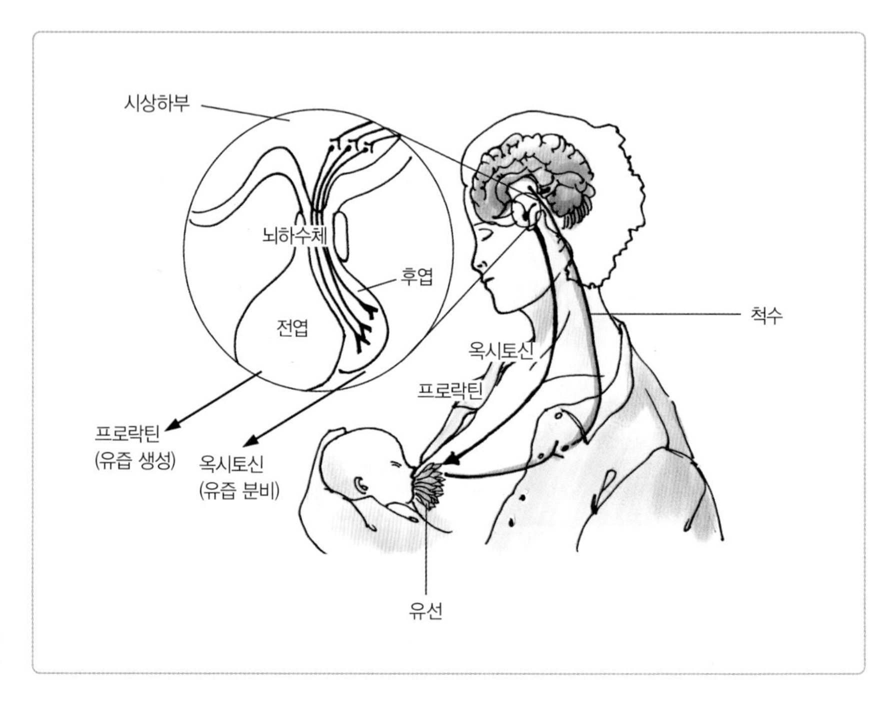

그림 3-5
흘러내림 반사

유두를 통해 쉽게 분비되도록 한다. 이러한 흘러내림 반사는 유두에 통증이 있거나 피로, 스트레스에 쉽게 영향을 받으므로 이를 조심해야 한다.

잠깐! 알아봅시다 **모유수유의 장점**

모유는 생후 4~6개월까지 아기의 성장에 꼭 맞게 이루어져 있다. 철, 비타민 D 및 불소는 다소 부족하지만 실용적인 면이나 생리적인 측면에서 더 많은 장점이 있다.

유아의 질병 감염률 감소

모유에는 면역 글로블린(IgA) 등을 포함한 다양한 면역성분이 함유되어 있어 모유를 먹는 영아는 인공영양아에 비해 병에 대한 저항성이 더 높고 감염성 질환에 걸릴 확률이 낮다. 또한 모유영양아의 장내에는 초산 및 유산을 생성하는 비피더스균이 훨씬 많아 장내 환경이 산성으로 유지되어 병원성 미생물의 번식을 막아주는 데 비해 인공영양아의 경우 장 내에서 비피더스균보다 호기성균이나 유해균이 더 많이 검출된다.

알레르기 감소

모유수유를 하면 알레르기 발생률이 감소된다. 우유에는 강력한 알레르기 유발 단백질이 다량 함유되어 있으나 모유에는 이런 단백질이 없다. 모유수유 아동보다 인공영양아에게서 아토피 발생률이 높으며, 모유수유는 유아의 조제유에 대한 과민반응도 방지할 수 있다.

간편성과 경제성

모유수유는 조제유를 사고 병을 소독하는 데 드는 시간과 돈을 절약해주어 경제적이다. 모유는 항상 살균되어 있고 조제할 필요도 없기 때문에 엄마는 아기를 돌보는 데 더 많은 시간을 할애할 수 있다.

출산 후 체중 감소 및 산후 회복 촉진

모유를 만드는 데 필요한 에너지를 생성시키기 위해 모체 체지방이 연소되므로 산모의 체중 감소에 유리하다. 아기가 젖을 빠는 동안 모체의 뇌에서 분비되는 호르몬인 옥시토신에 의해서 자궁 수축이 촉진되므로 산후 회복에도 도움이 된다.

자연 피임 및 유방암 발생률 감소

수유 시에 분비되는 호르몬인 프로락틴은 배란을 억제하는 작용을 하여 모유수유 동안에는 피임효과가 있다. 모유를 먹인 여성은 모유수유를 하지 않은 여성보다 유방암 발생률이 낮다.

(3) 모유 분비량

모유는 수유 초기에 매우 적은 양이 분비되다가 차츰 증가하여 2~3개월 정도 경과하면 분비량이 최고치에 달한다. 수유부는 자신의 젖이 부족할까 걱정하지만 하루에 6회 이상 기저귀를 적시고 정상 성장을 하고, 겨자색의 대변을 하루 1~2회 보며, 유방이 수유기간 동안 물렁해진다면 젖의 양은 충분하다고 보아도 좋다. 모유는 수유부의 영양상태가 양호하다면 모유는 하루 약 780mL 정도가 나온다.

3) 모유의 종류

모유는 유당, 단백질, 지방, 비타민, 무기질 그리고 다양한 성분으로 이루어져 있다. 모유의 조성은 우유와 다르다. 적어도 생후 1년까지는 유아에게 적합하게 변형시키지 않는 한 시판 생우유를 그대로 먹여서는 안 된다. 모유를 먹일 수 없는 입장이라면 조제유를 먹이는 것이 바람직하다. 우유 또는 유아용 조제유에서는 볼 수 없는 모유 중의 일부 성분은 유아에게 매우 유익하다. 특히 초유와 성숙유의 성분이 다르고 모유의 성분은 아기의 성장에 따라 변화한다. 따라서 초유는 반드시 먹이는 것이 좋다.

(1) 초유

산후 2~3일 동안 모체의 유방에서 처음 만들어지는 젖을 초유라고 하는데 노란색의 진한 액체이다. 초유는 성숙유에 비해 단백질 함량이 높고 지방과 유당의 함량이 적어 에너지 함량이 낮다. 그러나 베타카로틴 함량이 높아서 노란색을 띠며 나트륨, 염소, 칼륨 등의 무기질이 성숙유보다 많이 함유되어 있다. 초유에는 질병으로부터 아기를 보호할 수 있는 면역물질이 많이 함유되어 있어서 아기를 호흡기계와 소화기계 질병으로부터 보호해준다. 또 태변 배설을 도와주고 장을 튼튼하게 해준다.

(2) 성숙유

- **단백질** 모유 속의 단백질인 락토알부민은 영아의 위 속에서 부드럽게 응고되고 소화가 잘된다. 락토페린은 박테리아의 성장을 감소시키며 면역글로불린과 같은 면역반응을 일으키기 위한 중요한 단백질들을 함유하고 있다. 그리고 모유단백질의 아미노산 조성은 아기의 성장과 발달에 가장 이상적인 형태이다. 지방 소화에 유익한 타우린과 합성이 잘 안 되는 시스테인의 함량은 높고, 대사능력이 떨어지는 페닐알라닌의 함량은 낮아 매우 유리한 조성을 보인다.
- **지방** 모유성분 중에 지방은 총 열량의 40~50%를 차지한다. 모유는 주된 에너지원이 될 뿐 아니라 필수지방산, 지용성비타민 및 콜레스테롤의 주요 공급원이 된다.
- **탄수화물** 모유 내 주요 탄수화물은 락토스(유당)이다. 유당은 산 생성 박테리아의 성장을 촉진하여 장내에 산성조건을 조성하고 신경조직 합성에 필요한 갈락토스를 공급해준다. 유당은 다른 단당류에 비해 소장에서 천천히 흡수되어 장내 이로운 미생물의 발육을 조장하고 해로운 세균의 성장을 억제시키며 칼슘, 인, 마그네슘, 철의 흡수를 돕는다.
- **비타민과 무기질** 모유에는 비타민 A와 베타카로틴이 많이 들어 있는데 수유부의 식사내용에 따라 함량이 달라진다. 모유에는 비타민 D도 일부 함유되어 있으나 유아가 충분한 일광욕을 못할 경우 비타민 D의 보충이 필요하다. 또한 모유에는 칼륨, 칼슘, 인, 나트륨 등 다량의 무기질이 충분히 들어 있으나 철, 구리, 망간 등 혈구 생성에 필요한 미량 무기질의 함량이 낮아 장기 수유할 경우 빈혈에 걸릴 수도 있으므로 생후 4~5개월 경부터는 철을 보충해주는 것이 좋다.

4) 수유부의 영양섭취기준

수유부는 모유의 생성과 분비는 물론이고 육아와 일상적인 가사까지 분담하는 경

표 3-3 한국 수유부의 1일 영양소 섭취기준

영양소	섭취기준				
	필요추정량	평균필요량	권장섭취량	충분섭취량	상한섭취량
에너지(kcal)	+340				
탄수화물(g)		+60	+80		
단백질(g)		+20	+25		
칼슘(mg)		+0	+0		2,500
철(mg)		+0	+0		45
아연(mg)		+4.0	+5.0		35
비타민 A(㎍ RE)		+350	+490		3,000
비타민 D(㎍)				+0	100
티아민(mg)		+0.3	+0.4		
리보플라빈(mg)		+0.4	+0.5		
니아신(mgNE)		+2	+3		35/1,000
비타민 B_6(mg)		+0.7	+0.8		100
엽산(㎍ DFE)		+130	+150		1,000
비타민 C(mg)		+35	+40		2,000

니코틴산/니코틴아미드

자료 : 한국영양학회, 한국인 영양소 섭취기준, 2020.

우가 많으므로 임신기에 비해 더 많은 에너지 및 영양소의 섭취가 필요하다. 모유 생성을 위해서는 충분한 수분 섭취가 필요하고, 알코올성 음료 섭취와 흡연은 모유분비량을 감소시킨다.

모유 생성에는 하루 약 750kcal가 소요되지만 수유 동안 하루 340kcal를 추가로 공급하는 것이 권장된다(표 3-3). 이는 임신기간 동안 과잉 축적된 지방을 감소시키기 위해 적합한 양이다. 체중감소율은 한 달에 0.5~1kg 정도가 적합하며 급격한 다이어트는 모유 생성에 좋지 않다. 엄마가 소화·흡수시킨 대부분의 성분은 모유를 통해 분비된다. 따라서 카페인 섭취를 제한하고 약물은 의사와 상의해 복용한다.

5) 임신 · 수유부를 위한 식사구성안*

우리나라의 임신·수유부를 위한 식사구성안은 한국인 영양섭취기준(한국영양학회, 2015)과 임신·수유부를 위한 식생활지침(보건복지부, 2010, 그림 3-6)을 토대

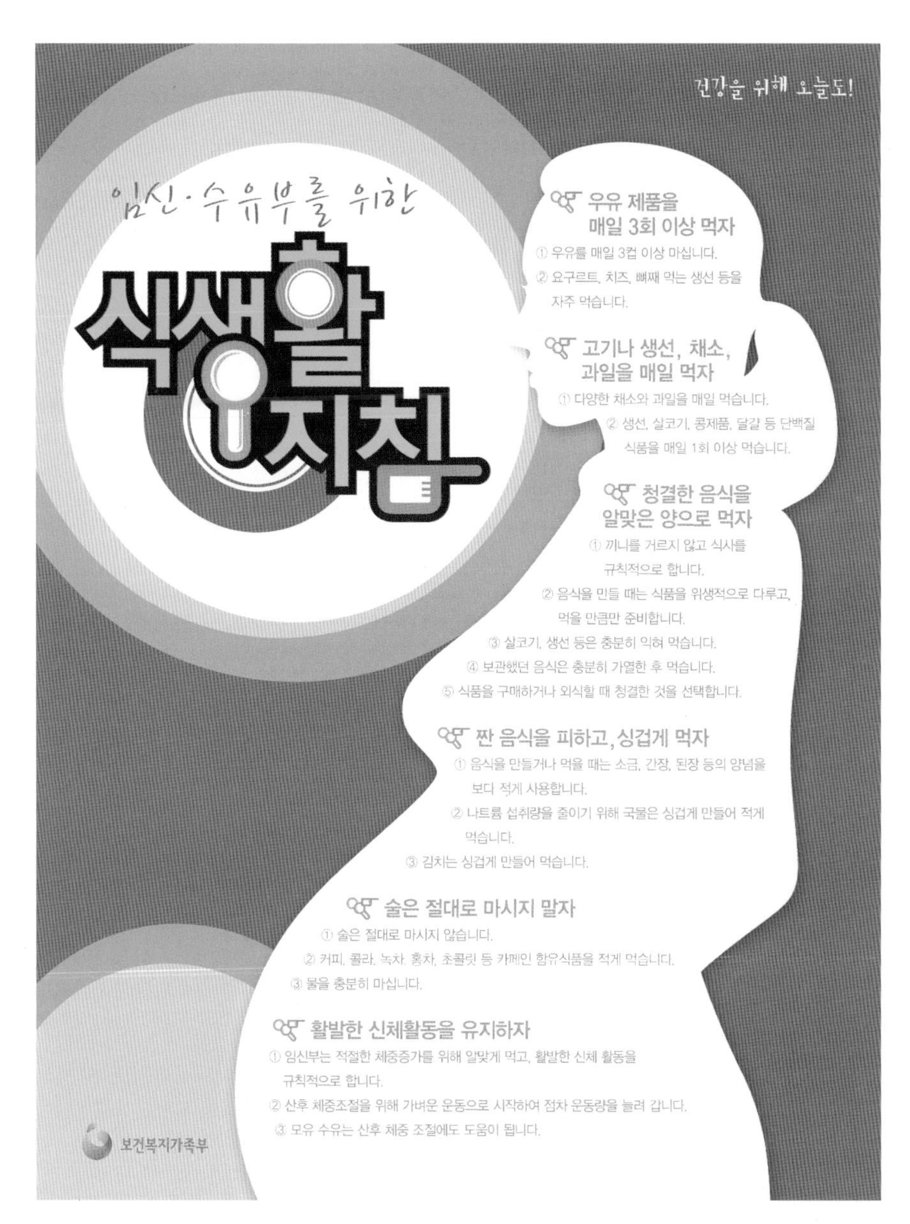

그림 3-6
임신·수유부를 위한 식생활지침

자료 : 보건복지부, 2010.

로 구성되었다. 비임신 성인 여성의 경우 에너지 기준량이 1,900~2,000kcal인데, 임신 초기에는 여기에 우유 1잔 섭취를 추가로 권장해서 2,000kcal를 기준에너지로 제시하고 있다. 임신 중기와 후기 및 수유기는 각각 이 시기의 에너지 추가권장량을 더하여서 임신 중기 2,340kcal, 임신 후기 2,450kcal, 수유기 2,340kcal을 기준에너지로 제시하였다(표 3–4).

임신 초기에는 비임신기보다 우유 1잔을 추가로 섭취할 것을 권장하고, 임신 중기에는 초기보다 곡류군 0.5단위, 고기·생선·계란·콩류 1단위, 과일 1단위, 그리고 우유를 1단위 추가로 섭취할 것을 권장한다. 임신 후기의 경우 임신 중기보다 단백질 식품군을 1단위 더 섭취할 것을 권장하고 있고, 수유기에는 임신 중기와 권장에너지가 같아서 임신 중기와 같은 식사구성안을 권장하고 있다. 임신·수유부를 위한 권장식사패턴은 표 3–4와 같다.

표 3–4 임신·수유부를 위한 권장식사패턴

식품군 \ 대상	임신 초기 2,000(kcal)	임신 중기 2,340(kcal)	임신 후기 2,450(kcal)	수유기 2,340(kcal)
곡류	3	3.5	3.5	3.5
고기·생선·계란·콩류	4	5	6	5
채소류	7	7	7	7
과일류	2	3	3	3
우유 및 유제품류	2	3	3	3
유지·당류	4	4	4	4

* 장남수, 식약처 연구용역보고서 "임신부를 위한 건강레시피" 2012의 일부 내용

임신·수유부의 권장식사 패턴에 따라 작성한 1일 대표 식단은 표 3-5~12와 같다.

표 3-5 초기 임신부를 위한 식품 구성의 예

임신 초기(2,000kcal) 식단

식단 / 식품군별 권장횟수		아침	점심	저녁	간식
		녹두잣죽 닭가슴살느타리버섯볶음 메밀묵무침 나박김치 오이소박이	국수장국 무쌈말이 (쇠고기양지편육) 양상추과일샐러드 배추김치	콩나물밥(콩나물, 돼지고기) 모시조개국 삼치유자구이 시금치두부무침 깍두기	찹쌀떡 저지방우유 1컵 오렌지주스 1/2컵
곡류	3회	녹두, 쌀 45g(0.5) 메밀묵 70g(0.5)	국수 50g(0.5)	쌀 90g(1)	찹쌀떡 65g(0.5)
고기·생선·계란·콩류	4회	닭가슴살 60g(1)	양지 60g(1)	돼지고기 + 모시조개(0.5) 삼치 50g(1) 두부 40g(0.5)	
채소류	7회	느타리 30g(1) 깻잎, 상추 35g(0.5) 나박김치 30g(0.5) 오이소박이 30g(0.5)	무쌈 35g(0.5) 무순, 새싹, 파프리카, 오이 70g(1) 양상추 35g(0.5) 배추김치 35g(0.5)	콩나물 35g(0.5) 시금치 70g(1) 깍두기 20g(0.5)	
과일류	2회		사과 50g(0.5) 오렌지 50g(0.5)		오렌지주스 100mL(1)
우유·유제품류	2회		요구르트(드레싱)		저지방우유 1컵 (200mL)

표 3-6 초기 임신부를 위한 식단의 예

구분	식단	식단 사진	
		식사	간식
아침	녹두잣죽 닭가슴살느타리버섯볶음 메밀묵무침 나박김치 오이소박이		

(계속)

구분	식단	식단 사진	
		식사	간식
점심	국수장국 무쌈말이(쇠고기양지편육) 양상추과일샐러드 배추김치		
저녁	콩나물밥(콩나물, 돼지고기) 모시조개국 삼치유자구이 시금치두부무침 깍두기		

표 3-7 중기 임신부를 위한 식품 구성의 예

임신 중기 식단(2,340kcal)

식품군별 권장횟수 \ 식단		아침	점심	저녁	간식
		현미밥 미역오이냉국 연두부계란찜 쇠고기가지볶음 취나물된장무침 배추김치	흑미밥 근대된장국 고등어카레구이 단호박조림 양배추대추채무침 열무물김치	보리밥 쇠고기표고버섯전골 비름나물 밤콩조림 오렌지상추샐러드 깍두기	저지방우유 2컵 멜론요거트스무디 1컵 귤100g (1)
곡류	3.5회	현미, 쌀 90g(1)	흑미 90g(1)	보리, 쌀 90g(1) 밤 30g(0.5)	
고기·생선·계란·콩류	5회	연두부 40g(0.5), 계란 60g(1) 쇠고기 30g(0.5)	고등어 60g(1)	쇠고기 60g(1) 검정콩 20g(1)	
채소류	7회	미역, 오이 30g(0.5) 가지 35g(0.5) 취나물 35g(0.5) 배추김치 35g(0.5)	근대 30g(0.5) 단호박 60g(1) 양배추 35g(0.5) 열무물김치 35g(0.5)	버섯 15g(0.5) 비름 70g(1) 상추 35g(0.5) 깍두기 35g(0.5)	

(계속)

식단 식품군별 권장횟수		아침	점심	저녁	간식
		현미밥 미역오이냉국 연두부계란찜 쇠고기가지볶음 취나물된장무침 배추김치	흑미밥 근대된장국 고등어카레구이 단호박조림 양배추대추채무침 열무물김치	보리밥 쇠고기표고버섯전골 비름나물 밤콩조림 오렌지상추샐러드 깍두기	저지방우유 2컵 멜론요거트스무디 1컵 귤100g(1)
과일류	3회		대추 20g(0.5)	오렌지 50g(0.5)	멜론 100g(1) 귤 100g(1)
우유· 유제품류	3회				저지방우유 2컵 (400mL) 요구르트 1개(1)

표 3-8 중기 임신부를 위한 식단의 예

구분	식단	식단 사진	
		식사	간식
아침	현미밥 미역오이냉국 연두부계란찜 쇠고기가지볶음 취나물된장무침 배추김치		 
점심	흑미밥 근대된장국 고등어카레구이 단호박조림 양배추대추채무침 열무물김치		
저녁	보리밥 쇠고기표고버섯전골 비름나물 밤콩조림 오렌지상추샐러드 깍두기		

표 3-9 후기 임신부를 위한 식품 구성의 예

임신 후기 식단(2,450kcal)

식품군별 권장횟수 \ 식단		아침	점심	저녁	간식
		팬케이크 브로콜리크림수프 계란오믈렛 토마토해물샐러드 (양상추파프리카) 오렌지주스	산채비빔밥 콩나물국 갈치생강구이 과일호두샐러드 배추김치	완두콩밥 시래기된장국 돼지고기보쌈 양배추/다시마쌈 연근전 무김치	고구마바나나버무리 저지방우유 오렌지주스
곡류	3.5회	밀가루 90g(1)	보리, 쌀 90g(1)	수수, 쌀 90g(1)	고구마 130g(0.5)
고기·생선·계란·콩류	6회	새우 40g(0.5) 오징어 40g(0.5) 계란 90g(1.5)	쇠고기 60g(1) 갈치 60g(1) 호두 10g(0.5)	돼지고기 100g(1.5) 완두콩 10g(0.5)	
채소류	7회	브로콜리 35g(0.5) 토마토 35g(0.5) 양상추 35g(0.5) 파프리카 35g(0.5)	산채나물 70g(1) 콩나물 30g(0.5) 배추김치 35g(0.5)	시래기 35g(0.5) 양배추/다시마쌈 70g(1) 연근 40g(1) 무김치 20g(0.5)	
과일류	3회		과일(사과, 복숭아) 100g(1)		바나나 100g(1) 오렌지주스 1/2컵(1)
우유·유제품류	3회	저지방우유 1컵	요구르트 1개(1)		저지방우유 1컵

표 3-10 후기 임신부를 위한 식단의 예

구분	식단	식단 사진	
		식사	간식
아침	팬케이크 브로콜리크림수프 계란오믈렛 토마토해물샐러드 (양상추파프리카) 오렌지주스		
점심	산채비빔밥 콩나물국 갈치생강구이 과일호두샐러드 배추김치	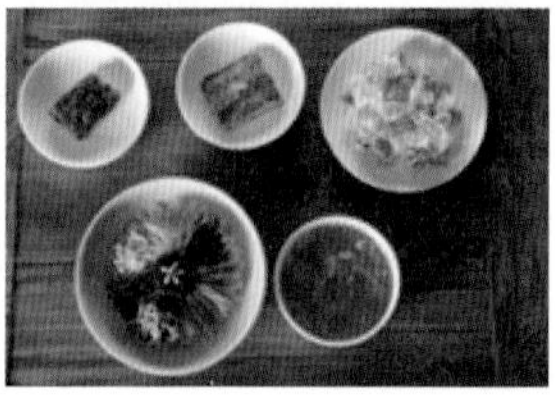	

(계속)

구분	식단	식단 사진	
		식사	간식
저녁	완두콩밥 시래기된장국 돼지고기보쌈 양배추/다시마쌈 연근전 무김치		

표 3-11 수유부를 위한 식단 구성의 예

수유기 식단(2,340kcal)

식단 / 식품군별 권장횟수		아침	점심	저녁	간식
		찰밥 쇠고기미역국 가자미찜 무숙채 백김치	전복삼계탕 버섯떡볶음 다시마채무침 나박김치	팥밥 아욱된장국 떡갈비 청경채나물 오이상추샐러드 물김치	밤단호박죽 저지방우유 2컵 치즈케이크 귤 바나나 오렌지주스
곡류	3회	쌀, 찹쌀90g(1)	찹쌀 40g(0.5) 흰떡 65g(0.5)	쌀, 팥 90g(1)	밤단호박죽
고기·생선·계란·콩류	4회	쇠고기 30g(0.5) 가자미 60g(1)	닭 120g(2) 전복 40g(0.5)	쇠고기 60g(1)	
채소류	7회	미역 15g(0.5) 호박고지 20g(1) 무 30g(0.5) 백김치 30g(0.5)	버섯(표고, 새송이, 피망) 35g(0.5) 다시마 30g(1) 백김치 30g(0.5)	아욱 35g(0.5) 청경채 35g(0.5) 오이, 상추 60g(1) 물김치 30g(0.5)	
과일류	2회				귤 100g(1) 바나나 100g(1) 오렌지주스 1/2컵(1)
우유·유제품류	2회				저지방우유 2컵 (400mL) 치즈케이크 50g(1)

표 3-12 수유부를 위한 식단의 예

구분	식단	식단 사진	
		식사	간식
아침	찰밥 쇠고기미역국 가자미찜 무숙채 백김치		
점심	전복삼계탕 버섯떡볶음 다시마채무침 나박김치		
저녁	팥밥 아욱된장국 떡갈비 청경채나물 오이상추샐러드 물김치		

3/ 영아기의 영양관리

영아기는 생후 1세까지의 시기로 일생 중 성장과 발달 속도가 가장 빠르다. 신체 내 각 장기와 기관은 성인에 비해 미성숙하며 병균에 대한 저항력과 환경에 대한 적응력이 매우 낮고, 소화 흡수기능도 미숙하다. 정상적인 성장과 발달을 위해 단위 체중당 영양 요구량이 높기 때문에 부족 시 미래의 건강에까지 영향을 주게 된다. 신체 및 정신의 성장과 발달과정의 속도는 어린이에 따라 개인차가 있으므로 잘 자라고 정상적인 기능을 계속하는 한 건강한 상태라고 볼 수 있다.

1) 아기의 발달

(1) 신체 발달

건강한 신생아는 생후 6개월이 되면 체중이 출생 시의 2배가 되고 생후 1년이면 3배로 증가한다. 출생 직후 남아의 머리둘레는 약 34cm인데 1년 동안 약 12cm가량 증가하며 이후 머리둘레 증가속도는 점차 감소한다. 체중과 신장이 증가하면서 신체 비율도 달라져 출생 시에는 머리가 몸 전체의 1/4 정도이지만 시간이 경과하면서 머리의 상대적 비율이 감소하고 몸통과 다리가 차지하는 비율이 증가한다.

신장과 체중의 증가와 함께 수분, 무지방 신체질량, 지질 등 체성분 조성에 변화가 생긴다. 총 수분의 함량은 출생 시 70%에서 생후 1년이 되면 60%로 감소하는데 주로 세포외액의 감소가 일어난다. 무지방 신체질량은 총 수분량이 감소하면서 증가하여 생후 1개월 12.5%에서 생후 1년이 되면 남아는 17%, 여아는 16.7%로 증가한다. 출생 시 약 16%였던 총 지방량은 생후 2~6개월이면 근육의 증가량보다 약 2배 이상 증가하며 생후 9개월까지 빠르게 증가하고, 생후 1년 이후부터 유아기까지 천천히 감소한다. 체지방의 축적에는 성별의 차이가 있어 여아가 남아보다 축적량이 많다.

성장은 영양상태, 건강상태, 기타 환경요인을 파악하는 데 중요한 지표가 된다. 그러나 건강한 아기의 성장패턴은 다양하여 체중 증가 속도가 일정치 않다. 아플 때, 이가 나기 시작할 때, 먹는 자세가 불편할 때, 주변 환경이 불안정할 때 성장속도에 영향을 받기 때문이다. 그러나 전반적인 성장패턴을 바탕으로 영양상태를 구분할 수 있어 체중이나 신장, 머리둘레의 변화가 없거나 체중이 계속 감소하면 발달 지연으로 판정한다.

성장 발육을 판단하는 지표로는 신장, 체중, 두위의 표준치를 제시하고 있는 한국 소아 발육 표준치와 신체 발육 정도를 같은 성이나 연령층에서 영아의 발육 정도가 몇 번째에 해당하는지를 알 수 있는 백분위를 사용한다. 10백분위 이하는 수척, 85~90백분위는 과체중, 90백분위 이상은 비만으로 간주하며 발육 이상의 경계선으로 판정한다(그림 3-7~8).

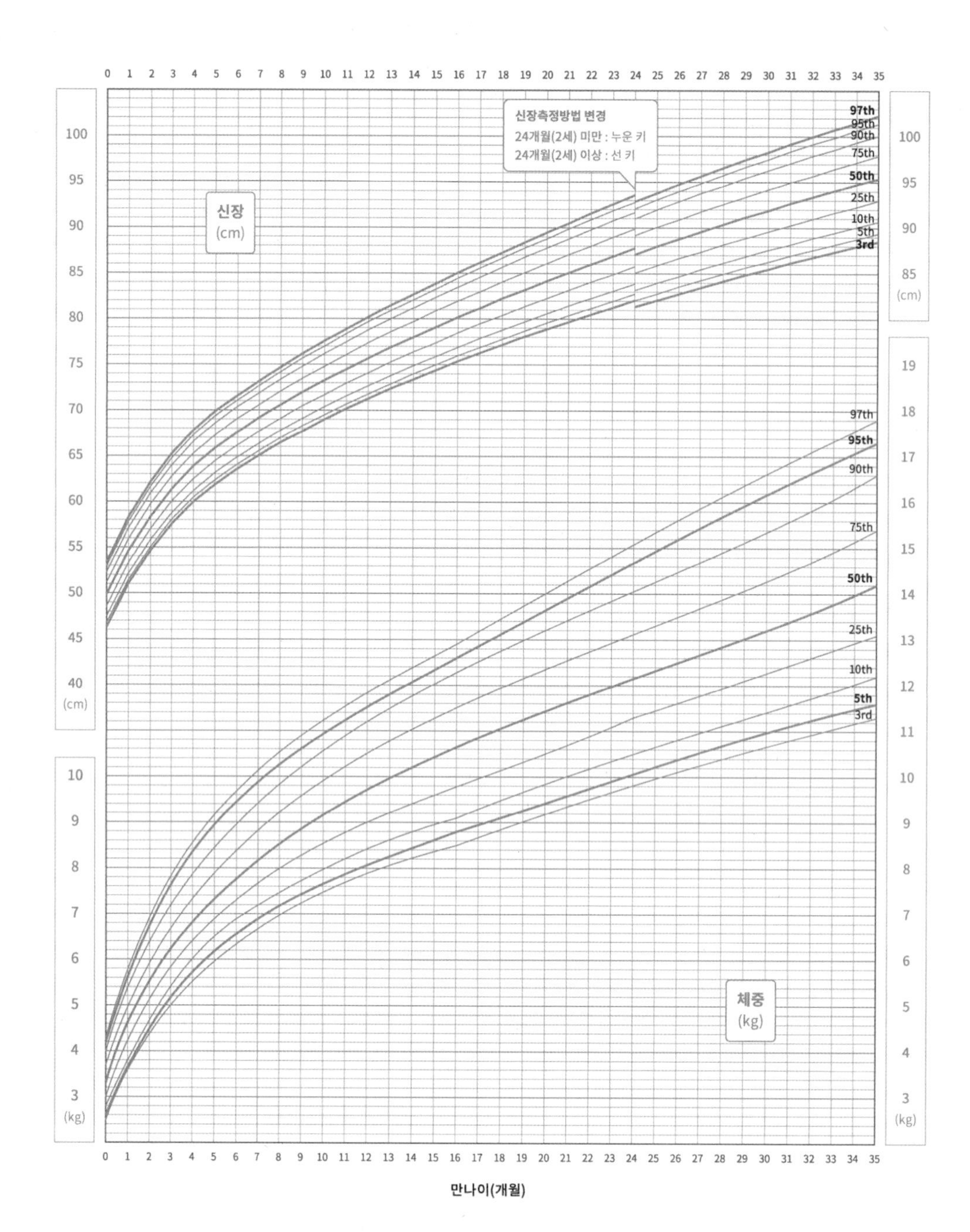

그림 3-7

신장 및 체중의 성장도표(남아, 0~35개월 백분위수)

자료 : 질병관리본부, 2017 소아·청소년 표준 성장도표.

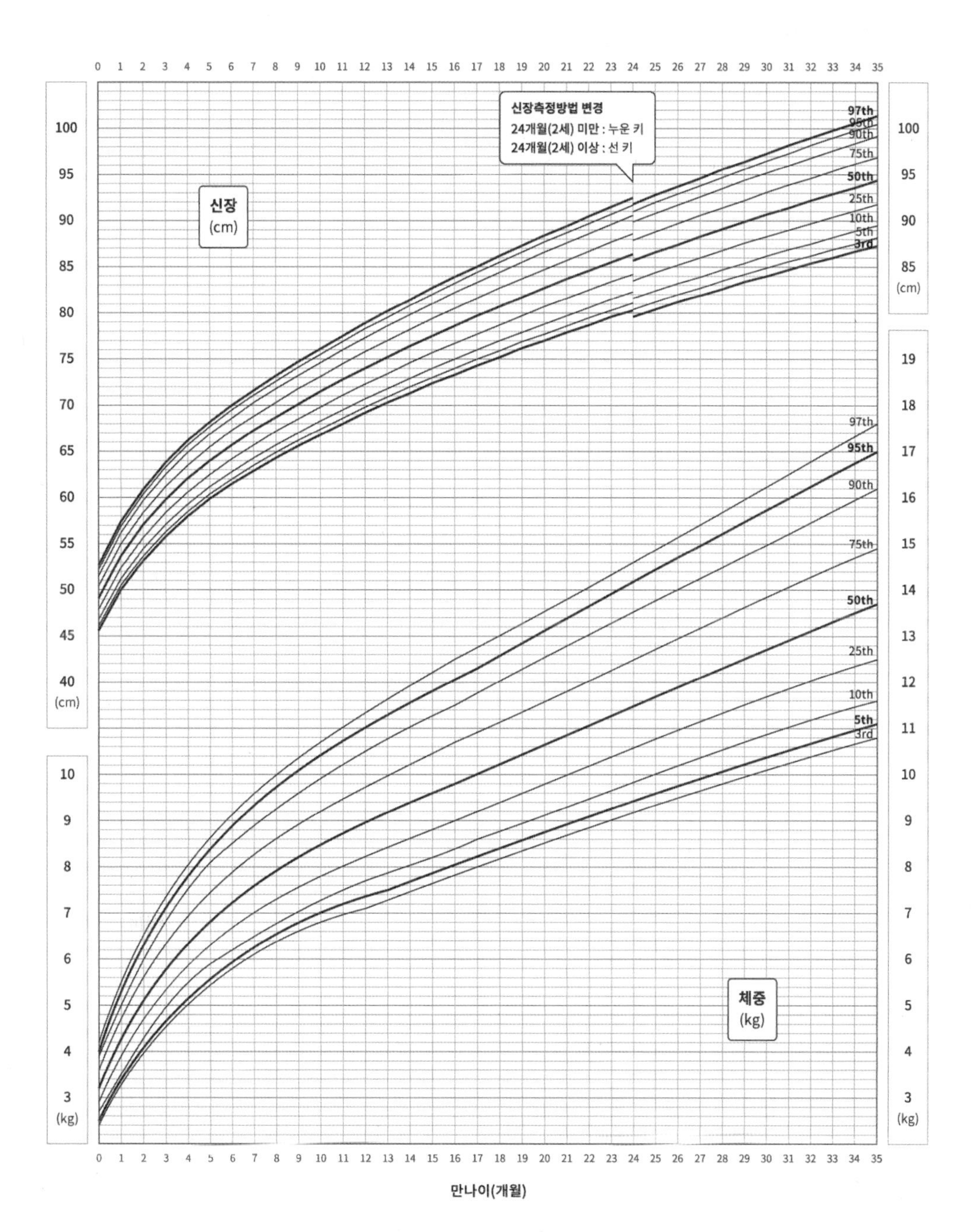

그림 3-8

신장 및 체중의 성장도표(여아, 0~35개월 백분위수)

자료 : 질병관리본부, 2017 소아·청소년 표준 성장도표.

(2) 기능 발달

영아 발달을 판정할 수 있는 지표로 운동능력, 지적 능력, 감각기능, 신체기관의 기능 발달을 들 수 있으며 월령에 따른 발달 단계는 그림 3-9와 같다. 운동능력의 발달과 영양섭취는 상호작용을 하며, 운동능력 발달은 섭식기능에 영향을 주고, 섭취하는 영양소는 영유아의 신체적 활동에 영향을 준다. 또 인지발달과 감각기능의 발달은 유전과 환경요인에 의해 영향을 받는다. 특히 영아기는 식품에 대한 조직감, 맛, 냄새, 색채, 형태에 대한 감각기능이 발달하기 때문에 바람직한 식습관과 식생활이 확립될 수 있는 시기이기도 하다.

장기능은 개인차가 있으나 일반적으로 생후 6개월경에 성숙된다. 신생아는 위의 용량이 10~12mL이나 생후 1년이면 200mL로 증가한다. 출생 직후 위액은 약 알칼리성이나 24시간 이내에 산 분비가 최대로 증가하다가 그 후 감소하여 생후 몇

그림 3-9
월령에 따른 발달 단계

달 동안은 성인보다 낮은 산도를 유지한다. 신생아의 소화효소 분비능력은 탄수화물 분해효소인 말테이스, 아이소말테이스, 수크라아제, 락타아제는 일찍부터 발달하나 췌장 아밀라아제는 생후 4개월 이상이 되어야 나타나며 영아의 타액 아밀라아제는 일찍부터 발달하여 생후 6개월~1년에 성인수준까지 도달한다. 따라서 전분은 적은 양만 소화시킬 수 있으므로 전분은 생후 2~3개월이 지난 다음 첨가하는 것이 바람직하다. 단백질분해효소나 지방분해효소는 각각 성인에 비해 낮으므로 영아의 소화능력에 맞추어 영양을 섭취시켜야 한다. 표 3-13에 출생 시 존재하는 소화효소를 나타내었다. 때때로 영아는 장 기능의 미숙으로 위식도 역류, 원인불명의 설사, 변비와 같은 증세를 겪으나 소장이 영양소를 흡수하는 기능의 발달에는 영향을 주지 않는다. 오히려 영아가 섭취하는 식품이나 액체의 삼투압이나 체액 평형이 맞지 않을 때, 장내 세균에 의한 문제가 더 많이 발생한다.

신장은 성인에 비해 크기가 작고 기능면에서 네프론과 세뇨관이 미성숙하고 항

표 3-13 출생 시 존재하는 소화효소

효소명	성인의 백분율(%)
수소이온(H+)	< 30
펩신(pepsin)	< 10
키모트립시노겐(chymotrypsinogen)	10~60
프로카복시펩티데이스(procarboxypeptidase)	10~60
엔테로키네이스(enterokinase)	10
펩티데이스(peptidase)	> 100
지질분해효소 • 구강 라이페이스(lipase) • 췌장 라이페이스(lipase)	 > 100 5~10
담즙산	50
탄수화물분해효소 • 췌장 아밀라아제(amylase) • 구강 아밀라아제(amylase) • 락타아제(lactase) • 수크라아제(sucrase) • 글루코아밀라아제(glucoamylase)	 0 10 > 100 100 50~100

자료 : Lebenthal E et al, Pedlatr Ann 16: 215, 1987.

이뇨호르몬의 분비량도 적어 사구체 여과율이 낮다. 요를 농축시킬 수 있는 능력이 700mOsm/L로 성인의 요농축능력(1,200~1,400mOsm/L)의 1/2 정도밖에 되지 않는다. 따라서 약간의 수분 섭취 제한이나 구토, 설사, 고온 등의 상황에서 수분 불균형이 일어나기 쉽다. 특히 체중당 체표면적이 성인의 3배에 가까우며 이로 인해 영아는 피부를 통한 수분 손실이 성인에 비해 크므로 탈수가 일어나지 않도록 적절한 수분 공급이 중요하다.

2) 아기에게 필요한 영양소

(1) 에너지와 다량영양소

영아기의 단위 체중당 에너지와 단백질 필요량은 생의 어느 시기보다 많다. 각 영아의 에너지 필요량은 체중 1kg당 약 80kcal/일 정도이며, 단백질 권장섭취량은 6~11개월 영아의 경우 체중 1kg당 약 2.2g/일이다(표 3-14). 단백질은 영아의 체조직 합성, 면역기능 증가, 각종 효소의 생성, 체내 단백질 합성, 호르몬 생성 및 기타 중요한 체내 물질의 합성에 필요하며 그 필요량은 체중, 성장속도, 수면/활동주기, 체온, 기온, 활동량, 건강상태, 질병 여부에 따라 다르다. 모유는 영아가 필요로 하는 영양소의 요구를 맞출 수 있으나 인공영양아의 경우 조제유의 조성, 섭취량에 따라 부족하거나 과잉으로 섭취할 수 있다. 영아의 에너지와 다량영양소 권장량은 표 3-14에 제시하였다.

표 3-14 영아의 에너지와 다량영양소 권장섭취량

연령(개월)	에너지(kcal)	탄수화물(g)[2]	단백질(g)	지방(g)[2]
0~5	550[1]	60	10[2]	25
6~11	700[1]	90	15[3]	25

1) 필요추정량
2) 충분섭취량
3) 권장섭취량
자료 : 한국영양학회, 2020 한국인 영양소 섭취기준.

(2) 비타민과 무기질

대부분의 비타민은 태반을 통과할 수 있어서 모체 조직보다 태아의 조직 내 농도가 높고, 모유나 우유에 충분히 함유되어 있어 모유수유를 하거나 조제유를 1일 780mL 정도 섭취하면 큰 문제가 없다. 우유는 모유에 비해 칼슘을 3배 많이 함유하고 있으나 이용률이 50~60%로 60~70%인 모유영양아에 비해 낮다. 정상적인 모유영양아의 경우 1일 210mg 정도 섭취해야 하는데 모유의 칼슘 농도가 270mg/L이고, 1일 모유 분비량이 660~800mL이므로 칼슘 공급량은 충분하다. 철은 모유, 우유 모두 보유 함량이 부족하고 흡수율도 모유 50%, 우유 10% 정도이므로 철이 풍부한 식품을 초기부터 첨가해야 하므로 생후 4~5개월경에는 계란노른자, 녹색채소, 육류, 농축 강화곡류 등을 이용할 수 있다. 그러나 자칫 철을 과잉 섭취할 위험이 있으므로 영아용 식품에 철을 첨가할 때는 신중해야 한다.

표 3-15 영아의 비타민과 무기질 충분섭취량

구분	0~5개월[4]	6~11개월
비타민 A(μg RAE)[1]	350	450
비타민 D(μg)	5	5
비타민 E(mgα-TE)[2]	3	4
비타민 C(mg)	40	55
티아민(mg)	0.2	0.3
리보플라빈(mg)	0.3	0.4
니아신(mgNE)[3]	2	3
비타민 B_6(mg)	0.1	0.3
엽산(μg DFE)	65	90
칼슘(mg)	250	300
철(mg)	0.3	6[5]

1) RAE=retinol activity equivalent
2) α-TE=α-tocopherol equivalent
3) NE=niacin equivalent
4) 0~5개월 영아의 비타민과 무기질 충분섭취량은 모유를 통해 섭취하는 양임
5) 권장섭취량
자료 : 한국영양학회. 2020 한국인 영양소 섭취기준.

3) 아기의 식사

(1) 영아 초기

■ **모유영양**

한국소아과학회와 한국영양학회는 생후 4~6개월까지는 모유영양을 통해 영아에게 필요한 영양을 공급하고, 생후 1년까지 모유영양을 지속하면서 보충식과 이유식을 병행할 것을 권장한다. 모유는 앞에서 기술한 바와 같이 영양소가 소화·흡수에 용이한 형태로 성장에 필요한 양을 적절하게 함유하고 있기 때문에 가장 이상적이고 바람직한 자연음식이다.

모유수유의 횟수 및 간격은 영아의 요구에 따라 결정하는 것이 좋은데 아기가 요구할 때 수유하는 방법과 스스로 관리하는 방법 등이 있다. 수유의 간격 및 횟수는 0~1개월에서는 2~3시간 간격으로 1일 7~8회, 1~3개월에서는 3시간 간격으로 6회, 점차 4시간 간격으로 하면 된다. 수유횟수와 간격의 적정성은 아기가 젖을 빠는 힘과 모유 분비량의 충분성, 아기의 수유 후 반응에 따라 판단한다.

■ **인공영양**

- **조제유** 전지분유를 모유의 성분에 가깝도록 유당, 단백질, 지방, 무기질, 비타민을 첨가하여 만든 것이 조제유이다. 모유수유를 할 수 없는 영아에게 가장 최선의 모유 대체로 사용할 수 있다. 하지만 모유에 가깝게 조제유를 조성하고 있으나 모유가 간직하고 있는 신비한 특성을 다 담을 수 있는 조제유는 거의 불가능하다.
- **대두단백 조제유** 대두단백 조제유는 우유를 이용한 조제유나 모유수유를 하지 못할 때 권장된다. 알레르기, 장염을 예방하거나 모유수유아의 영양 보충용으로 사용되나 큰 장점은 없다. 대두단백 조제유는 갈락토스혈증, 유당불내증 영아에게 적합하며 유당불내증으로 인한 장염 시 사용된다.
- **유당제거 조제유** 설사를 할 때 유당과 설탕을 제거한 조제유가 사용되나 임상

적 효과는 뚜렷하지 않다. 경미한 설사증일 때 전해질이 함유된 액체를 영아에게 공급할 수 있다. 유당불내증 영아에게 사용될 수 있으나 유당이 적게나마 함유되어 있어서 갈락토스 혈증 영아에게는 사용될 수 없다.

- **성장기 조제식** 조제유 제조회사에서 생후 12~24개월 유아용으로 생산되고 있으나 영아용 조제유에서 이유 후 유아를 위한 조제유로 전환시켜 사용해야 할 의학적 근거는 없다.
- **우유** 리놀레산, 철, 비타민 C가 부족하고 단백질, 나트륨, 칼륨의 함량이 높아 신장에 부담을 주기 때문에 영아용으로 적합하지 않다. 1세 미만의 영아에게는 시판 우유의 사용을 권장하지 않는다.

■ **혼합영양**

모유가 부족하거나 어머니의 직장 근무로 인하여 일정기간 수유가 불가능할 때, 모유영양과 인공영양을 병행하는 것을 혼합영양이라 한다. 혼합영양은 매 회 모유와 조제유를 교대로 주거나, 모유가 부족한 경우 매 회 모유를 먹이고 나서 부족량을 조제유로 보충할 수 있다. 모유의 수유 횟수가 줄어들면 모유 분비량이 점점 줄어들므로 먼저 모유를 먹이는 것이 유즙 분비능력을 유지하는 데 도움이 된다. 다른 방법으로 어머니가 직장에 간 아침·저녁에는 모유를 주고 낮에는 조제유를 주기도 한다. 이때 수유부는 낮에 모유를 짜서 저온 저장한 후 집에 갔을 때 단기간 내에 수유하거나, 이러한 방법이 불가능할 경우 모유를 짜서 버리는 것이 유즙 분비에 도움이 된다.

(2) 영아 후반기

■ **이유**

이유는 모유나 젖병을 이용한 수유에서 컵으로 마실 수 있게 되는 것으로, 스스로의 힘으로 어른과 같이 고형식을 씹어서 먹을 수 있도록 하는 훈련을 말한다.

이유의 목적은 씹는 능력을 확립하고 영양소를 보충하는 것이다. 생후 5~6개월이 되면 단백질, 철, 비타민 등 모유의 영양소가 감소되는 반면 영아의 성장은 매우 빨라져 생후 아기의 성장 발달에 필요한 에너지와 영양소를 충족시키기가 어려워진다.

여러 가지 반고형식에서 시작하여 차차 빈도와 양을 증가시켜 고형식 형태에 도달하면서 젖을 떼는 적절한 시기는 12~24개월이다. 보충식을 처음 시작하는 시기는 학자들 간에 다양한 의견이 있으나 일반적으로 4~5개월에 보충식이를 주면서 젖을 떼는 것을 서서히 준비하는 것이 권장된다.

세계보건기구(WHO)와 국제아동구호기금(UNICEF)에서 권장하는 이유 시기는 아기의 체중이 출생 시 체중의 2배가 되는 시기 또는 아기의 체중이 약 6kg에 도달할 때이다. 모유수유아는 1일 수유 횟수가 8회 이상으로 증가되어 수유 간격이 3시간 정도가 되었을 때가 적당한 이유시기이다. 생후 16개월 이전에 너무 일찍 이유를 시작하면 음식에 대한 과민반응, 알레르기, 탈수, 유아비만 등을 초래할 수 있고, 6개월 이후에 너무 늦게 이유를 시작하면 성장지연, 빈혈, 질병에 대한 저항력 약화, 음식 섭취 거부, 신경증 등의 문제가 생길 수 있다.

■ **단계별 이유식**

- **생후 4~5개월** 이유 초기로 식품의 형태는 씹지 않고 그대로 먹을 수 있는 입자가 고운 상태가 바람직하다. 처음 시작하는 이유식은 영양소 섭취보다는 구강근육 발달을 자극하기 위해서 건조한 곡분을 물이나 모유, 조제유에 섞어 숟가락으로 주는 것이 좋다. 곡분은 소화가 잘되고 알레르기 유발성이 낮아 첫 이유식으로 권장된다. 유아용으로 개발된 곡분은 철과 비타민 C가 강화된 것을 사용하는 것이 좋다. 알레르기 반응을 일으키지 않는 쌀가루를 먹이고 차츰 다른 종류의 곡류를 먹이는 것이 효과적이다. 또 비타민 C는 철의 흡수를 촉진하므로 배, 사과즙, 채소즙과 같은 과일과 채소도 유아의 첫 이유식으로 사용될 수 있다. 그러나 밀가루, 고단백 곡분은 사용하지 않는다. 어느 음식이든 제공되는 시기와 양은 1번에 한 종류씩, 2~3일 동안 제공하고 새로운 음식을 첨가하는 것이 권장된다. 가정에서 만드는 이유식은 재료에 따라 영양가가 다양한데 설탕과 소금을 넣지 않아야 한다. 또 미생물에 오염되지 않도록 유의

표 3-16 이유보충식 진행에 따른 조리 형태와 기준량

월령		4	5	6	7	8	9	10	11
먹는 형태			꿀꺽꿀꺽 그냥 넘김		우물우물해서 넘김		질근질근 잇몸으로 씹어 넘김		
조리상태			흐물흐물한 상태	질척한 잼 상태	물컹물컹한 상태		죽과 진밥 정도의 상태		
이유보충식 재료와 분량	곡류와 감자류		5~30g (연하게 으깬 죽, 국수)	30~50g	50g 50~100g (으깨지 않은 부드러운 죽)		100g (보통죽)	100g (진밥)	
	채소		5~10g 10~20g (삶아서 으깨거나 체에 거른 채소즙)		20~30g (삶아서 으깬 채소즙)		30~40g (잘게 잘라 삶은 것)		40g (그대로 잘 삶은 것)
	과일	50g (과즙)	50~100g (갈아서 거르거나 으깬 과일)			100g (먹기 좋도록 잘게 자른 것)			
	계란	※ 1회 식사에 이 4가지 중 하나를 준다. ※ 1회 식사에 두 종류만 줄 때는 1/2, 세 종류를 줄 때는 1/3씩 계산한 양으로 한다.	노른자 1/4~1/2 (으깨 물에 푼 것)	노른자1/2~1 계란노른자 1 계란 2/3~1개 (반숙보다 좀 더 조리된 것)				계란 1개	
	콩제품		5~10g	10~20g	20~50g		50g		50~70g
	생선		5~10g (삶아서 으깬 것)		10~15g (잘다져서 조리한 것)	15~25g	25~30g		30g (잘게 잘라서 조리한 것)
	고기		5~10g (삶아서 으깬 것)		10~15g (잘다져서 조리한 것)	15~25g	25~30g		30g (잘게 잘라서 조리한 것)
이유보충식횟수			1회	2회	2회	2회	3회	3회	3회
수유횟수			4회	3회	3회	3회	2회	2회	2회

해야 한다. 가정에서 만드는 이유식은 각종 재료를 사용할 수 있어 음식에 대한 다양한 맛과 질감을 발달시킬 수 있다는 것이다.

- **생후 6~8개월** 곱게 간 과일, 채소, 흰 살 생선, 고기, 계란노른자를 주면서 차츰 8개월경까지 우물우물해서 넘길 수 있는 조그만 덩어리 형태로 준비한다. 알레르기를 유발하지 않는 식품을 삶아 잘 으깨어 주면 대부분 먹을 수 있다. 주스 형태보다는 과일을 으깨어 주는 것이 바람직하다.
- **생후 9~12개월** 된죽이나 진밥, 두부, 계란, 잘게 썬 고기 등을 먹을 수 있다. 혼자 식사할 수 있는 능력과 컵으로 마실 수 있는 능력도 발달하여 젖병을 떼기에 좋은 시기이다. 가족 구성원이 먹을 수 있는 음식은 적절히 조리된다면 생후 9~12개월의 유아에게 제공될 수도 있다. 요거트, 으깬 감자요리, 수프 등도 이 시기의 유아에게 제공해도 좋은 음식들이다.

■ **이유식의 공급방법**

치아 발달, 구강운동능력, 손놀림 등의 능력이 향상되는 속도에 맞추어 미음을 죽으로, 또다시 밥의 형태로 바꾸어주고 젖병이 아닌 수저나 컵으로 음식을 제공해 주어야 한다.

4) 아기에게 나타날 수 있는 영양문제

(1) 위장장애

영아의 수유 방법에 따른 영아사망률을 비교해보면 모유영양아 사망률이 조제유영양아에 비해 훨씬 낮은 것으로 나타났다. 설사, 급성위장장애와 같은 질환에 이환되는 비율 역시 마찬가지의 결과를 보였다. 급성설사는 1~4일간 지속되며 심할 경우 탈수로 인해 수분과 전해질 균형이 깨질 수 있어 심각한 결과를 초래할 수 있다. 체온이 38℃ 이상 올라가고 구토를 동반한 10회 이상의 설사가 24시간 지속되면 의사의 치료를 받아야 한다. 물과 전해질이 함유된 액체를 주고 탈

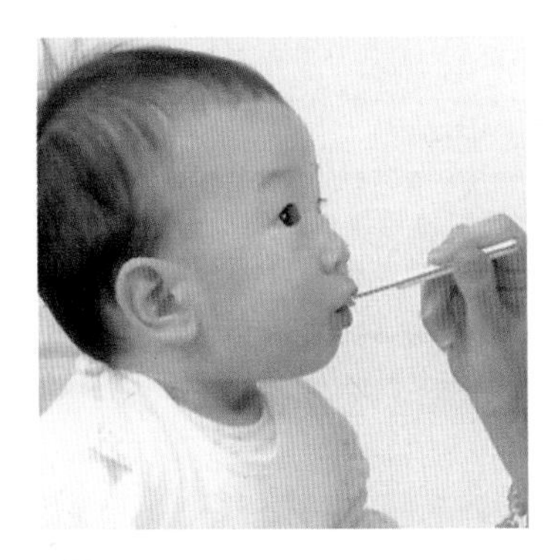
그림 3-10
이유식을 먹는 유아

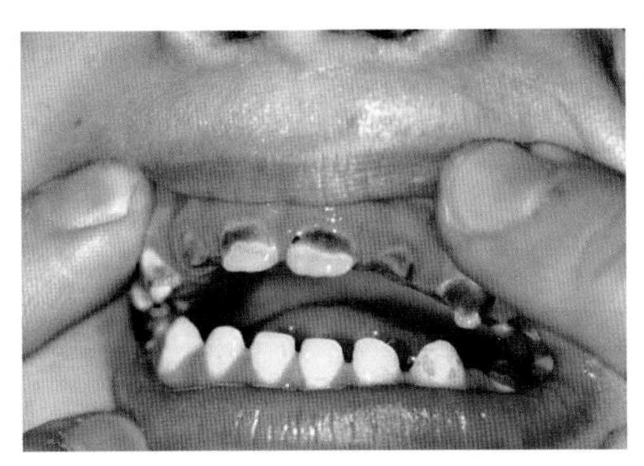
그림 3-11
젖병 치아우식증

수가 심하지 않으면 설사를 치료하면서 영양을 공급해야 한다.

변비는 딱딱하고 건조한 대변이 나타나거나 대변을 보는 횟수가 불규칙한 증세를 말한다. 고체음식 섭취 시 통곡식류나 채소의 섭취가 증가하면 경미한 변비는 완화될 수 있다. 유아의 최근 식사와 수분섭취량을 파악한 뒤 음식과 액체 공급의 변화를 통해 변비를 완화시킬 수 있다.

(2) 젖병 치아우식증

아기를 보채게 하지 않고 쉽게 안정시키기 위해 젖병을 물려 눕게 한 채로 재우면 위 앞니와 아래 뒷니의 충치가 심해지는 젖병 치아우식증이 나타나기 쉽다. 특히 영아의 치아가 탄수화물에 오래 노출될 때 잘 일어나며 단 음료, 과일주스, 조제유 사용도 치아우식증을 초래할 수 있다. 증세가 심해지면 구강 통증, 감염, 성장부진이 나타나며 복잡한 치료과정을 겪어야 한다. 따라서 취침시간에 모유, 조제유, 과즙을 젖병에 담아 아기에게 주지 말고, 걸을 때도 젖병을 물고 다니지 않도록 해야 한다. 아기를 안정시킬 때는 유사젖꼭지를 사용하며 생후 1년이 가까워지면 컵을 이용하게 한다.

(3) 식품 알레르기

영아기에는 위장기능과 면역기관 발달의 미성숙으로 인해 식품 알레르기가 나타

표 3-17 아기를 위한 영양 공급 포인트

구분	권장사항
모유수유를 하지 못할 때	조제유 조제를 할 때는 사용방법에 따라 적절한 농도를 유지해야 하며 위생적으로 준비한다. 조제유를 먹는 시간, 남기는 양을 조사한다. 수유 자세를 바르게 유지하게 하고 수유 후 트림이 나오도록 한다.
이유식과 위생	월령별 1회 이유식 공급량을 지키고, 개봉한 제품은 냉장고에 보관하고 다른 이유식과 섞이지 않도록 한다.
가정에서 만드는 이유식	향신료, 소금, 후추 사용을 금하고 신선한 재료를 준비하며 조리와 보관을 위생적으로 한다.
치아우식증 예방	취침 시 액체가 담긴 젖병을 물리지 말고 충치를 유발할 수 있는 단 음식을 피한다.

나기 쉽다. 4세 이하의 아동의 6~8%가 영아기부터 알레르기가 시작된다. 대부분의 건강한 아기들은 모유 대신 조제유를 잘 먹지만 일부 아기들은 다른 질환을 앓을 때 소장에서 조제유의 단백질이 불완전 소화되어 2~3개의 아미노산이 붙어 있는 형태의 단백질 분해물을 이종단백질로 인식하여 알레르기 반응을 보일 수 있다. 알레르기가 생기면 복통, 설사, 천식, 피부발진 등의 소화기·호흡기·피부 질환이 나타날 수 있다. 조제유로 인한 알레르기 반응이 나타날 경우 대두단백 조제유도 유사한 반응을 보일 수 있으므로 증세가 없어지지 않으면 단백질가수분해물 조제유를 먹여야 한다.

알레르기는 가족력이 중요한 요인으로 가족 중에 알레르기나 식품불내증이 있으면 알레르기 발생을 예방하기 위해 모유 수유를 실시하는 것이 바람직하다. 또한 알레르기 유발성이 강한 밀, 땅콩버터 등은 아기가 2~3세가 될 때까지 먹이지 않는 것이 좋다. 표 3-17은 영아의 건강한 영양 공급을 위한 포인트이다.

4/ 유아기의 영양관리

유아와 학령 전기 아동에 잠재되어 있는 성장 발달 가능성으로부터 충분한 성장을 이루기 위해 에너지와 영양소를 적절히 섭취하는 것이 필요하다. 이 시기의 영양불량은 어린이의 인지발달과 탐구력을 감소시킨다.

1) 유아의 발달

(1) 신체 발달

유아는 생후 1년이 되면 출생 시보다 체중은 3배, 신장은 1.5배가 되나 성장속도는 사춘기라는 제2의 성장기가 올 때까지 느려진다. 평균적으로 유아의 체중은 한 달 동안 200g, 신장은 1cm씩 증가한다. 성장속도의 감소는 식욕과 식사 섭취의 감소로 이어진다. 많은 부모들이 자녀가 식욕이 적고 음식과 먹는 것에 대한 흥미가 줄어들었다고 걱정을 하는 시기이다. 성장속도가 느려지면서 유아의 식욕이 감소하는 것은 자연스러운 일이다. 주변 환경에 대한 호기심 때문에 식사에 집중하려 하지 않는 경향도 성장 발달 중의 자연스러운 현상이다. 부모들은 이것이 정상적인 성장 발달의 일부임을 인식할 필요가 있다.

아동의 신체 성장이 정상인지 파악하기 위해서는 주기적으로 체중과 신장을 측정해야 한다. 2살 미만의 유아는 옷이나 기저귀를 채우지 않고 체중을 측정하고, 신장은 눕혀서 길이를 측정한다. 학령 전기 아동은 신발을 신지 않고 가벼운 옷을 입혀 체중을 측정하고, 서서 신장을 측정한다. 어린이의 성장 발달을 평가하기 위해 체중과 신장 측정치를 다 사용한다(부록 1~2).

체질량지수(Body mass index, BMI)는 체중부족 또는 체중과다를 판정하는 지표이다. BMI는 체지방 상태를 파악할 수 있어 체질량지수가 해당 연령 아동의 분포에서 85 백분위 이상은 과체중, 95 백분위 이상이면 비만이며, BMI가 5 백분위 미만이면 체중부족이다. 성장차트는 유아의 성장속도를 예측하는 데 도움이 된다.

(2) 인지 발달

유아는 걷기 시작하면서 주변 환경에 대한 호기심이 증가하며 부모로부터 독립적인 행동을 시작하고 자기의 의사를 뚜렷이 표시하게 된다. 자기중심적인 생각에서부터 상호관계에 대해 인식하여 부모뿐 아니라 형제, 동료와 새로운 관계를 형성한다. 분리, 어두움, 큰소리, 바람, 번개에 대한 두려움이 생기면서 환경 변화에 대처하는 법을 배우게 된다. 다른 사람의 생각을 받아들이려 하지 않는 경향이 나타나기는 하나 성장하면서 어른, 주변 동료와의 상호작용 범위가 넓어진다.

부모나 육아 담당자가 요구하는 제약에 따라 행동하는 것에서 벗어나 점차 스스로 제약하는 것을 배우면서 좀 더 협조적이고 공동생활을 할 수 있는 능력을 발달시킨다.

간혹 부모로부터 받는 제약에 대항하여 부모를 시험하려 하기도 하고 떼를 쓰며 해결하려는 경향이 나타나는데 이러한 행동은 2~4세에 가장 심하다. 유아는 제약으로부터 벗어나려 하고 부모는 적절한 제약을 주려하므로 제약의 균형을 맞추는 것이 중요하다. 언어능력은 18~24개월 사이에 크게 발달하기 시작하는데 이는 유아의 인지와 감정 발달을 나타내는 주요한 지표이다.

2) 먹는 방법의 발달

많은 유아가 생후 9~10개월경이면 젖병 대신 컵으로 우유나 음료를 마시는 법을 배운다. 변화에 적응을 잘하는 유아는 이유하기 쉽다. 이유의 완성은 유아가 독립적으로 성장할 수 있다는 신호이다. 유아에 따라 다르지만 생후 12~14개월이 되면 완전한 이유가 가능해진다. 유아기 동안 대근육과 소근육이 발달되어 조직감이 다른 음식을 씹을 수 있게 되고 스스로 섭취가 가능해진다. 12~18개월이면 유아는 혀를 굴려가면서 음식을 씹을 수 있기 때문에 다진 음식이나 부드러운 음식을 스스로 섭취할 수 있게 된다.

생후 12개월 어린이는 삶은 콩이나 당근조각을 손으로 집어 입에 넣을 수 있으며 능숙하지는 않더라도 숟가락을 사용할 수도 있다. 스스로 먹으려고 하기도 하나 새로운 기술에 대한 호기심 발달로 집중력이 오래가지 않는다. 생후 2년이면 숟가락을 사용하는 기술이 늘어나지만 손으로 먹는 것을 좋아한다. 점차 숟가락과 컵을 잘 사용하게 되며 젓가락을 사용하기 위해서는 훈련이 필요하다. 음식이 목에 걸리는 경우가 많기 때문에 적절한 크기로 잘라주어야 하며 식사하는 동안 어른이 함께하여 질식 사고를 미리 예방해야 한다. 유아는 식탁에 앉아서 식사를 하거나 간식을 먹는 것이 바람직하다.

3) 먹는 행동의 발달

대부분의 유아는 식품선호도가 뚜렷하고 좋고 싫음이 명백하다. 특정 음식을 거부하는 기간이 오래갈 수 있고 좋아하는 음식만 먹으려 한다. 특정 음식에 대한 부정적인 반응은 유아의 기질적 차이에서 올 수 있다. 부모는 아기에게 익숙한 음식과 함께 새로운 음식을 먹게 하여 새로운 음식에 대한 거부감을 줄일 수 있다. 새로운 음식은 아기가 배고플 때 또는 가족 중 다른 누군가가 그 음식을 먹는 것을 보았을 때 더 쉽게 받아들여진다. 궁극적으로 유아의 호기심이 새로운 음식을 먹게 하는 데 도움이 된다. 유아는 남을 모방하길 좋아하므로 다른 사람의 식행동을 따라 하면서 식행동을 형성시켜간다. 제2의 성장 급등기가 오기 전에 식욕과 식사 섭취량이 증가하며 이로 인해 체중이 증가하고, 키가 커진다.

식사시간은 유아에게 새로운 언어를 습득할 수 있고 사회적 관계, 자신에 대한 긍정적 이미지를 형성하는 시간이다. 따라서 이 시기에는 식사시간이 음식을 강제로 먹이려고 하는 전쟁의 시간이 아니라는 것을 알게 하도록 한다. 특히 가족과 함께하는 식사시간은 부모와 육아 담당자가 유아에게 올바른 식행동의 모델을 정립해주는 시간이 되어야 한다.

유아의 식사를 위해서는 음식의 적당한 크기가 중요하다. 또한 유아는 필요량만큼 식사 섭취량을 스스로 조절할 수 있기 때문에 끼니별·일별로 식사 섭취량이 차이가 날 수 있으나 일주일로 계산해보면 주별 열량 섭취량은 상당히 비슷하다. 부모가 음식을 억지로 먹게 하거나 음식을 자주 보상의 도구로 사용하면 유아가 음식을 과잉 섭취하거나 부족하게 섭취할 수 있으므로 주의해야 한다.

열량 섭취량은 스스로 조절할 수 있을지라도 유아 스스로 식품을 선택하고 균형식을 섭취할 수 있도록 조절할 수 없기 때문에, 부모나 육아 담당자는 유아가 바람직한 식행동을 배우도록 해야 한다.

4) 기호식품의 발달

식품선호도의 발달은 유아가 섭취하는 식품을 결정한다. 유아는 단 것과 약간 짠맛을 좋아하고 일반적으로 신맛과 쓴맛을 거부한다. 이 선호도는 학습되는 것이 아니기에 신생아 시기부터 나타난다. 임신 후반기의 태아는 모체가 소화 흡수한 일부 식품 성분의 맛을 감지하는 것으로 알려져 있다. 유아는 익숙한 맛의 음식을 먹으려 하기 때문에 환경이 식품선호도 발달에 중요한 영향을 미친다.

유아는 새로운 음식을 거부하려는 경향이 있기 때문에 새로운 음식을 먹이려면 해당 음식을 계속 주어서 새로운 음식을 받아들이게 해야 한다. 대개 가족이 다양한 음식을 먹는 경우, 유아도 다양한 음식을 잘 먹게 된다.

유아는 설탕과 지방이 많이 들어 있는 열량 밀도가 높은 식품을 좋아한다. 열량 밀도가 높은 음식은 포만감을 주기 때문에 자연히 이러한 식품에 대한 선호도가 높아지게 된다. 따라서 이러한 음식은 제한하여 주고 가끔 보상의 도구로 사용하는 것이 좋다. 유아가 좋아하는 음식을 지나치게 제한하면 오히려 이 음식에 대한 욕구를 더욱 심하게 만들 수 있다.

5) 유아에게 필요한 영양소

(1) 에너지와 다량영양소

유아기의 에너지와 다량영양소 권장섭취량은 유아의 성장속도를 맞추기 위해 설정되었으나 유아의 활동수준은 에너지 필요량에 영향을 준다. 성장기 탄수화물의

표 3-18 유아기의 다량영양소와 에너지 권장섭취량

연령	체중(kg)	신장(cm)	에너지(kcal)	탄수화물(g)	단백질(g)
1~2세	11.7	85.8	900	130	20
3~5세	17.6	105.4	1,400	130	25

자료 : 한국영양학회, 2020 한국인 영양소 섭취기준.

필요량은 두뇌에서 사용되는 포도당을 기준으로 하고 있다. 단백질은 성장과 손상된 조직 회복에 필요하다. 우유나 다른 동물성 급원과 같은 양질의 단백질 섭취는 필수 아미노산을 공급하는 데 매우 유리하다. 유아의 다량영양소 에너지섭취 적정비율은 탄수화물이 55~70%, 단백질은 7~20%이고, 지방은 1~2세가 20~35%, 3~5세는 15~30%이다. 다량영양소와 에너지의 권장섭취량은 표 3-18에 제시하였다.

(2) 비타민과 무기질

비타민과 무기질은 권장섭취량이 설정되어 있다. 대부분의 유아는 비타민과 무기질 섭취량은 적절하나 철, 칼슘, 아연 섭취가 부족하다. 표 3-19에 비타민과 무기질 권장섭취량을 제시하였다. 표 3-20, 21은 유아를 위한 영양소 섭취기준에 따른 식품 구성의 예이다.

표 3-19 유아기의 비타민과 무기질의 권장섭취량

영양소	칼슘 (mg)	철 (mg)	아연 (mg)	비타민 A (㎍ RE)	비타민 D* (㎍)	비타민 E* (mgα-TE)	티아민 (mg)	리보플라빈 (mg)	니아신 (mgNE)	비타민 B_6 (mg)	비타민 C (mg)
1~2세	500	6	3	250	5	5	0.4	0.5	6	0.6	40
3~5세	600	7	4	300	5	6	0.5	0.6	7	0.7	45

* 충분섭취량

자료 : 한국영양학회, 2020 한국인 영양소 섭취기준.

표 3-20 1~2세 유아를 위한 식품 구성의 예

메뉴	분량	아침	점심	저녁	간식
		닭살새송이진밥 콩나물국 김구이 백김치	기장밥 감자미소된장국 순살고등어간장조림 애호박전 미니깍두기	쌀밥 미역국 두부완자조림 새콤달콤배추겉절이	우유 갈은 사과 & 배 호상요구르트
곡류	1회	쌀밥 63g(0.3)	기장밥 63g(0.3) 감자 47g(0.1)	쌀밥 63g(0.3)	
고기·생선·계란·콩류	1.5회	닭고기 30g(0.5)	고등어 30g(0.5)	두부 40g(0.5)	
채소류	4회	새송이 9g(0.3) 콩나물 21g(0.3) 김 1g(0.5) 백김치 20g(0.5)	애호박 35g(0.5) 깍두기 20g(0.5)	미역 12g(0.4) 양파 35g(0.5) 배추 35g(0.5)	
과일류	1회				사과 50g(0.5) 배 50g(0.5)
우유·유제품류	2회				우유 200mL(1) 호상요구르트 100g(1)

표 3-21 1~2세 유아를 위한 권장 식단의 예

구분	식단	식단 사진	
		식사	간식
아침	닭살새송이진밥 콩나물국 김구이 백김치		우유
점심	기장밥 감자미소된장국 순살고등어간장조림 애호박전 미니깍두기		갈은 사과 & 배

(계속)

구분	식단	식단 사진	
		식사	간식
저녁	쌀밥 미역국 두부완자조림 새콤달콤배추겉절이		호상요구르트

유지·당류 3회는 조리 시 소량씩 사용
자료 : 한국영양학회, 2015 한국인 영양소 섭취기준.

표 3-22 3~5세 권장 식품 구성의 예

메뉴	분량	아침	점심	저녁	간식
		계란샌드위치 양상추샐러드 고구마튀김 우유	쌀밥 채소카레 콩나물국 돈가스 시금치나물	현미밥 배추된장국 어묵느타리볶음 오이나물 배추김치	과일꼬치 찐 옥수수 호상요구르트
곡류	2회	식빵 35g(0.3) 고구마 70g(0.3)	쌀밥 105g(0.5) 감자 47g(0.1)	현미밥 105g(0.5)	옥수수 70g(0.3)
고기·생선·계란·콩류	2회	계란 60g(1)	돼지고기 30g(0.5)	어묵 15g(0.5)	
채소류	6회	양상추, 토마토, 오이, 당근 105g(1.5)	당근, 양파 35g(0.5) 콩나물 35g(0.5) 시금치 70g(1)	배추 35g(0.5) 느타리버섯 30g(1) 오이 35g(0.5) 배추김치 20g(0.5)	
과일류	1회				파인애플 40g(0.4) 거봉 30g(0.3) 딸기 50g(0.5)
우유·유제품류	2회				우유 200mL(1) 호상요구르트 100g(1)

표 3-23 3~5세 권장 식단의 예

구분	식단	식단 사진	
		식사	간식
아침	계란샌드위치 양상추샐러드 고구마튀김 우유		과일꼬치
점심	쌀밥 채소카레 콩나물국 돈가스 시금치나물		찐 옥수수
저녁	현미밥 배추된장국 어묵느타리볶음 오이나물 배추김치		호상요구르트

유지·당류 4회는 조리 시 소량씩 사용
자료 : 한국영양학회, 2015 한국인 영양소 섭취기준.

6) 유아에게 나타날 수 있는 영양문제

(1) 비만

1970년대에만 해도 전체 어린이의 2~3%에 불과하던 비만율이 2010년대 들어 남아의 9~12%, 여아의 6.9%로 증가하기 시작했다. 1979년부터 2010년까지 과거 30년간 남녀 유아비만율 변화 추이를 비교한 결과 남아의 비만율 증가는 6배를 넘어서며, 10명 중 약 1.2명이 비만인 것으로 나타났고 여아의 비만율 증가는 4배를 약간 넘는 것으로 보고되었다. 유아비만은 성인비만으로 나타날 위험도가 크며, 비만아동은 성인비만과 관련된 질병 발생 위험도가 크다. 5~10세 비만아동의

잠깐! 알아봅시다 **유아에게 필요한 영양소 보충**

간식

유아는 아침·점심·저녁의 세끼만으로 정상적인 성장과 발육에 필요한 에너지와 영양소를 충분히 공급하기 어려우므로 간식이 필요하다. 하루 간식의 양은 유아의 나이, 체격, 소화능력, 식욕, 생활방식에 따라 하루 에너지 필요량의 10~15%가 적당하다. 2~3세에는 오전 10시와 3시경 하루 2회, 유아 후반기에는 오후 1회가 바람직하고 다음 식사 2시간 전에 주어 다음 식사 섭취량에 영향을 주지 않도록 한다. 영양 보충이 주 목적이므로 에너지, 단백질, 칼슘, 비타민 C, 수분이 많은 식품을 간식으로 준다. 에너지 공급을 위해서는 빵, 비스킷, 떡, 샌드위치, 고구마, 감자 등이 좋고 단백질과 칼슘 급원으로는 우유 및 유제품, 계란 푸딩, 콩과자를 준다. 수분, 무기질 보충을 위해서는 과일, 채소 등을 이용한 음료나 주스, 신선한 과일과 채소 등이 좋다. 사탕류, 초콜릿, 아이스크림은 충치의 원인이 되고 다음 식사에 영향을 줄 수 있으므로 가급적 피하도록 한다.

비타민과 무기질 보충제

대개 부모들은 아동에게 비타민과 무기질 보충제를 먹이려고 하지만 영양 보충제를 줄 때는 의사의 처방을 따르는 것이 바람직하다. 특히 빈혈 예방을 위해 철 보충제를 생각하는데 엽산 결핍이나 다른 질병으로 인해 빈혈이 나타날 수도 있다. 비타민 A와 D 같은 지용성 비타민을 많이 섭취하면 독성이 나타날 수 있으며, 영양 보충제의 과다 사용이 다른 영양소의 흡수를 방해할 수도 있다.

60%는 심혈관계 위험요소를 갖고 있는 것으로 보고되었으며 당뇨 유발 위험도도 크다. 일부 연구에서는 이 시기 아동의 에너지나 지방 섭취가 증가하지 않았기 때문에 비만이 에너지 섭취의 문제라기보다는 TV를 보는 시간이나 비디오게임 증가로 인한 활동량 저하에 기인한다고 본다. 따라서 비만 예방을 위해 활동량을 증가시킬 수 있게 하며, 다양한 식품을 제공하되 지방이나 당분이 많은 식품을 적게 섭취하게 하는 것이 바람직하다.

(2) 유아빈혈

빈혈은 체내에 적혈구 수 또는 헤모글로빈이 정상치보다 감소된 상태이며 유아기에 가장 흔한 빈혈은 철결핍성 빈혈이다. 1~3세 유아의 약 9%가 철결핍성 빈혈을

잠깐! 알아봅시다 **바람직한 식습관 형성을 위한 부모지침**

- 식탁에 차려진 모든 음식을 적은 양이라도 조금씩 먹도록 하기
- 우선 부모의 잘못된 식습관을 고치기
- 과자, 탄산음료, 사탕, 단 음식 등 가공식품을 많이 구입하지 않기
- 식사교육에서 위압적이지 않으면서 긍정적인 태도를 유지하기
- 식사교육에서 일관성을 유지하기

나타낸다. 출생 시 충분한 철을 체내에 저장하고 있으며, 생후 4~6개월까지는 저장 철을 이용하여 철결핍성 빈혈이 드물게 나타나며 저장량이 고갈되는 6개월~3세에는 급속한 성장으로 철의 필요량이 급증하기 때문에 식사를 통해 충분히 공급되지 않으면 철 결핍성 빈혈이 나타나기 쉽다. 이 시기에 우유는 주요 에너지 급원으로 이용되는데 우유는 영양적으로 철 함유량이 적어 우유에 지나치게 의존하면 다른 음식 섭취가 감소되어 철결핍성 빈혈이 나타나게 된다. 즉, 생우유를 하루 1L 이상 너무 많이 먹일 경우가 문제가 된다.

철결핍성 빈혈을 예방하기 위해서는 철이 강화된 시리얼, 살코기, 간, 계란노른자, 굴, 대합, 콩 등을 규칙적으로 먹여야 한다. 또한 비타민 C는 철의 흡수를 촉진하므로 채소나 과일도 다양하게 먹여야 한다. 특히 육류에 들어 있는 철은 헴철로 곡류나 채소류에 있는 비헴철에 비해 흡수율이 높다.

(3) 식품 알레르기

유아기에는 식품 알레르기가 나타나며 가족력이 있을 때는 더 자주 일어난다. 대체로 다양한 식품보다는 1가지 식품에 알레르기 반응을 나타내는 경우가 많으며 특히 계란, 땅콩, 생선, 우유가 알레르기 반응을 유발하기 쉬운 식품이다. 알레르기 반응 증세는 설사, 구토, 콧물, 피부발진 등이며 증세가 나타나면 원인 식품을 찾아 공급을 중단해야 한다. 식품 알레르기를 테스트하는 가장 좋은 방법은 식품제거요법이다. 알레르기 유발로 의심되는 음식을 1가지씩을 식사에서 2~3주 동안 제거하고 살피는 것이다. 한 번 알레르기 반응을 보였다고 주요 식품을 완전히

섭취하지 않도록 하는 것보다는 짧게는 한달, 길게는 6개월 정도의 간격을 두고 그 음식을 다시 먹여보도록 한다. 유아기는 면역기능이 발달하는 시기이므로 성장하면서 면역기관이 완성되어 알레르기 반응이 줄어들 수 있기 때문이다.

5/ 아동기의 영양관리

1) 아동의 발달

아동기 초기에는 신체 성장이 유아기처럼 완만하게 이루어지지만 사춘기 전기인 아동기 후반기에는 급속도로 이루어진다. 아동기 신체는 연간 신장 5~7cm, 체중 2~2.5kg 정도로 성장한다. 이 시기에는 남녀 구별이 점차 뚜렷해지는데 9세까지는 남아가 여아보다 조금 크지만 10~12세에는 여아의 신장과 체중이 남아보다 약간 커진다. 여아의 성장속도는 남아보다 2년 정도 앞선 10~12세에 정점에 달한다. 아동의 성장은 유전, 수면, 건강한 식생활, 건강상태에 따라 달라진다. 아동이 건강하게 성장하고 있는지는 소아 신체 발육 표준치를 참고로 하면 된다(그림 3-12).

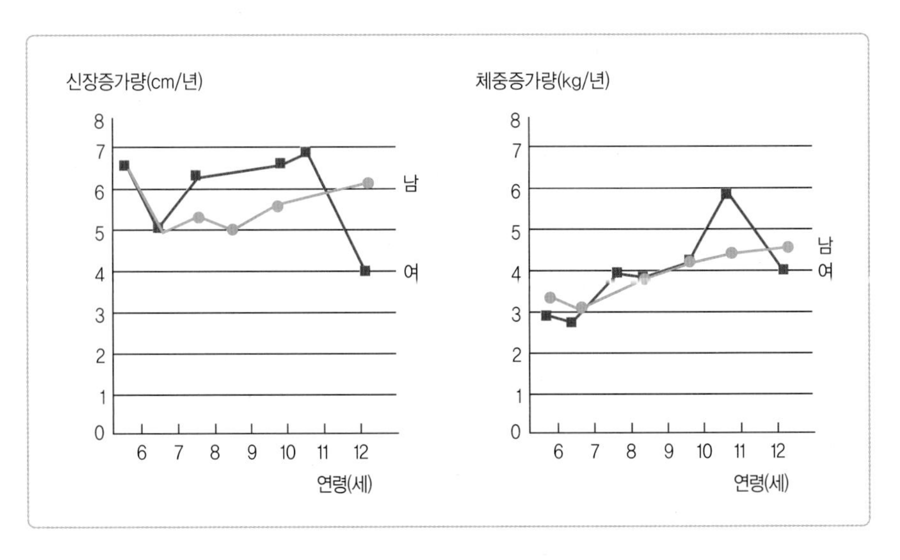

그림 3-12
아동기의 신체 성장

2) 아동에게 필요한 영양소

(1) 에너지와 다량영양소

아동기에는 에너지와 다량영양소를 충분히 섭취해야 성장 발육이 정상적으로 이루어진다. 아동 개개인의 에너지 필요추정량은 휴식대사량, 신체활동, 성장 속도 등에 의해 결정되며, 같은 연령이라도 아동의 키, 체중, 신체활동량에 개인차가 크므로 개인의 에너지 필요추정량이 달라진다. 우리나라 아동의 신체활동 정도는 전반적으로 낮은 수준으로 평가되고 있다. 아동에게는 단백질을 적절히 공급해야 하며 특히 필수아미노산의 함량이 많은 동물성 단백질을 충분히 주어야 한다. 채식을 하는 아동이라면 곡류와 두류, 견과류를 섞어 이들 식품에 들어 있는 단백질을 함께 먹이면 필수 아미노산 결핍을 막을 수 있다. 아동기의 에너지 섭취적정비율은 '탄수화물 : 단백질 : 지방'이 각각 '55~65% : 7~20% : 15~30%'이다.

요즘 우리나라 아동의 식습관이 고지방 식품을 선호하는 쪽으로 변하고 있는데, 만 2세까지는 저지방 식사를 특별히 권하지 않으나 만약 심장병, 이상지질혈증 등의 가족력이 있거나 비만 아동의 경우에는 만 2세 이상부터는 지방의 양을 줄이고 지방의 종류를 잘 골라 먹이는 것이 좋다. 아동의 성별·연령별 에너지 필요추정량과 다량영양소 권장섭취량은 표 3-24에 나와 있다.

최근 총 당류 섭취가 에너지 섭취에서 차지하는 비율(에너지 섭취비율)이 20% 이상이면 단백질, 지질, 나트륨, 니아신의 섭취가 감소하고 대사증후군 위험도가 유의하게 증가하는 것으로 나타났다. 특히 어린이를 대상으로 한 연구에서 가당음

표 3-24 아동의 성별·연령별 에너지 필요추정량과 다량영양소 권장섭취량

연령(세)	체중(kg)	신장(cm)	에너지(kcal) (1일 필요추정량)	탄수화물(g) (1일 충분섭취량)	단백질(g) (1일 권장섭취량)
6~8(남)	25.6	124.6	1700	130	35
6~8(여)	25.0	123.5	1500	130	35
9~11(남)	37.4	141.7	2000	130	50
9~11(여)	36.6	142.1	1800	130	45

자료 : 한국영양학회, 2020 한국인 영양소 섭취기준.

료를 1회 섭취분 이상 섭취하는 어린이들은 그렇지 않은 어린이보다 비만 또는 과체중 위험도가 증가하는 것으로 나타나 총 당류의 섭취량을 총 에너지섭취량의 10~20%로 권장하였고, 첨가당의 섭취를 총 에너지섭취량의 10% 이내로 섭취하도록 권장하였다.

(2) 무기질과 비타민

무기질 중 아동의 성장 발달에 중요한 영향을 미치는 것으로는 칼슘, 철, 아연이 있다. 칼슘은 아동의 골격과 치아 성장에 꼭 필요한 무기질이며 칼슘이 부족하면 구루병, 골연화증이 나타날 수 있다. 아동기의 빠른 성장과 혈액량의 증가를 위해서는 철이 많이 필요하다. 철이 부족하면 빈혈이 생기고, 인지기능이나 학습능력, 운동능력이 저하될 수 있다. 아연 역시 급속한 성장이 이루어지는 아동기에 많이 필요한 무기질로서 아연이 부족한 식사를 하는 경우에는 식욕 부진, 성장 지연, 피부염과 면역기능 저하 등의 아연결핍증이 나타날 수 있다. 비타민 중에서는 비타민 A와 비타민 D, 엽산 등이 아동의 골격 성장이나 신체 성장에 중요한 영양소이다(표 3-25).

표 3-25 아동의 성별·연령별 무기질과 비타민 권장섭취량

연령(세)	칼슘 (mg)	철 (mg)	아연 (mg)	비타민 A (㎍RAE)	비타민 D (㎍)*	비타민 E (mgα-TE)*	티아민 (mg)	리보플라빈 (mg)	니아신 (mgNE)	비타민 B_6 (mg)	엽산 (㎍DFE)	비타민 C (mg)
6~8(남)	700	9	5	450	5	7	0.7	0.9	9	0.9	220	50
6~8(여)	700	9	5	400	5	7	0.7	0.8	9	0.9	220	50
9~11(남)	800	11	8	600	5	9	0.9	1.1	11	1.1	300	70
9~11(여)	800	10	8	550	5	9	0.9	1.0	12	1.1	300	70

* 충분섭취량

자료 : 한국영양학회, 2020 한국인 영양소 섭취기준.

3) 아동의 올바른 식생활과 식습관 지도

아동의 식사는 다양한 식품을 통해 성장 발달에 필요한 필수영양소가 적절하게

포함되어 있어야 한다. 아동의 하루 영양필요량을 충족시키기 위해서는 아동의 식생활지침을 따르면서 식사구성안에 맞추어 균형 잡힌 식사를 공급하여야 한다. 아동의 식사량은 성인보다 적으므로 아침·점심·저녁과 하루 1~2회 정도의 간식을 주어야 하며 한 끼라도 거르지 않도록 해야 한다. 그림 3-13에는 어린이를 위

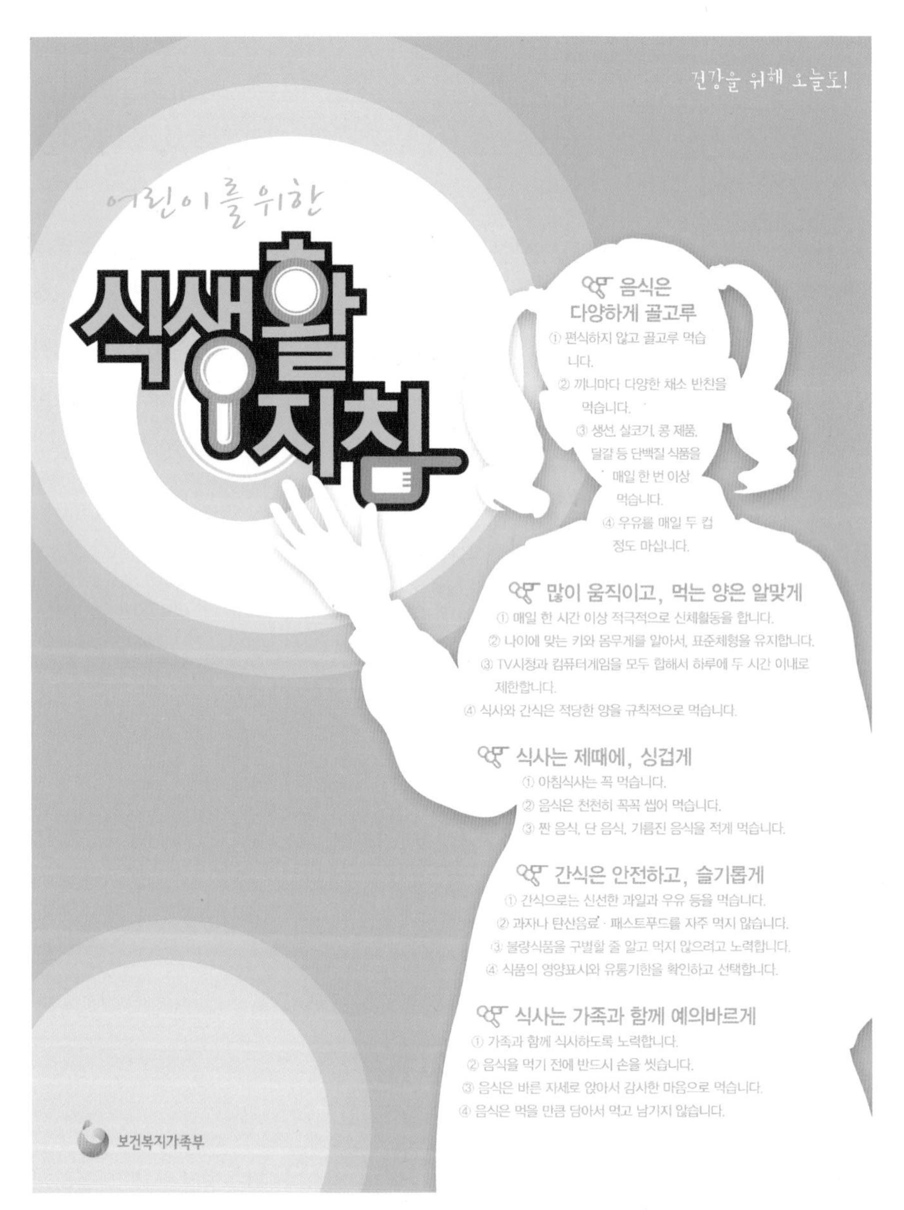

그림 3-13
어린이를 위한 식생활지침
자료 : 보건복지부, 2010.

한 식생활지침이 제시되어 있다.

아동기에 형성되는 식습관은 평생 지속될 수 있으며 이때가 올바른 식행동이나 식습관을 갖도록 지도하기에 가장 적합한 시기이다. 아동의 식습관이나 식행동 발달에는 부모의 식습관과 식생활 태도, 영양지식, 또래의 기호, 학교 선생님의 말씀, TV, 잡지 등의 영향이 크게 작용한다. 학령기 아동은 학교에서 많은 시간을 보내기 때문에 친구나 선생님의 충고를 잘 받아들이게 되고, 초등학교에서 실시되는 학교 급식 영양교사를 통한 영양교육의 효과도 클 것으로 기대된다. 이 중에서 식사를 준비하고 제공하는 부모, 특히 어머니의 영향력이 가장 클 수 있으므로 먼저 어머니가 정확한 영양정보를 가지고 올바른 식습관을 지니는 모범이 되어야 한다. TV 시청은 아동의 식품 선택과 비만율에 큰 영향을 끼치는 것으로 규명된 바 있

잠깐! 알아봅시다 **우리나라 아동의 영양 섭취 실태**

2014년도 국민건강영양조사 결과에 의하면 우리나라 초등학교 아동의 칼슘과 비타민 섭취량이 권장섭취량의 70~80% 정도로 낮으며, 특히 여아의 경우 더욱 낮은 것으로 나타났다. 칼슘과 비타민 C를 권장섭취량의 75% 이하로 섭취하는 아동의 비율이 각각 68.1%, 42.3%인 것으로 나타나 칼슘과 비타민 C 섭취 부족이 주요 영양문제로 다루어져야 할 것으로 사료된다.

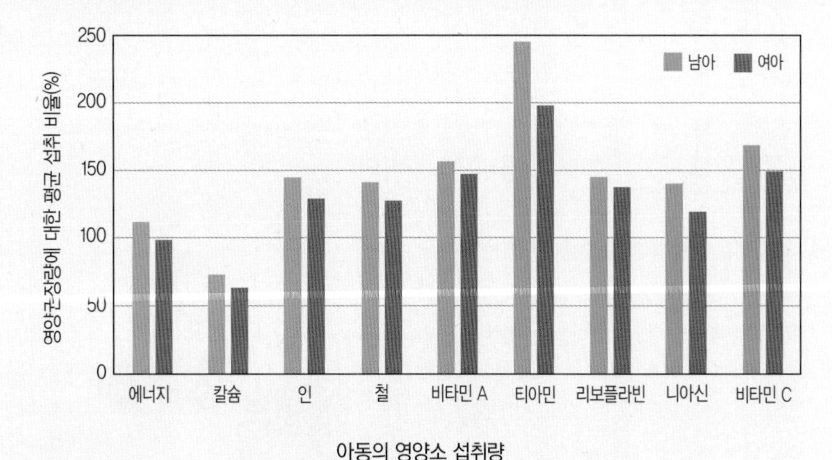

아동의 영양소 섭취량

자료 : 보건복지부, 2014 국민건강영양조사 결과 보고서.

으므로 무분별한 TV 시청 습관을 올바르게 잡아줄 필요가 있다.

4) 아동에게 나타날 수 있는 영양문제

(1) 영양 부족과 성장 부진

아동의 신장과 체중을 신체발육표준치에 대비하였을 때 각각 5백분위수 미만의 경우 성장부진이라고 진단한다. 경제수준의 향상으로 일부 저소득층 아동을 제외하고는 우리나라 아동에게 에너지와 단백질의 영양불량의 증세가 나타나지는 않으나 철, 칼슘, 아연, 비타민 등 미량 영양소의 영양 부족은 흔하다. 아직도 개발도상국의 아동은 단백질, 에너지, 비타민, 요오드, 철, 아연 등 영양 부족으로 인한 성장 부진을 겪고 있으며 이는 감염성 질환에 대한 취약성, 인지기능과 학습능력 저하, 노동생산성 저하로 이어지면서 사회·경제적 부담이 된다.

(2) 과체중과 비만

2019년 국민건강통계에 따르면 6~11세 아동의 비만유병률(체질량지수 95백분위 이상인 분율)은 11.2%로 매년 조금씩 증가하고 있으며, 남학생의 비만유병률이 여학생보다 조금 더 높았다. 패스트푸드, 불규칙한 식사, 무분별한 간식과 과식 등으

잠깐! 알아봅시다 **TV 시청과 아동비만**

TV 시청은 아동의 비만을 증가시키는 것으로 나타나고 있다. TV 시청 시간이 하루 5시간 이상인 아동은 2시간 미만인 아동보다 비만율이 4.6배 높으며, 어머니가 직업을 가진 아동의 TV 시청 시간이 더 길고, 비만율도 5.3배로 더욱 높은 것으로 나타났다.

로 인한 에너지 섭취 과잉과 지나친 학업활동, 운동 부족, TV 시청, 컴퓨터 사용 등으로 식사량에 비해 턱없이 부족한 활동량이 아동의 비만율 상승에 기여하고 있다. 비만 아동의 60% 이상은 성인비만으로 이어지며 특히 정상체중의 150% 이상의 체중을 가진 고도비만아의 경우 고혈당, 이상지질혈증 등 성인기 만성질환의 증세를 보일 수 있다. 이 밖에도 운동능력 저하, 학업성적 부진, 열등감, 사회부적응 등의 문제점도 나타날 수 있다.

(3) 빈혈

성장이 빠른 아동기에는 철 요구량이 높아 철 결핍이 쉽게 나타난다. 이 시기에 철이 결핍되면 인지기능과 지적 발달에 장애가 생길 수 있다. 고기나 생선에 있는 헴철을 충분히 섭취하도록 독려할 뿐 아니라 곡류와 채소에 있는 비헴철을 섭취하여 체내 이용률을 높일 수 있는 식사 구성에 대한 교육도 필요하다.

(4) 충치

충치는 우리나라 아동에게 가장 흔한 질환이다. 충치 발생의 원인 식품으로는 당분이 많고 점성이 높아서 치아에 오래 붙어 있는 식품이며 이들 식품의 섭취 빈도가 높으면 충치가 쉽게 생긴다. 충치를 예방하려면 당분 섭취 제한, 칼슘과 단백질 섭취 증가, 치아 청결 관리 등이 필요하다.

(5) 과잉행동증

과잉행동증, 과운동증, 집중력 결핍증 등으로 불리는 증세가 학령 전기와 학령기 어린이들의 문제로 제시되고 있다. 소아과협회에서 진단하는 과잉행동증의 진단 기준은 집중력 부족, 충동적 행동, 과다한 행동, 7세 이전에 발병, 최소 6개월 이상 증세 지속이다.

과잉행동증의 원인은 밝혀지지 않았으나 주산기 합병증으로 인한 것, 식이요인, 유전적 요인, 환경적 요인, 대사적 요인 등으로 추측된다. 식이요인으로 식품첨가물, 살리실산염(아스피린의 주성분)과 관련이 있으며, 과잉행동증 아동의 2/3는 식사 구성을 변화시킴으로서 개선되었다는 보고가 있다. 설탕의 과잉 섭취도 과잉행동증의 원인이 될 가능성이 있다고 제시되었으나 과학적인 근거는 없다. 과잉행동증 아동의 식사요법으로는 식품첨가물의 섭취 제한, 설탕 제한식, 또는 비타민 과량 복용법 등이 있다.

(6) 만성질환 위험

여러 만성질환의 위험인자인 이상지질혈증, 고혈압, 동맥경화증, 비만이 아동기부터 시작되는 것으로 알려지면서 아동기부터 올바른 식습관을 통해 만성질환의 위험요인을 감소시키는 일의 중요성이 부각되고 있다. 이는 유전적으로 만성질환의 위험요인을 가진 아동의 경우 더욱 중요한 문제가 된다. 암 역시 아동기부터 지방을 적게 먹고, 식이섬유를 많이 먹는 등 적절한 식사습관을 통해서 체지방이 과도하게 축적되는 것을 막는 동시에 항산화 영양소 및 파이토케미컬을 충분히 섭취함으로써 암의 발생을 지연 또는 예방할 수 있다. 아동기에 칼슘을 충분히 섭취하고 운동으로 최대골질량을 높이면 노년기의 골다공증 발생률과 골절률을 감소시킬 수 있다.

6/ 청소년기의 영양관리

1) 청소년의 발달

아동에서부터 성인으로 탈바꿈하는 사춘기에는 성적 성숙, 신장과 체중의 증가, 골격질량의 축적, 신체 조성의 변화 등의 생물학적 변화가 나타난다. 사춘기에 일어나는 일련의 변화는 일정한 순서로 이루어지기는 하나 사춘기가 시작되는 개시연령, 사춘기가 진행되는 기간이나 속도에 개인차가 크다. 따라서 두 아이의 생활연령이 같더라도 이들의 신체 크기, 신체 발달 정도나 영양소 요구량에 큰 차이가 있을 수 있다.

(1) 성적 성숙

사춘기에는 여러 가지 생리적 기능도 발달하는데 그중 가장 극적인 변화를 보이는

표 3-26 청소년기 성적 성숙의 비교

분류		성기	음모
남	1단계	사춘기 전 : 아동기에 비해 고환, 음낭, 음경에 변화 없음	사춘기 전 : 음모 없음
	2단계	고환과 음낭의 확대 시작, 음낭의 피부색이 붉어지고 표면이 거칠어짐, 음경에는 변화 없음	음경 기저 부위에 약간 출현
	3단계	음경의 길이와 폭 증가, 음낭과 고환 확대	음모가 많아지고 구부러지며, 색깔이 검게 변함
	4단계	음경이 크고 분비선이 발달됨, 음낭과 고환이 더 커짐, 음낭의 피부가 갈색으로 착색됨	성인과 비슷하나 대퇴부까지 덮지는 않음
	5단계	성인의 크기에 도달함	대퇴부까지 덮음
여	1단계	사춘기 전 : 변화 없음	사춘기 전 : 음모 없음
	2단계	유두의 돌출	대음순 부위에 소량의 음모 출현
	3단계	유방과 유륜이 커짐	음모가 많아지고 구부러지며, 색깔이 검게 변함
	4단계	유륜과 유두가 더 커지면서 둔덕이 생김	성인과 비슷하나 대퇴부까지 덮지는 않음
	5단계	성인과 같은 모양이 됨	대퇴부까지 덮음

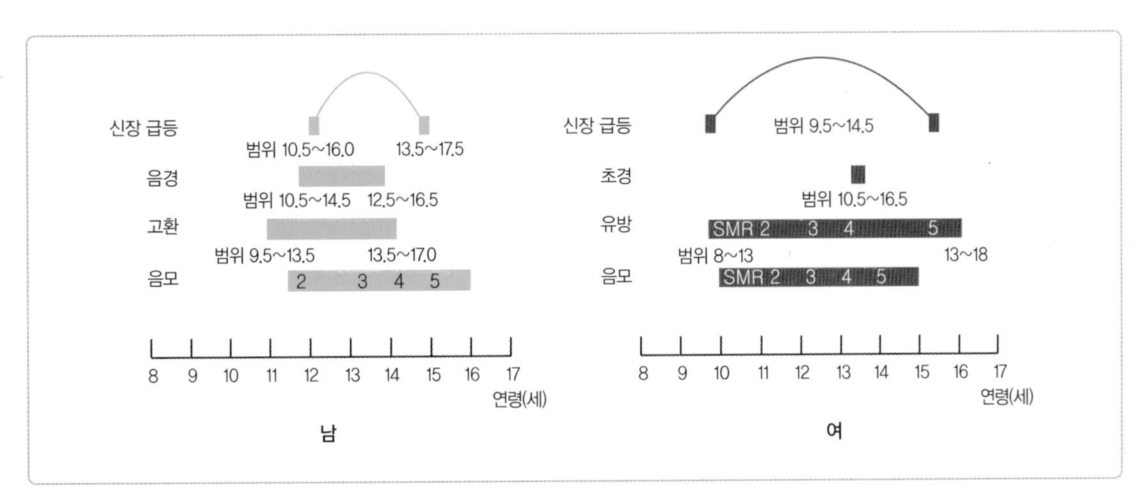

그림 3-14
사춘기의 성적 발달 순서

것은 생식기능의 성숙이다(표 3-26, 그림 3-14). 성적 성숙은 일정한 순서를 거치면서 이루어진다. 남성들은 음낭과 고환이 커지고 착색이 되는 변화가 먼저 나타난다. 그다음 음경이 길고 굵어지며, 고환과 음낭이 계속 확대된다. 음경의 길이와 폭이 증가하며 분비선이 발달하여 12.7~17세에는 성인만큼 커진다.

사춘기 여성에게 나타나는 첫 변화는 유두의 출현이다. 그다음에 가늘고 섬세한 음모가 나타나고 초경을 시작하게 된다. 초경을 시작하는 시기에는 개인차가 크며 영양상태에 따라서도 달라진다. 한국 여아의 초경 연령은 지난 30년간 2년 이상 빨라진 것으로 추정되는데 그 원인으로는 영양상태 향상과 식생활패턴의 영향을 들 수 있다.

(2) 신장과 체중

사춘기는 신장과 체중이 급격하게 증가하는 급성장기이다. 영아기 이후 유아기와 학령기 동안에 주춤했던 신장과 체중의 성장속도는 사춘기를 맞아 다시 한 번 빨라진다.

신체 급성장기는 사춘기 직전에 시작되는데 여성이 남성보다 약 2년 앞서 신장과 체중이 증가하는 급성장기를 맞게 되며 이는 3년에 걸쳐 진행된다. 남성은 여성보다 더 늦은 나이에 사춘기에 들어서고 그 과정이 완료되는데 진행기간 역시 더 긴 4~6년이다. 그림 3-15에는 청소년기 신체 성장 추이가 나타나 있다. 사춘기에는 신체가 커질 뿐만 아니라 체형에도 변화가 생긴다. 여성은 허리가 가늘어지고 가슴과 엉덩이가 커지며, 남성은 어깨가 넓어지면서 여성은 더욱 여성다운, 남

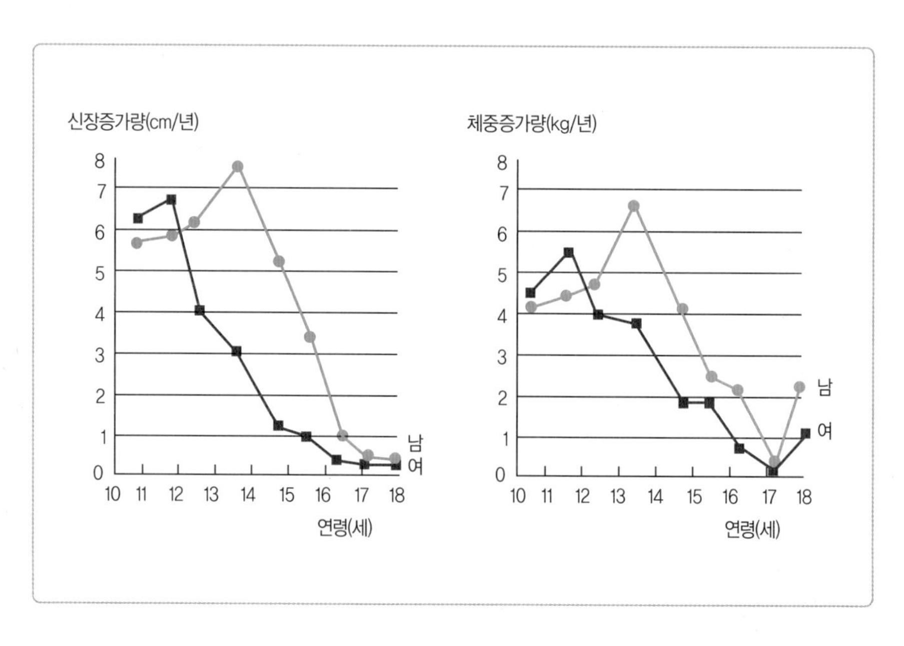

그림 3-15
청소년기 신체 성장 추이

성은 더욱 남성다운 모습을 띠게 된다.

(3) 골격

사춘기는 골격의 축적이 많이 일어나는 시기로 이 기간 동안 성인 골질량의 50%에 해당되는 골격이 축적되며, 18세가 되면 성인 골질량의 90%에 도달한다. 유전, 호르몬 변화, 하중을 받는 운동량, 흡연, 음주, 칼슘, 단백질, 비타민 D, 철 섭취량 등이 골질량의 축적에 영향을 주는 요인이다. 사춘기의 단백질과 칼슘의 섭취 정도에 따라서 최대 골질량의 크기가 결정된다는 점에 비추어볼 때 이 시기의 식습관과 영양교육은 매우 중요하다.

(4) 신체 조성

사춘기에는 신체 조성 면에서의 변화도 크게 일어나는데 남성은 근육이, 여성은 지방이 상대적으로 많이 증가한다. 여성의 경우 고등학생에 해당되는 15~16세 때 체지방 함량이 최고조에 달한다. 초경의 시작은 체지방 함량과 밀접한 관련이 있는 것으로 알려져 있다. 초경이 시작되려면 체지방 함량이 적어도 17%는 되어야 하며 배란이 정기적으로 되려면 25%의 체지방 함량이 필요한 것으로 보인다(그림 3-16).

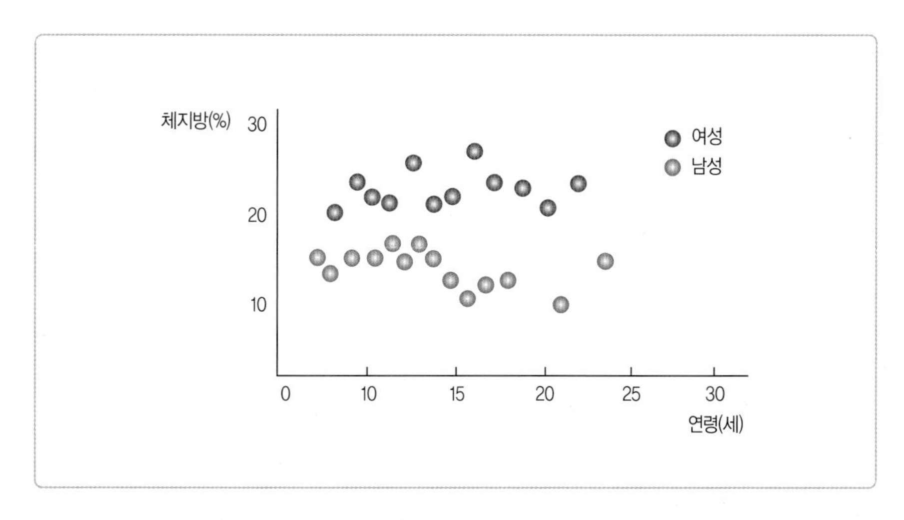

그림 3-16
성별·연령별 체지방 변화 비교

잠깐! 알아봅시다 **청소년의 심리 발달**

사춘기에는 신체적인 측면의 성숙이 이루어질 뿐만 아니라 자기 주관이 확립되고 도덕적 윤리적 가치체계의 발달이 일어나며, 소속 집단 속에서 책임감 있는 성인의 역할을 배우게 된다. 사춘기에는 구체적이고 실제적인 일뿐 아니라 추상적이고 가상적인 문제를 다룰 수 있는 능력이 발달한다. 사춘기의 심리 발달은 인식능력이 발달하는 초기(11~14세), 중기(15~17세), 후기(18~21세)로 나누어볼 수 있다.
초기에는 극적인 생물학적 변화를 겪게 되면서 빠르게 변화하는 신체 이미지나 성적 문제에 대하여 혼돈을 일으킬 수 있다. 자신의 신체에 불안해하고 남의 눈에 비쳐지는 자신의 모습에 신경을 쓰게 된다. 일상생활에서 가족보다는 또래 집단의 영향을 많이 받으며 식습관 역시 마찬가지로 친구들의 영향을 많이 받는다.
중기에는 가족 특히 부모로부터 정서적으로나 사회적으로 독립을 하려는 움직임이 나타난다. 이 시기에는 자신을 막강하다고 생각하며 가끔 음주, 흡연, 약물을 시도하거나 공격적 행동을 하는 등 무모한 행동을 시도하기도 한다.
후기는 신체적 발달이 완성되며 자아 정체성이 확립되고 도덕관념이나 신념이 확고해지는 시기이다. 이때는 초기보다 신체 이미지에 대한 문제로 고민하는 일이 줄어들고 고도로 복잡한 사회적 상황도 잘 처리하게 되어 돌발적이거나 충동적인 행동을 덜 하게 된다. 또 추상적 사고능력이 발달되면서 자신의 관심 분야나 미래의 목표를 구체화·발달시키게 된다.

2) 청소년에게 필요한 영양소

사춘기와 청소년기에는 무지방 신체질량, 골격질량, 지방 등 체조직이 증가한다. 생애 어느 때보다 에너지와 영양소 필요량이 높은 시기이다.

(1) 에너지와 다량영양소

청소년기의 에너지 권장량은 기초대사량, 신체활동수준, 사춘기의 급성장에 요구되는 에너지필요량에 의해 결정된다. 만약 에너지섭취량이 필요량에 비해 부족하다면 신체 성장 발달이나 성숙이 지연되어 성인이 되었을 때 신체 크기가 작아질

표 3-27 청소년기 에너지와 다량영양소 권장섭취량

연령(세)	신장(cm)	체중(kg)	에너지(kcal) (1일 필요추정량)	탄수화물(g) (1일 권장섭취량)	단백질(g) (1일 권장섭취량)
12~14(남)	161.2	52.7	2,500	130	60
12~14(여)	156.6	48.7	2,000	130	55
15~18(남)	172.4	64.5	2,700	130	65
15~18여)	160.3	53.8	2,000	130	55

자료 : 한국영양학회, 2020 한국인 영양소 섭취기준.

수 있다. 청소년기의 단백질 권장량은 신체유지와 새로운 조직 합성에 필요한 단백질 요구량에 의해 결정된다. 이 시기에 단백질이 부족하면 신체 성장과 성적 성숙이 지연될 수 있다. 청소년의 에너지 섭취적정비율은 성인과 마찬가지로 '탄수화물 : 단백질 : 지질'이 '55~65% : 7~20% : 15~30%'이고, 포화지방산은 전체 에너지의 8% 미만, 트랜스지방산은 1% 미만으로 섭취하도록 권장한다. 표 3-27에는 청소년기 에너지와 단백질 권장 섭취량을 제시하였다.

(2) 무기질과 비타민

청소년기는 근육, 골격, 혈액이 많이 증가하는 시기로 무기질과 비타민이 많이 필요하다. 특히 중요한 무기질로는 칼슘, 철, 아연이 있다. 청소년기에는 체내에 칼슘이 급속도로 축적되며, 따라서 이 시기의 칼슘권장량이 제일 높다. 아울러 신장과 체중이 급속히 증가하며 여아의 경우 월경에 의한 철 손실에 대응하기 위한 철 필요량이 증가한다. 성장에 필수적인 아연 역시 그 필요량이 증가하며 아연이 결핍된 청소년은 성장이 저하되고 성적 성숙도 지연된다.

세포 증식과 분화에서 중요한 역할을 하는 비타민 A, 골격 성장과 칼슘·인의 항상성 유지에 관여하는 비타민 D는 청소년기에 그 요구량이 증가한다. 청소년기에 증가하는 에너지 필요량에 맞추어 티아민, 리보플라빈, 니아신의 필요량도 증가하며, 단백질 대사 증가로 비타민 B_6의 필요량이 증가하고 세포 분열과 분화에 중요한 엽산의 필요량도 증가한다. 그 밖에 콜라겐 합성에 필요한 비타민 C도 청소년기에 필요량이 증가한다(표 3-28).

표 3-28 청소년기 무기질과 비타민 권장섭취량

연령(세)	남성		여성	
	12~14세	15~18세	12~14세	15~18세
비타민 A(μg RAE)	750	850	650	650
비타민 D(μg)*	10	10	10	10
비타민 E(mg α-TE)*	11	12	11	12
비타민 C(mg)	90	100	90	100
티아민(mg)	1.1	1.3	1.1	1.1
리보플라빈(mg)	1.5	1.7	1.2	1.2
니아신(mg NE)	15	17	15	14
비타민 B_6(mg)	1.5	1.5	1.4	1.4
엽산(μg DFE)	360	400	360	400
칼슘(mg)	1,000	900	900	800
인(mg)	1,200	1,200	1,200	1,200
철(mg)	14	14	16	14
아연(mg)	8	10	8	9

자료 : 한국영양학회. 2020 한국인 영양소 섭취기준.

3) 청소년의 식생활 특성

(1) 무절제한 식습관

성장이 급속도로 일어나면서 식욕이 왕성해지는 청소년기에는 자칫 아무 음식이나 먹거나 아무 때나 먹는 등 식생활이 무절제해질 수 있다. 이 시기에 즐겨 먹는 라면, 햄버거, 튀김류, 피자, 스낵류와 같은 식품에는 지방, 콜레스테롤, 포화지방산, 식염 등 몸에 좋지 않는 성분들이 많이 들어 있다. 청소년기에 이러한 식품을 먹었다고 해서 당장 동맥경화증, 고혈압, 심장병, 당뇨병 등 생활습관 질병이 나타나지는 않겠지만 장기적으로 볼 때 바람직한 식습관은 아니라고 할 수 있다. 또한 식사를 어느 정도 정해진 시간에 일정량을 규칙적으로 하는 습관도 섭취하

는 음식 못지않게 건강 유지에 있어서 중요하다. 청소년기에 건강한 식습관을 유지하면 생활습관 질병 증세가 나타나는 시기를 지연시키거나 예방할 수 있는 이점이 있다.

(2) 아침 식사 결식

우리나라 청소년의 1/3 정도가 주 5회 이상 아침을 거르는 것으로 조사되었다. 아침 식사를 거르면 학습능력과 운동능력에 지장이 생긴다. 밥과 국, 반찬 등 우리나라의 전통적인 아침 식사를 할 수 있다면 좋겠지만 그렇지 못하는 경우에는 식품구성자전거에 있는 곡류 및 전분류, 채소류, 과일류, 고기·생선·계란·콩류, 우유 및 유제품 등의 식품군이 모두 들어간 아침을 챙겨 먹는 것이 좋다.

(3) 간식

청소년기에는 간식으로 섭취하는 열량과 영양소의 양이 상당하므로 간식의 종류와 양이 영양상태에 큰 영향을 미칠 수 있다. 청소년들이 흔히 간식으로 먹는 감자칩, 스낵류, 탄산음료 등의 식품에는 당분, 염분, 지방 등 몸에 좋지 않은 성분이 많이 들어 있다. 간식으로 먹기 좋은 식품은 과일, 생채소, 기름에 튀기지 않은 스낵류이고 이때 곁들여 마시는 음료로는 탄산음료나 과즙음료 대신 물, 저지방우유, 100% 과일주스가 좋다.

잠깐! 알아봅시다 **한국 청소년의 영양 섭취 실태**

2018년도 국민건강영양조사 자료에 의하면 우리나라 전체 청소년 중 에너지와 지방을 과잉으로 섭취하는 사람의 비율은 2015년 9.0%에서 2018년에는 8.8%로 감소하였다. 그러나 에너지 섭취량이 필요추정량의 75% 미만이면서 칼슘, 철, 비타민 A, 리보플라빈의 섭취량이 평균필요량 미만인 영양섭취부족자의 비율은 2015년의 14.5%에서 2018년에 16.2%로 오히려 약간 증가해서 필수영양소를 충분히 골고루 섭취하는 균형잡힌 식생활이 더 필요한 상태이다. 한 편, 청소년의 아침 식사 결식률의 경우 2015년의 29.5%에서 2018년에는 29%로 별 변화가 없었는데, 아침 식사 결식률에 대한 개선이 좀 더 필요하다.

4) 청소년의 올바른 식생활

보건복지부에서는 우리나라 청소년의 식생활 특성과 영양문제를 규명한 후 이를 개선하여 건강을 유지할 수 있도록 청소년을 위한 식생활지침을 제정하여 홍보하

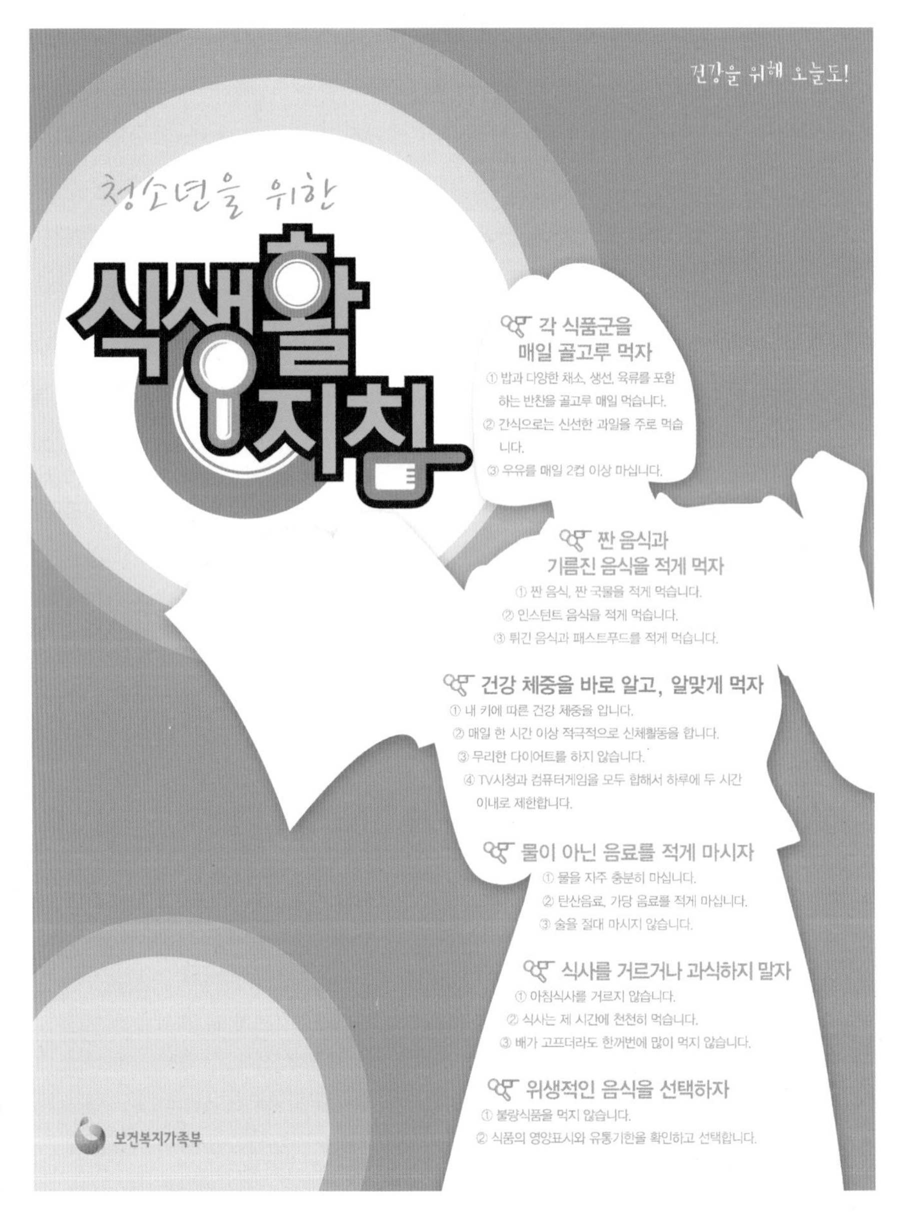

그림 3-17
청소년을 위한 식생활지침

자료 : 보건복지부, 2010.

고 있다(그림 3-17). 식생활지침의 내용으로는 각 식품군을 매일 골고루 먹자, 짠 음식과 기름진 음식을 적게 먹자, 건강 체중을 바로 알고, 알맞게 먹자, 물이 아닌 음료를 적게 마시자, 식사를 거르거나 과식하지 말자, 위생적인 음식을 선택하자 등을 설정하였고 지침별 세부 실천목표를 설정하였다.

5) 청소년에게 나타날 수 있는 영양문제

(1) 비만과 체중 조절

2019년도 국민건강영양조사 통계에 의하면 우리나라 12~18세 청소년의 체질량 지수 기준 95백분위수 이상의 비만유병률은 남학생 17.4%, 여학생 13.8%로 나타났으며 비만율은 2010년 이후 계속 증가하는 추세이다. 2015년 청소년건강행태 온라인 조사에 의하면 청소년기는 외모와 체형에 대한 관심이 클 때이다. 10~19세 청소년 중 자신의 체중이 정상인데도 불구하고 뚱뚱하다고 생각하는 남학생의 비율은 20.7%, 여학생은 34.7%나 되었으며, 지난 30일 동안 체중 감량을 시도

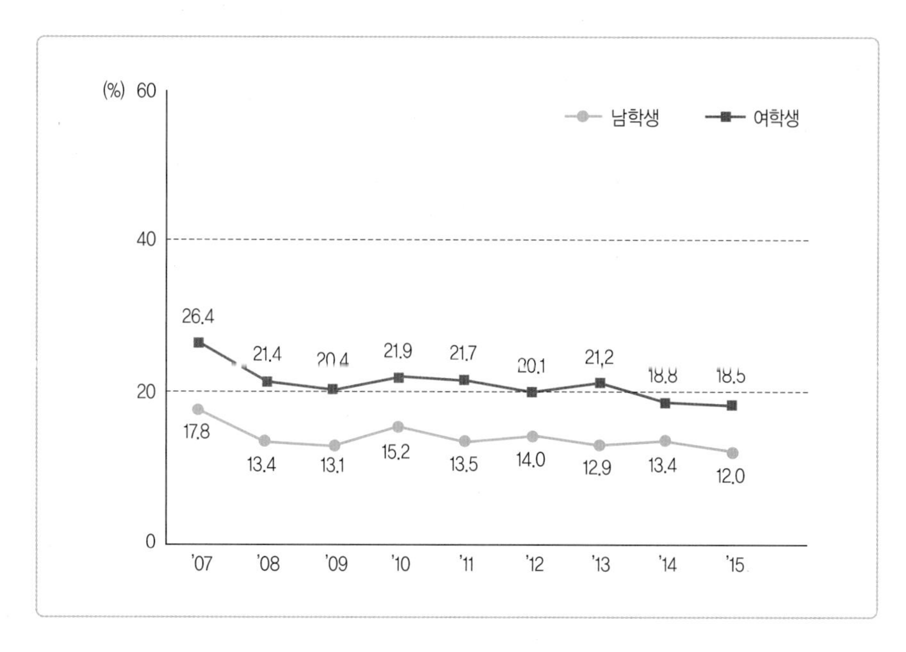

그림 3-18
청소년의 한달간 부적절한 체중 감소 시도율 추이

자료 : 2015년 청소년건강행태 온라인 조사 보고서.

한 청소년의 비율이 남학생 22.7%, 여학생 42.2%나 된다는 조사 결과에 잘 드러난다(그림 3-18). 또, 지난 30일 동안 체중감소를 시도한 학생 중 18.5%가 단식이나 절식, 구토, 설사약, 이뇨제, 의사 처방 없이 살 빼는 약을 복용하는 등의 부적절한 방법을 선택하는 것으로 나타났다. 청소년기의 부적절한 체중 조절은 성장장애나 섭식장애 같은 건강문제를 초래할 수 있으므로 올바른 체중 감량에 대한 교육이 절실한 것으로 나타났다.

(2) 빈혈

청소년기에는 철 요구량이 높아지며 빈혈에 걸리기 쉽다. 특히 여학생의 경우 월경혈의 손실로 빈혈이 더욱 쉽게 나타난다. 빈혈이 있으면 쉽게 피로해지고, 의욕이 떨어지며, 학습능력도 저하되므로 붉은 살코기, 닭고기, 생선 등 육류와 철이 많은 식품을 충분히 먹어 철 결핍을 예방해야 한다.

(3) 흡연 · 음주 · 약물

청소년기에는 흡연이나 음주, 약물 등 이전에 해보지 못하던 일에 관심이 쏠리기도 한다. 신체와 장기의 발육이 왕성하게 이루어지는 청소년기의 흡연은 성인의 흡연보다 그 폐해가 훨씬 큰 것으로 알려져 있다. 흡연은 폐암을 비롯한 각종 암을 유발한다. 술에 있는 알코올은 소화기 점막을 손상시키며 영양소의 소화·흡수·대사를 방해하므로 영양결핍을 일으킨다. 그뿐만 아니라 뇌, 심장, 간, 생식기관 등 신체 전반에 악영향을 주므로 청소년기에는 음주를 하지 말아야 한다. 각종 각성제, 환각제, 부탄가스, 마약 등의 약물 복용은 식욕을 억제하고 영양불량을 초래하며 각종 장기에 해를 입혀 건강을 해친다. 흡연이나 음주, 약물에 의한 손상은 남성보다 여성에게 더욱 쉽게 발생하므로 특히 더 주의해야 하다.

(4) 식행동장애

청소년기에는 날씬해지려는 강박관념에 과도하게 사로잡혀 거식증이나 폭식증 등의 식행동장애가 나타나기도 한다. 체중이 정상에 비해 20~40%까지 감소되는 거식증은 주로 청소년기 여성에게 나타나며, 체중이 늘어날까 두려워하며 먹기를 거부하다가 정도가 지나치면 사망하기도 한다.

10대 후반과 20대의 초반 젊은 여성 중 20%가 겪고 있는 것으로 추정되는 폭식증은, 날씬해지려고 음식을 거부하다가 포기하고 엄청나게 많은 음식을 한꺼번에 먹는 행동을 주기적으로 반복하게 되는 식행동장애이다. 폭식 후 체중이 늘어날 것을 우려하여 토하거나, 설사제를 복용하고 혹은 과도한 운동을 하기도 한다. 잦은 구토와 설사로 인해 수분과 전해질 균형이 깨지면 심장과 신장에 장애가 생길 수 있으므로 주의해야 한다. 식행동장애를 진단할 때 사용할 수 있는 선별요소와 징후는 표 3-29와 같다.

표 3-29 식행동 장애의 선별요소와 징후

선별요소	징후	선별요소	징후
신체이미지와 체중	• 왜곡된 신체이미지 • 체형에 대한 불만 • 체중 증가에 대한 극심한 염려 • 5kg 이상의 체중 변화	정신심리	• 우울증 • 음식이나 체중에 대한 상념 • 체형에 대한 강박감 • 신체적·성적 학대 또는 매우 힘든 일을 겪음
식사행동	• 저열량 식사 • 식욕 부진, 더부룩함 • 다른 사람이 보는 앞에서 식사하기를 꺼림 • 정상체중임에도 다이어트를 함 • 폭식 • 구토(하제나 이뇨제 사용)	신체검사와 건강	• BMI 5 백분위 미만 • 기립성 저혈압 • 저체온증 • 근육 소실 • 무월경이나 월경 불순 • 졸도, 현기증
식사패턴	• 체중 감량을 위한 금식 또는 잦은 결식 • 식사량의 변화 폭이 매우 큼	신체활동량	• 체급 제한이 있는 운동을 함 • 신체활동에 대한 강박적인 태도

잠깐! 알아봅시다 청소년기 주요 영양 위험지표

- 하루 3회 미만의 채소, 2회 미만의 과일류 섭취
- 하루 2회 미만의 우유 및 유제품 섭취
- 식욕 부진
- 주 3회 이상의 잦은 패스트푸드 섭취
- 주 3회 이상의 결식
- 완전한 채식
- 빈곤으로 인한 식품 섭취 부족
- 다이어트, 식행동 장애, 과도한 체중 변화
- 체질량지수 5백분위 이하, 95백분위 이상
- 주 5회 미만의 운동 또는 지나친 운동
- 빈혈, 치아 우식증
- 만성질환자, 치료 약물 복용자
- 임신
- 영양보충제 오남용
- 흡연, 음주, 마약 사용

건강한 미래 만들기

CHAPTER

1/ 건강관리와 건강지표

1) 질병 발생 현황

우리나라의 질병 발생 양상은 감염성 질환에서 만성 퇴행성 질환으로 변화되어 왔다. 이러한 추세는 우리나라의 사망원인 통계를 보면 알 수 있다. 2019년도 우리나라 사망원인을 살펴보면 암, 심장 질환, 뇌혈관 질환, 당뇨병 등 만성 질환의 발병률이 높다. 또한 노인 인구 증가와 함께 알츠하이머병 발생률이 빠르게 증가하여, 2009년 13위에서 2018년 9위, 2019년에는 7위로 조사되었다(표 4-1).

잠깐! 알아봅시다 감염성 질환과 만성퇴행성 질환

감염성 질환은 결핵, 폐렴과 같이 병원균에 의한 질환이며, 만성퇴행성 질환은 당뇨병, 심장병, 동맥경화증, 암과 같이 병의 원인이 병원균이 아니라 영양소 섭취 불균형, 운동 부족, 스트레스 등 잘못된 생활습관으로 인해 오랜 기간에 걸쳐 발생하는 질병으로, 일단 발병하면 치료가 어렵고 점진적으로 악화되는 특성이 있다. 최근에는 만성퇴행성 질환을 생활습관병이라 부르기도 한다.

표 4-1 우리나라 주요 사인의 변화(1980년대 이후)

순위	1980	1990	2000	2005	2010	2019
1	고혈압성 질환	악성신생물(암)	악성신생물(암)	악성신생물(암)	악성신생물(암)	악성신생물(암)
2	뇌혈관 질환	뇌혈관 질환	뇌혈관 질환	뇌혈관 질환	뇌혈관 질환	심장 질환
3	위의 악성신생물	심장 질환	심장 질환	심장 질환	심장 질환	폐렴
4	결핵	운수 사고	운수 사고	자살	고의적 자해(자살)	뇌혈관 질환
5	중독	고혈압성 질환	간 질환	당뇨병	당뇨병	고의적 자해(자살)
6	간 질환	간 질환	당뇨병	간 질환	폐렴	당뇨병
7	하기도 질환 (기관지염, 폐기종 및 천식)	당뇨병	만성하기도 질환	운수 사고	만성하기도 질환	알츠하이머병
8	폐렴	호흡기 결핵	자살	만성하기도 질환	간 질환	간 질환
9	운수 사고	만성하기도 질환	고혈압성 질환	고혈압성 질환	운수 사고	만성하기도 질환
10	자살	자살	추락 사고	폐렴	고혈압성 질환	고혈압성 질환

자료 : 통계청, 사망원인통계, 2020.

2) 건강검진

만성질환은 치료보다 예방이 중요하다. 만성질환을 예방하려면 질환의 위험요인을 줄이기 위해 노력해야 한다. 따라서 정기적인 건강검진을 통해서 위험수준을 보인 검진 항목을 개선시키기 위한 방안을 마련해야 하고, 건강검진의 내용을 이해해야 한다.

건강검진을 위해 병원에 가면 신장과 체중을 측정하고 혈액·소변 검사를 비롯한 여러 항목의 검사를 한 후 검진 결과를 전달받게 된다. 이때 일반인들은 결과표에 나타난 항목과 수치의 의미를 알지 못해 어리둥절하기 십상이다. 따라서 이 장에서는 만성질병과 관련하여 자주 검사받는 항목들과 그 결과의 의미를 살펴보고자 한다(그림 4-1).

그림 4-1
건강검진

(1) 체위 및 혈압 측정

■ **체위**

체위는 영양 및 건강상태를 직접적으로 반영하며, 가장 간단하게 측정할 수 있는 항목이다. 보통 신장, 체중, 허리둘레, 엉덩이둘레를 측정하게 되는데 이들이 의미하는 것은 제각기 다르다. 신장과 체중으로부터는 체질량지수(BMI)를 계산하여 비만 정도를 판정하게 되고, 허리둘레와 엉덩이둘레 비율로부터는 복부비만을 판정할 수 있다. 최근에는 기계를 이용하여 비만도 및 체구성성분을 즉석에서 간단히 측정할 수도 있다.

- **신장** 신장은 어렸을 때부터의 영양상태를 반영한다. 표준 키보다 작으면, 어렸을 때부터의 영양불량을 의심해볼 수 있으나, 요즈음에는 이러한 경우가 극히 드물고, 대개 유전이나 환경 조건에 의해 키가 결정된다.
- **체중** 체중이 너무 적게 나가면 열량 부족을 의미하고, 너무 많이 나가면 열량 과다를 의미한다.
- **체질량지수(BMI)** 비만을 판정하기 위해 가장 많이 사용되는 지표로 신장에 대한 체중의 비를 통해 구한다.

$$\text{BMI}(kg/m^2) = \text{체중}(kg) \div \text{신장}(m)^2$$

- **허리둘레/엉덩이둘레비(WHR), 허리둘레** 허리둘레가 엉덩이둘레보다 클수록 복부비만이 심하다고 볼 수 있다. 그러나 허리둘레와 엉덩이둘레가 동시에 증가하면 WHR이 변하지 않기 때문에 WHR보다 허리둘레를 이용하기도 하며, 허리둘레가 복부비만과 관계가 깊은 것으로 알려져 있다.
- **체지방률** 비만도를 나타내는 지표의 하나로, 체위 및 체구성 측정기인 인바디(Inbody)로 측정할 수 있다(그림 4-2). 평균적으로 여성의 체지방률이 남성보다 높다.

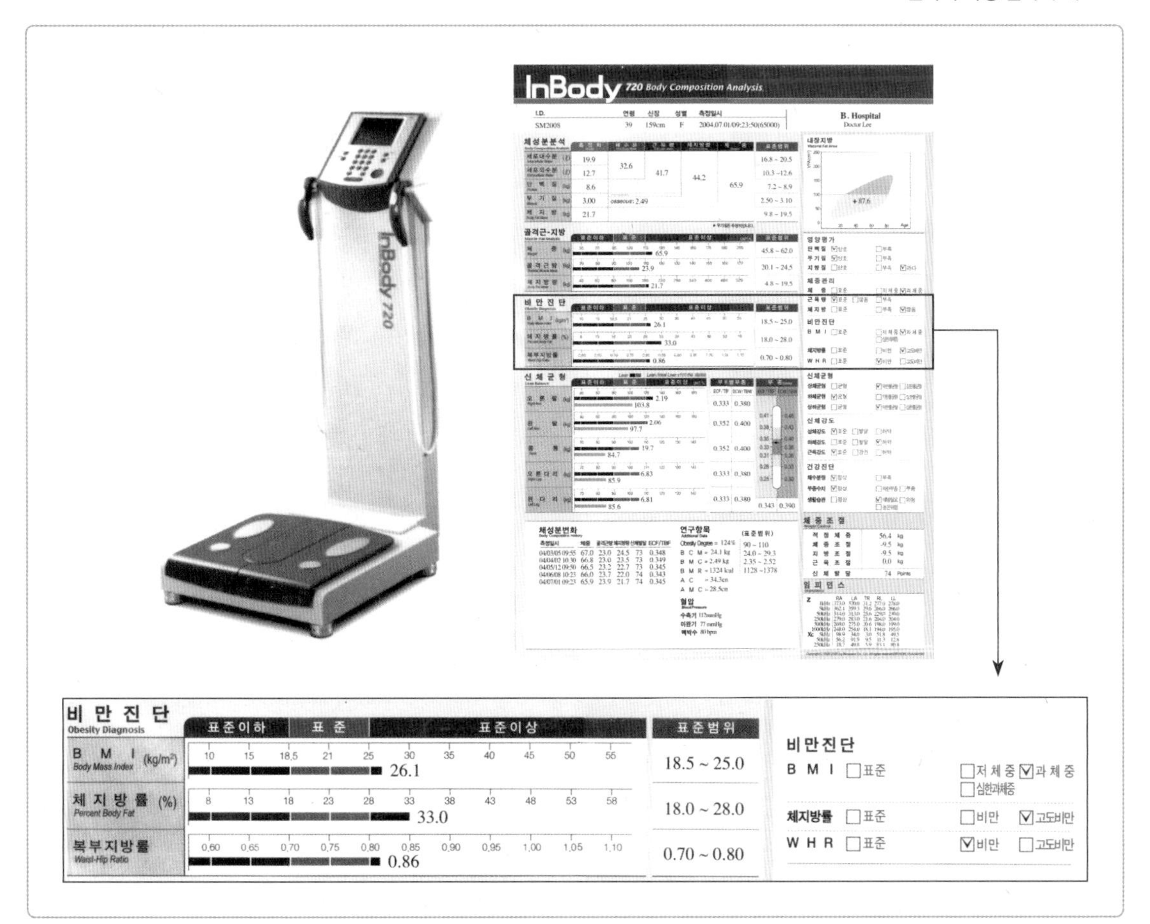

그림 4-2
인바디 측정 결과의 예

표 4-2 고혈압의 기준

(단위 : mmHg)

혈압 분류		수축기 혈압(mmHg)		확장기 혈압(mmHg)
정상 혈압		< 120	그리고	< 80
주의 혈압		120~129	그리고	< 80
고혈압 전단계		130~139	또는	80~89
고혈압	1기	140~159	또는	90~99
	2기	≥ 160	또는	≥ 100
수축기 단독고혈압		≥ 140	그리고	< 90

자료 : 대한고혈압학회, 2018.

■ **혈압**

일정한 혈압 유지는 원활한 혈액순환을 위해 필수적이다. 혈관 벽이 두꺼워지거나 경직되면, 혈압이 상승하여 고혈압 증세가 나타나게 된다(표 4-2). 고혈압이 심해지면 혈관 파열이나 출혈이 일어나 위급한 상황이 생길 수 있으므로 혈압을 일정 수준으로 유지하는 것이 중요하다. 혈압은 수시로 측정해야 한다.

(2) 혈액검사

■ **일반 혈액검사**

혈액 내 존재하는 세 종류의 세포, 즉 적혈구와 백혈구, 혈소판의 양과 특징을 조사하는 검사로 전반적인 건강상태를 확인하고 다양한 질환의 선별검사와 추적을 위하여 일차적으로 수행하는 검사이다. 표 4-3은 일반 혈액검사 결과의 판정 기준이다.

- **적혈구(RBC)** 적혈구는 혈색소를 포함하고 있어 산소를 운반하는 일을 한다. 적혈구 수가 감소하면 산소 운반능력이 떨어져서 빈혈이 발생한다.
- **백혈구(WBC)** 백혈구 수는 염증상태에서 증가하며, 조혈기능장애가 있으면 감소한다.
- **혈소판(PLT)** 혈액응고에 관여한다. 혈소판이 감소하면 출혈성 질환이 초래된다.

표 4-3 일반 혈액검사의 판정 기준

	검사 항목	정상범위	
CBC	적혈구(RBC)×(10^6/μL)	4.0~5.5	
	백혈구(WBC)×(10^3/μL)	3.8~10.6	
	혈소판(PLT)×(10^3/μL)	141~316	
빈혈지표		남성	여성
	혈색소(Hb, g/dL)	14~18	12~16
	헤마토크릿(Hct, %)	40~54	37~47
	평균 혈구용적(MCV, fL)	80~99	
	평균 혈구혈색소(MCH, pg)	26~34	
	평균 혈구혈색소 농도(MCH, pg)	32~36	

잠깐! 알아봅시다 빈혈의 종류와 특징

빈혈의 종류

- 소적혈구성 빈혈(철결핍성 빈혈) : 헤모글로빈 합성 저하로 발생하는 빈혈이다. 철의 부족으로 적혈구의 크기가 작고 혈액 중 헤모글로빈 농도가 낮다.
- 거대적아구성 빈혈 : 적혈구가 형성되기 전 단계인 적아구 세포 증식 이상으로 발생하는 빈혈이다. 비타민 B_{12}나 엽산 결핍에 의해 나타난다.
- 용혈성 빈혈 : 적혈구 막이 손상되어 적혈구가 파괴되어 발생하는 빈혈이다. 비타민 E가 부족하면 발생할 수 있다.

빈혈의 지표

- 혈색소(Hb) : 적혈구 내에서 산소와 결합하여 체내에 산소를 공급한다. 혈색소 농도가 감소하면 산소 운반이 잘 안 되어 빈혈이 발생한다.
- 헤마토크릿(Hct) : 혈액 전체 부피에 대한 적혈구 부피의 비율로, 빈혈 판정에 사용된다.
- 평균혈구용적(MCV) : 적혈구의 평균 크기를 나타낸다. 철 결핍이 심한 경우 감소하며, 거대적아구성 빈혈에서는 증가한다.
- 평균혈구혈색소(MCH) : 각 적혈구 내의 헤모글로빈 양을 말하는 것으로 철결핍성 빈혈에서 감소하고, 거대적아구성 빈혈에서 증가한다.
- 평균혈색소농도(MCHC) : 헤마토크릿에 대한 헤모글로빈 농도로 철 결핍 시 감소한다.

■ **지질검사**

혈액 내 지질에는 중성지방, 콜레스테롤, 인지질 등이 있다. 그러나 지질은 수용성이 아니므로 혈액 중에서 단백질과 결합한 지단백의 형태로 존재한다. 혈액에 지질이 적정 수준 이상 존재하면, 이들이 혈관 벽에 부착되어 혈관 벽의 경화를 비롯한 여러 가지 이상상태를 초래할 수 있다. 그러므로 건강검진에서는 혈중 지질, 또는 지단백질의 농도를 측정하여 이들의 상승 여부를 검사한다.

- **중성지방**　체내에 저장되는 지질의 형태로 혈중 중성지방 수준이 높으면 심장 및 혈관 질환 발생률이 높아진다.
- **콜레스테롤**　혈중 콜레스테롤 농도가 높으면 혈관 벽에 플라그가 형성되어 혈관 탄력성이 감소하므로 죽상 경화에 걸리기 쉽다. 혈중 콜레스테롤은 여러 가지 지단백과 결합된 형태로 존재하는데 그중에서도 저밀도지단백(LDL)에 가장 많이 포함되어 있다.
  - 저밀도지단백 콜레스테롤(LDL−C) : 혈중 콜레스테롤의 대부분을 차지하며, 플라그 형성에 직접 관여하므로 이것이 높으면 심혈관계와 순환기계 질환의 위험도가 증가한다. 따라서 나쁜 콜레스테롤이라고 설명하기도 한다.
  - 고밀도지단백 콜레스테롤(HDL−C) : 조직의 콜레스테롤을 간으로 운반하여 분해하는 작업을 도와주므로 체내 콜레스테롤 축적을 막아주는 기능을 한다. 좋은 콜레스테롤이라고도 하며 이 농도가 낮으면 위험하다고 본다.
  - 총 콜레스테롤 : 여러 종류의 지단백질에 결합되어 있는 콜레스테롤을 모두 합해 이르는 것이다. 일반적으로 과다한 총 콜레스테롤 농도는 관상동맥 질환이나 혈관 질환의 강력한 위험인자다.
- **호모시스테인**　지질 성분은 아니나 이 수치가 증가하면 심혈관 질환을 비롯한 만성질환 위험도가 증가한다.

성인의 이상지질혈증 기준은 표 4−4와 같다.

표 4-4 이상지질혈증 진단기준

구분	분류	농도(mg/dL)
콜레스테롤	적정	< 200
	경계	200~239
	높음	≥ 240
LDL-콜레스테롤	적정	< 100
	정상	100~129
	경계	130~159
	높음	160~189
	매우 높음	≥ 190
HDL-콜레스테롤	낮음	< 40
	높음	≥ 60
중성지방	적정	< 150
	경계	150~199
	높음	200~499
	매우 높음	≥ 500

자료 : 한국지질·동맥경화학회, 이상지질혈증 치료지침 제정위원회, 2015.

잠깐! 알아봅시다 혈중 지질 수치와 건강

A와 B 두 사람의 혈중 총콜레스테롤 수치는 220mg/dL로 같으나, B는 A보다 HDL-C는 높고 LDL-C는 낮아 B가 A에 비해 더 건강하다고 할 수 있다.

(단위 : mg/dL)

구분	총 콜레스테롤	LDL-C	HDL-C	기타 콜레스테롤
A	220	150	45	25
B	220	120	57	43

■ 간 기능검사

간 기능을 조사하기 위해 간에서 합성되는 단백질이나 효소 등을 측정한다(표 4-5).

표 4-5 간 기능검사 지표 기준

(단위 : U/L)

구분	총단백질(g/dL)	알부민(g/dL)	GOT	GPT	ALP	γ-GTP
정상범위	6.0~8.0	3.5~5.2	0~40	0~40	53~128	11~49

- **총 단백질과 알부민** 혈액 중 단백질은 대부분 간에서 합성되기 때문에 간 기능이 저하되면 혈액 중 총단백질이나 알부민량이 감소된다. 그러나 간 기능뿐만 아니라 신장 기능이 저하되어 배설이 증가하거나 단백질 섭취량이 적어도 혈액 중 수준이 낮아진다. 특히 알부민은 단백질 섭취와 관련이 있기 때문에 단백질 영양상태 판정에 이용된다.
- **GOT, GPT** GOT와 GPT는 간에 많이 들어 있는 효소로 간세포가 손상되면 간세포 내 효소들이 혈액으로 빠져나와 혈중 농도가 급속히 상승한다. 이들 효소의 혈중 농도가 높으면 간 질환을 의심해볼 수 있다.
- **알카라인 포스파타제(ALP)** 주로 뼈나 간 진단에 사용되며 폐쇄성 황달 혹은 간암 때 상승한다.
- **감마 GTP** 폐쇄성 황달이나 간 질환에서 상승하는데, 특히 알코올성 간 질환 환자의 경우, 음주에 의해 현격히 상승되는 특이성이 있다.
- **총 빌리루빈** 간이나 담도의 이상으로 생기는 황달의 진단에 중요하다. 급성간염, 담석증, 췌장암 같은 폐쇄성 황달이 있을 경우, 혹은 용혈이 있을 때 증가한다.

■ 혈청 면역검사

- **간염검사** 간염균의 보균상태 및 항체 생성에 의한 간염의 면역상태를 측정한다. 혈액에서 주로 A형, B형, C형 간염항체를 측정한다.
  - A형 간염항체 : A형 간염 항체검사에서 양성인 경우에는 A형 간염에 대한 면

역이 있음을 의미한다.

– B형 간염 표면항원(보균) : B형 간염 바이러스 감염 후에 나타나며, 이 검사의 양성은 B형 간염 바이러스 보균자이거나 급성이나 만성 B형 간염에 감염되었음을 의미한다.

– B형 간염 표면항체(면역) : B형 간염 표면항체 양성은 B형 간염에 면역이 있음을 의미한다.

– B형 간염 핵항체(흔적) : B형 간염 핵항체 양성은 B형 간염 바이러스에 대해 과거 감염을 의미한다.

– C형 간염항체(보균, 흔적) : C형 간염항체 양성인 경우에는 보균자이거나 과거 감염되었을 수 있으므로 검사가 필요하다.

- **CRP(c-reactive protein)** 여러 가지 염증 반응이나 조직 손상의 지표로 쓰인다. 세균 감염증, 자가면역 질환의 활성도 평가에 사용된다.
- **류머티스 인자(RA)** 노인에게 흔히 나타나는 류머티스성 질환의 진단에 쓰인다.

■ 당뇨검사

체내의 혈당은 항상 일정한 수준으로 유지되도록 조절되며, 혈당이 높아지거나 낮아지면 대사상의 문제가 야기되고, 여러 가지 질병이 유발된다. 당뇨병은 조기에 진단하는 것이 중요하다(표 4–6).

표 4–6 당뇨병의 진단 기준

구분	혈당(mg/dL)			당화혈색소(%)
	공복	당부하검사 2시간	무작위	
정상	< 100	< 140		< 5.7
당뇨병 전단계	100~125	140~199		5.7~6.4
당뇨병	≥ 126*	≥ 200	≥ 200**	≥ 6.5

자료 : 대한당뇨병학회, 2015.

※ 혈당 : 8시간 이상 공복 후 혈장 혈당 기준, 당부하검사 : 75 g 경구포도당부하검사

* 다음날에도 확인된 경우, ** 전형적인 증상 : 다음, 다뇨, 체중 감소 등

- **혈당** 혈액 내의 포도당 농도를 나타내며 당뇨병인 경우 이 값이 높아진다.
- **당화혈색소(HbA1C)** 당화혈색소는 적혈구의 혈색소에 당이 결합되어 생성되는 것으로 혈당 농도에 비례하여 형성된다. 평상시의 혈당상태를 나타내며 당뇨병의 경우 이 값이 증가한다.

■ **통풍검사**

- **요산(uric acid)** 요산은 퓨린체가 분해되어 생기는 물질로 소변으로 배출된다. 그러나 요산이 과잉 생성되거나 신장에서 배설이 잘 안 되는 경우 관절에 요산이 쌓이면서 통풍을 야기한다. 통풍을 앓는 경우 혈액 중 요산 농도가 증가한다.

■ **신장기능검사**

- **혈중 요소질소(BUN)** 요소는 단백질 대사 산물로 간에서 생성되고 신장에서 배설된다. 신장에 질환이 있거나 요도가 폐쇄된 경우 요소가 배설되지 못하여 혈중 농도가 증가한다.
- **크레아티닌** 근육 대사 산물로 신장에 질환이 있어 배설이 안 되면 혈중 농도가 상승하게 된다.

표 4-7 신장기능검사

(단위 : mg/dL)

구분	혈중 요소질소	크레아티닌
정상범위	8~22	0.7~1.3

■ **갑상샘기능검사**

- **T3, T4** 혈액 중에 존재하는 갑상샘호르몬의 형태로 T3가 20%, T4는 80%를 차지한다. 이 호르몬들은 우리가 섭취한 요오드로부터 만들어지며, 갑상샘 기능 항진 시 증가하고 기능 저하 시 감소한다.
- **갑상샘 자극호르몬(TSH)** 갑상샘호르몬의 분비를 조절하는 호르몬으로 갑상샘 기능 항진 시 감소하고, 기능 저하 시 증가한다.

■ **암 표지자검사**

혈액 중 암 표지자검사를 통하여 암의 진단과 치료 평가에 활용한다(표 4-8). 그러나 어느 정도의 불확실성을 가지고 있기 때문에 이 표지자의 값을 전적으로 믿을 수는 없으며, 좀 더 정확한 조사가 필요하다.

표 4-8 암의 표지자

암 표지자	진단할 수 있는 암
AFP	간암, 태아성 암
CEA	대장암, 췌장암, 위암, 담도암, 폐암
CA-125	난소암, 자궁내막암
CA 19-9	췌장암, 담낭담관암, 위암, 대장암
PSA	전립샘암
calcitonin	갑상샘수양암, 폐소세포암, 고칼슘혈증, 칼시노이드증후군, 기타 악성 종양

■ **골 표지자검사**

- **오스테오칼신(osteocalcin)** 뼈의 생성과 파괴 정도를 나타내는 지표로, 골다공증 진단을 위해 농도를 측정한다.

(3) 소변검사

일반적으로 소변은 체내 대사의 마지막 산물을 배설하는 경로이며 소변의 성분을 조사하면 체내의 대사과정을 짐작할 수 있다. 소변에서는 색깔, 혼탁도, 비중, 산도 등을 관찰하고 성분도 조사한다. 요당과 요단백질의 측정은 임상검사띠에 소변을 묻혀 색이 변하는 것으로 간단히 검사할 수 있다는 장점이 있다.

- **요당** 정상인의 소변에서는 당이 검출되지 않는다. 소변에서 당이 검출된다면 이는 혈당이 높다는 의미로 당뇨병을 의심해볼 수 있다.
- **요단백질** 소변에서 단백질이 검출되는 것은 신장기능의 이상을 암시한다.

잠깐! 알아봅시다 **건강상태를 확인할 수 있는 다양한 정밀검사**

- 전산화 단층 촬영(CT) : X선으로 조직을 단층으로 촬영하여 컴퓨터로 사진을 확인한다. 병변의 특성과 부위를 확인할 수 있다.
- 초음파검사 : 음파를 이용한 검사로 장기의 상태를 알 수 있다. 지방 축적량, 종양의 유무, 종류 등을 판별할 수 있다.
- 내시경 : 내시경을 통하여 위나 장의 질병, 특히 암을 진단할 수 있다.
- 조직검사 : 특정 조직이 이상하다고 생각될 때 이 검사를 통해 정확한 진단을 내릴 수 있다.
- 자기공명영상(MRI) : 인체 내의 특정 핵에서 기인된 자기장과 방사파와의 상호작용을 기반으로 여러 병변의 단층상을 인체의 측면과 종면으로 제공한다. 암의 진단이나 조직의 상태를 정확히 파악할 수 있다.

2/ 만성질환의 이해 및 관리

1) 이상지질혈증과 동맥경화증

(1) 원인 및 증상

■ 이상지질혈증

이상지질혈증은 혈액 중 콜레스테롤과 중성지방이 비정상적으로 증가 또는 감소된 상태로, 혈액 중 지질 성분에 따라 고콜레스테롤혈증, 고중성지방혈증, 저HDL-콜레스테롤혈증, 복합형 이상지질혈증 등으로 구분한다(표 4-4). 콜레스테롤과 중성지방은 소수성으로, 혈액 중에서 쉽게 이동될 수 없어 단백질과 결합한 지단백질의 형태로 운반되기 때문에 고지혈증과 고지단백혈증은 같은 의미를 나타낸다. 이상지질혈증은 동맥경화증의 위험요인이며, 증상이 없어 장기간 방치하면 심혈관계 질환 발생과 같은 치명적인 결과를 초래할 수 있다. 이상지질혈증의 원인으로는 고지방·고열량·고탄수화물 식사, 비만, 음주, 유전, 당뇨병 등이 있다(표 4-9).

표 4-9 이상지질혈증의 원인

구분	위험요인	식사 위험요인
고콜레스테롤혈증	유전, 당뇨병, 갑상샘 기능 저하, 신증후군	고지방식사(포화지방산과 콜레스테롤의 함량이 높은 식사)
고중성지방혈증	비만, 음주, 운동 부족, 당뇨병, 신부전	고탄수화물, 고지방(포화지방산) 식사

이상지질혈증은 고지방, 고탄수화물 식사와 관계가 깊다. 지방 섭취량이 많으면 열량이 증가하여 비만이 초래되고, 혈중 LDL-콜레스테롤이나 중성지방의 양이 증가한다. 탄수화물의 섭취량이 많으면 혈중 중성지방의 양 역시 증가한다. 지방 중에서도 특히 포화지방산을 섭취하는 것은 혈액 내 LDL-콜레스테롤의 양 증가와 관련이 있기 때문에 지방의 섭취량뿐만 아니라 섭취하는 지방의 종류도 중요하다. 올리브유는 다른 식물성유보다 단일 불포화지방산이 풍부하여, 올리브유를 섭취하는 사람의 심장병 발생률이 비슷한 양의 포화지방산을 섭취하는 사람의 발생률

잠깐! 알아봅시다 한국인과 서양인의 이상지질혈증

한국인과 서양인은 식사 형태만큼이나 이상지질혈증의 형태도 다르다. 지방과 콜레스테롤의 섭취량이 많은 서양인들에게는 콜레스테롤의 농도가 높은 '고콜레스테롤혈증'이 많이 나타나고, 탄수화물을 많이 섭취하는 한국인들에게는 과다한 탄수화물이 중성지방으로 전환되는 '고중성지방혈증'이 많이 나타난다. 최근에는 한국인의 동물성 지방 섭취량이 증가하면서 혈중 콜레스테롤도 증가하는 추세이다.

보다 낮은 것으로 보고되었다. 오메가-3 다중 불포화지방산이 풍부하게 들어 있는 등 푸른 생선 역시 다른 동물성 지방 식품보다 심장병 예방에 도움이 되는 것으로 알려져 있다. 그러나 아무리 좋은 지방이라도 총 섭취량이 많아지면 결국 이상지질혈증에 의한 심장병 발생 확률이 높아지기 때문에 섭취하는 지방의 종류와 양 모두 중요하다.

■ **동맥경화증**

혈관에 만성 염증이 생겨서 혈관의 결합조직이 증가하고, 동맥 내벽에 지방 덩어리(콜레스테롤)가 축적되어 플라그를 형성하고, 이로 인해 동맥 내벽이 두꺼워지고 혈관은 좁아지면서 탄력을 잃어 동맥이 단단해지는 현상이다(그림 4-3). 동맥경화가 심해지면 혈액의 이동이 원활하지 못하게 되어 중요한 기관으로의 혈액 공급이 감소되고 혈관이 파열되기도 한다. 특히 관상 동맥이 경화되면 심장으로 보내는 혈액의 공급에 이상이 생겨 심장이 마비되고, 심한 경우 뇌혈관이 막히거나 터져서 뇌졸중(중풍)을 일으킬 수 있다. 동맥경화의 원인으로는 고혈압, 이상지질혈증, 흡연, 지방 과잉 섭취, 비만, 운동 부족, 스트레스, 당뇨병 등이 있다.

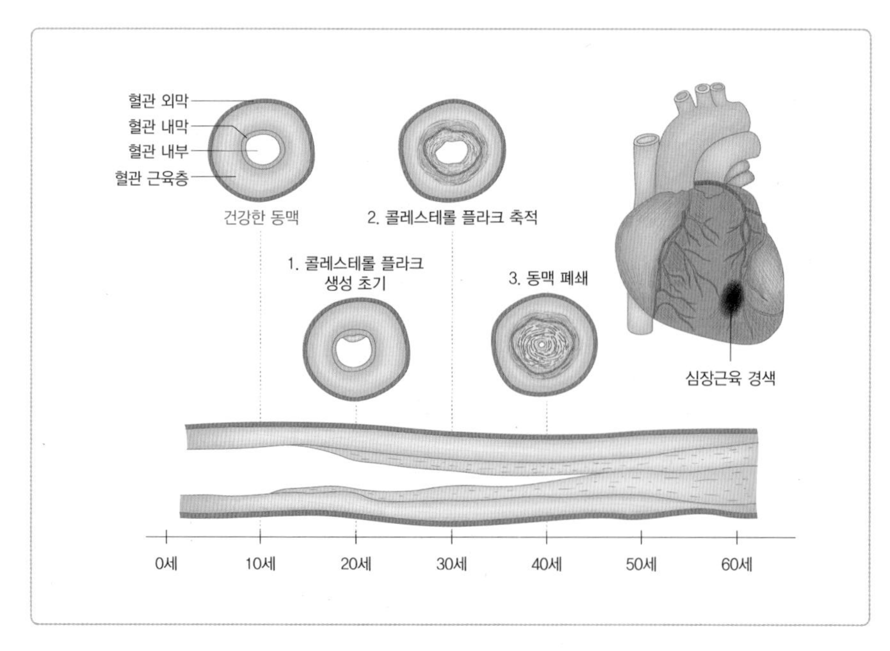

그림 4-3
동맥경화 진행과정

(2) 관리 및 예방

이상지질혈증을 개선하기 위해서는 식사요법과 생활습관 교정이 병행되어야 한다. 이상지질혈증은 특히 비만, 당뇨병 등과 밀접한 관련이 있어 정상체중을 유지해야 하고, 당뇨병이 있는 경우에는 혈당 조절이 필요하다. 금연, 규칙적인 운동 등 생활습관의 교정도 필수적이다. 이상지질혈증 개선을 위한 식사 원칙은 다음과 같다.

- 동물성 지방(포화지방산)과 콜레스테롤의 섭취를 줄인다.
- 단순당의 섭취를 줄인다.
- 식이섬유가 풍부한 식사를 한다.
- 술은 되도록 피한다.

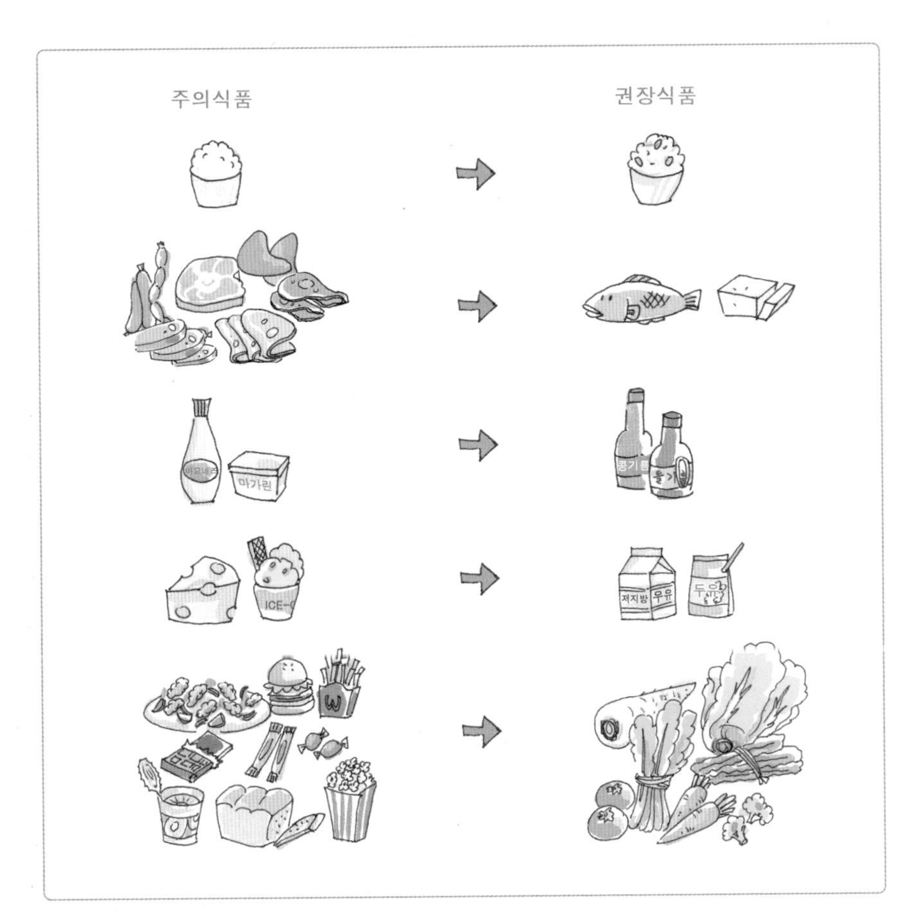

그림 4-4
이상지질혈증 및 동맥경화증 예방을 위한 식이지침

그림 4-5
지방 섭취를 줄이는 방법

자료 : Judith E. Brown, Nutrition Now, 2002.

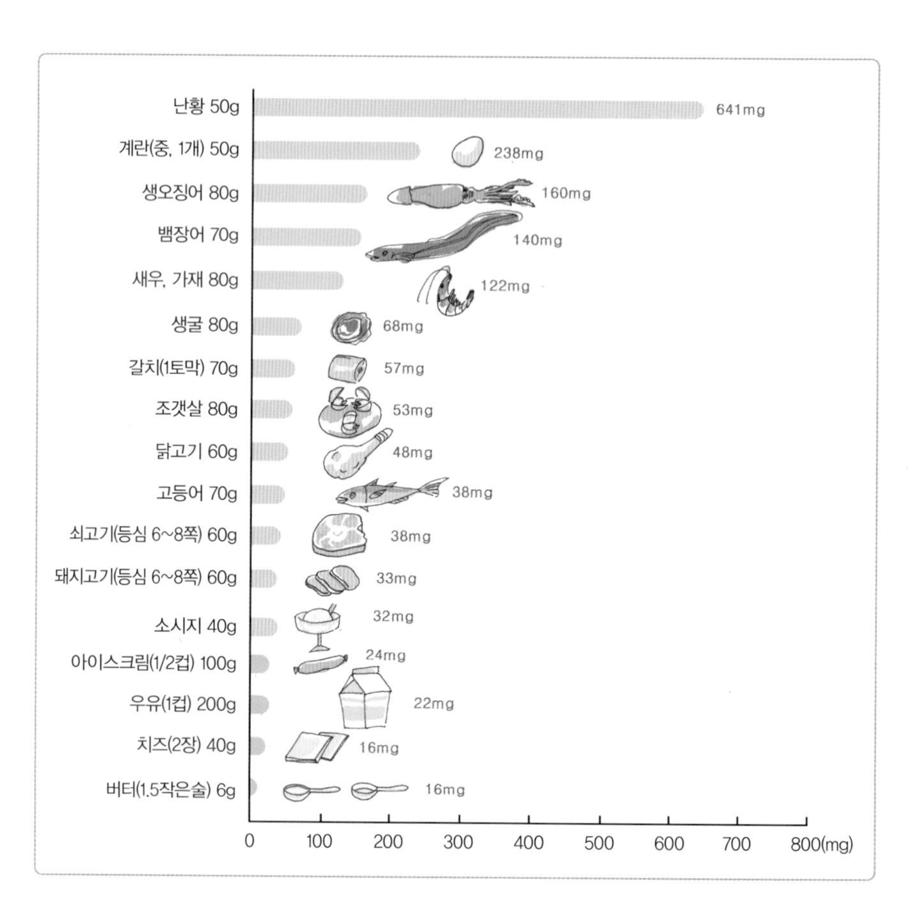

그림 4-6
식품 중의 콜레스테롤 함량

2) 고혈압

(1) 원인 및 증상

혈압은 동맥혈관에 흐르는 혈액의 압력으로, 고혈압은 혈압이 지속적으로 높은 상태를 의미한다. 고혈압은 특별한 증상이 없고 단지 머리가 아프거나 가슴이 답답한 증상만 나타날 수 있기 때문에 심해지기 전까지 모르고 지내는 경우가 많으나

잠깐! 알아봅시다 동물성 지방과 비슷한 식물성 지방

코코넛유나 팜유는 식물성 지방이지만 포화지방산이 많아 건강에 해롭다. 특히 심장병 발생 위험이 높은 사람은 코코넛유로 제조되는 식물성 커피크림의 사용을 줄이는 것이 좋다. 마가린이나 쇼트닝은 제조 시 액체상태인 식물성 지방을 고체로 만들기 위해 수소가 첨가되어 불포화지방산이 포화지방산으로 변화되고, 일부는 트랜스지방산의 형태로 바뀌게 된다. 마가린이나 쇼트닝은 식물성 지방이지만 동물성 지방을 섭취하는 것과 마찬가지로 혈중 콜레스테롤을 증가시켜 심장병 발생 위험을 증가시킬 수 있다. 특히 트랜스지방산은 가공식품이나 패스트푸드 제조에 많이 이용되므로 이러한 식품의 섭취를 줄이도록 한다.

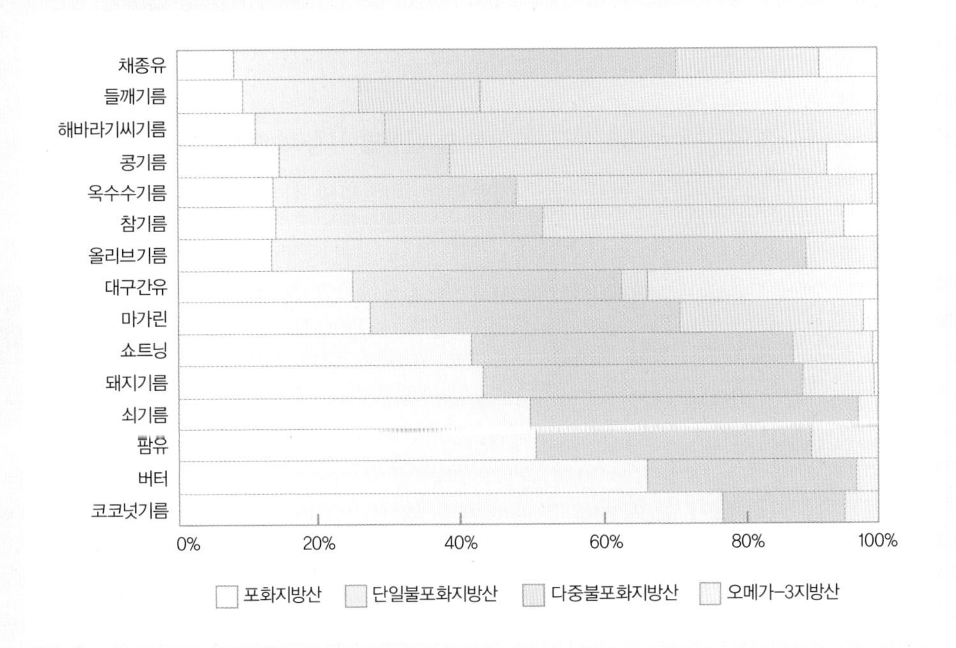

표 4-10 고혈압의 원인

구분	위험요인
일차성 고혈압 (고혈압 환자의 90% 정도)	유전, 연령(60세 이상), 성별(남성, 폐경기 여성), 지방과 염분의 과잉 섭취, 비만, 흡연, 스트레스, 이상지질혈증
이차성 고혈압 (고혈압 환자의 10% 이내)	각종 질환(신장 질환, 내분비계 질환, 갑상샘 질환 등), 약물 섭취(경구피임약, 호르몬제제, 제산제 등), 임신중독증

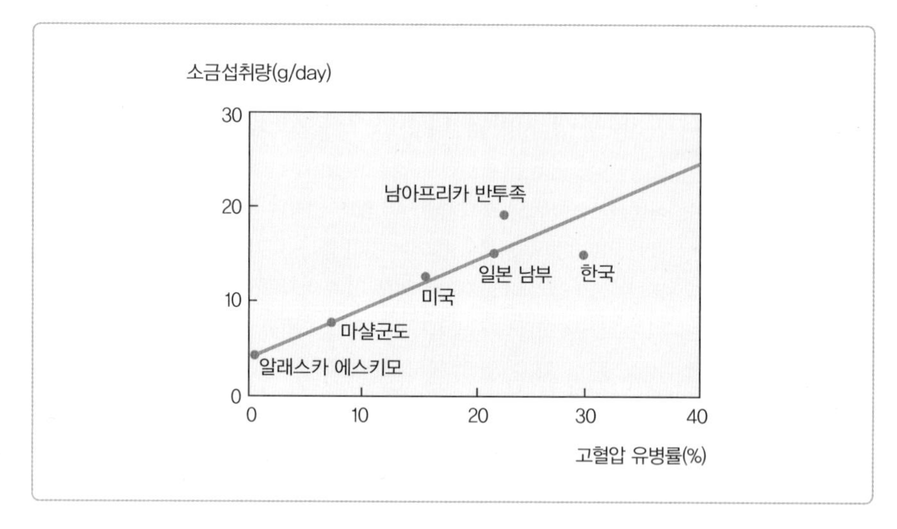

그림 4-7
혈압과 소금 섭취

장기간 지속되면 심장병, 뇌졸중, 신장병 등을 초래할 수 있다. 고혈압의 위험요인으로는 유전, 연령, 성별, 지방과 소금의 과잉 섭취, 비만, 흡연, 스트레스, 이상지질혈증, 당뇨병 및 각종 질환, 약물 섭취, 임신중독증 등을 들 수 있다(표 4-10).

고혈압과 관련이 깊은 식사요인으로는 소금을 들 수 있으며, 소금을 많이 섭취할수록 고혈압 발생률이 높다(그림 4-7). 이는 소금의 성분인 나트륨이 혈압을 높이기 때문이다.

(2) 관리 및 예방

체중 조절과 식사요법, 규칙적인 운동 및 바람직한 생활습관은 고혈압의 발생을 예방하고 경증의 고혈압 조절에 도움을 준다. 그러나 중정도 이상의 고혈압 환자들은 식사요법, 생활요법과 함께 약물요법을 병행해야 한다. 고혈압 개선을 위한 식사 원칙은 다음과 같다.

- 소금(나트륨)의 섭취를 줄인다.
- 동물성 지방(포화지방산)과 콜레스테롤의 섭취를 줄인다.
- 식이섬유가 풍부한 식사를 한다.
- 칼슘과 칼륨의 섭취가 부족하지 않도록 한다.
- 술은 되도록 피하고 금연한다.

잠깐! 알아봅시다 소금 섭취를 줄이는 방법

소금(염화나트륨) 1g에는 나트륨이 0.4g(400mg) 들어 있다. 성인의 하루 나트륨 필요량은 1.5g(소금 3.8g)이며, 나트륨을 하루에 2.3g(소금 6g) 이하로 섭취할 때 심혈관계 질환의 위험을 감소시킬 수 있다.

소금 섭취를 줄이는 방법

- 소금·간장·된장·고추장 대신에 다른 양념(후추, 고추, 마늘, 생강, 양파, 겨자, 카레가루 등)을 사용하고 신맛(식초, 레몬즙 등)이나 단맛을 이용하여 맛에 변화를 준다.
- 국과 찌개의 간은 싱겁게 하고 국물은 적게 먹는다.
- 조리 시 화학조미료를 넣지 않는다.
- 허용된 소금을 한 가지 음식에 넣어 짠맛을 느끼도록 할 수도 있다.
- 식사하기 바로 전에 간을 한다.

표 4-11 고혈압 환자가 주의해야 할 식품

식품군	종류
어육류	지방이 많은 육류(갈비, 삼겹살 등), 내장 육류(간, 곱창 등), 가공 육류(햄, 소세지 등), 짠 생선(자반, 굴비 등), 젓갈류, 생선통조림, 어묵
채소류	김치, 장아찌
유지류	쇼트닝, 버터, 마가린, 마요네즈
유제품류	치즈, 아이스크림, 생크림
패스트푸드, 가공식품, 인스턴트식품 등	라면, 통조림류, 베이킹파우더나 소다를 넣은 식품, 냉동조리식품, 카페인 음료 등

표 4-12 심혈관계 질환 발병 가능성이 높은 사람

위험요인	내용
연령, 성별	45세 이상의 남성, 55세 이상의 여성이나 조기에 폐경이 된 여성
가족력	55세 이전에 심혈관계 질환으로 사망한 가족이 있는 경우
식습관	포화지방산, 콜레스테롤, 설탕, 소금을 과다 섭취하는 사람
흡연	현재 흡연하는 사람
생활양식	활동량·운동량이 적은 사람
스트레스	스트레스를 많이 받는 사람
당뇨병	당뇨병을 앓고 있는 사람
혈압	고혈압이 있거나 혈압강하제를 복용하는 사람

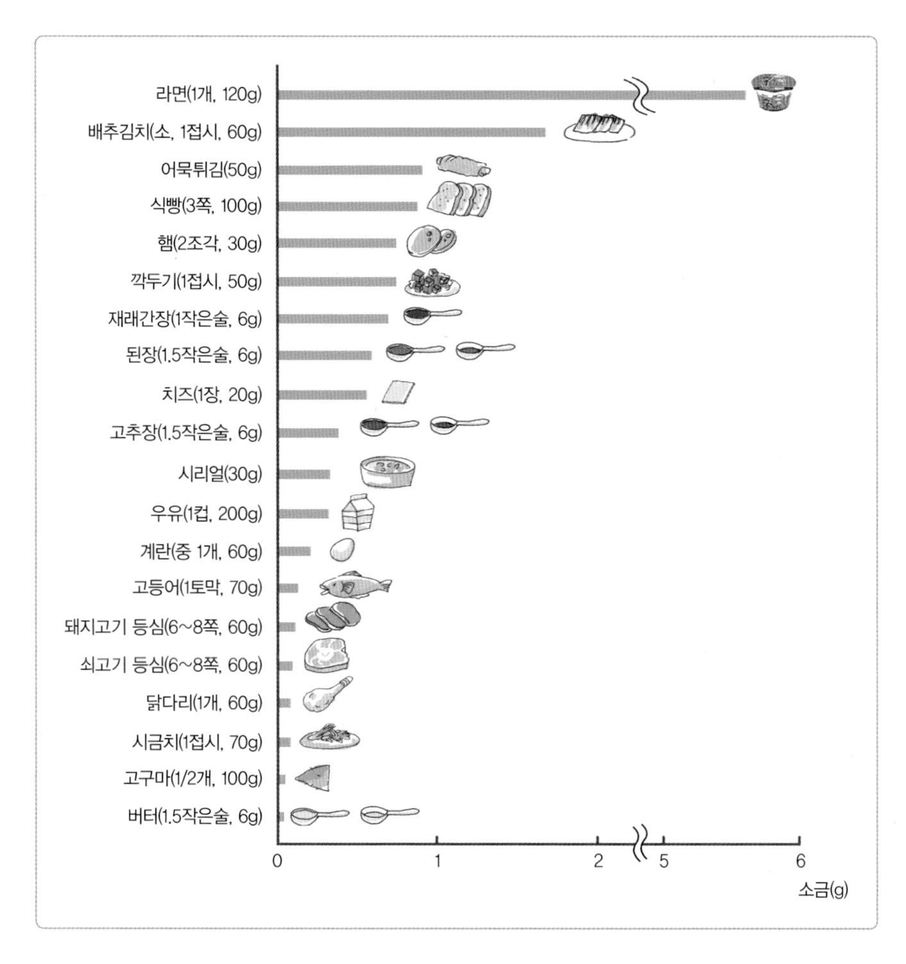

그림 4-8
식품 중의 소금 함량

잠깐! 알아봅시다 심혈관계 질환의 위험을 낮추는 식사요인

- 항산화 영양소 : 비타민 A, C, E 등의 항산화 영양소는 유해산소를 제거하고, LDL-콜레스테롤의 산화를 억제하여 동맥벽의 지방 침윤을 방지한다.
- 엽산 : 심혈관계 질환의 위험요인인 호모시스테인의 농도를 감소시킨다.
- 오메가-3 지방 : 혈전 형성 감소 및 항염증 효과가 있으며 혈액 중 LDL-콜레스테롤을 감소시킨다.

표 4-13 심혈관계 질환 발생 위험도 평가표

지표	내용	점수
연령	15~24세	1
	25~34세	2
	35~44세	3
	45~54세	4
	55세 이상	6
심장병 가족력	가족 중에 심장병을 앓은 사람이 없다.	1
	55세 이후에 심장병을 앓은 가족이 1명 있다.	2
	55세 이후에 심장병을 앓은 가족이 2명 있다.	3
	55세 이전에 심장병을 앓은 가족이 1명 있다.	4
	55세 이전에 심장병을 앓은 가족이 2명 있다.	6
운동	평상시 활동량과 운동량이 아주 많다.	1
	평상시 활동량과 운동량이 보통이다.	2
	평상시 활동량은 적으나 격심한 운동을 한다.	3
	평상시 활동량이 적고 보통 정도의 운동을 한다.	5
	평상시 활동량이 적고 가벼운 운동을 한다.	6
체중	정상체중보다 2kg 이상 적게 나간다.	0
	정상체중 2kg 범위 내에 있다.	1
	정상체중보다 3~9kg이 더 많이 나간다.	2
	정상체중보다 10~15kg이 더 많이 나간다.	4
	정상체중보다 16kg 이상 더 많이 나간다.	6
흡연	안 피운다.	0
	시가나 파이프담배를 피운다.	1
	담배를 하루에 10개비 이하 피운다.	2
	담배를 하루에 20개비 이상 피운다.	4
	담배를 하루에 30개비 이상 피운다.	6
식사	동물성 지방을 안 먹는다.	1
	동물성 지방 섭취량이 전체 열량섭취량의 10% 이하이다.	2
	동물성 지방 섭취량이 전체 열량섭취량의 11~20%이다.	3
	동물성 지방 섭취량이 전체 열량섭취량의 21~30%이다.	4
	동물성 지방 섭취량이 전체 열량섭취량의 31% 이상이다.	6
평가	심장병 발생 위험도(각 점수의 합을 구한다.) 평가 4~9 : 낮다, 10~15 : 낮은 편이다, 16~20 : 보통, 21~25 : 위험도 증가, 26~30 : 높다, 31 이상 : 매우 높다.	

자료 : Judith E. Brown, Nutrition Now, 2002.

3) 당뇨병

(1) 원인 및 증상

당뇨병은 췌장에서 분비되는 인슐린이 부족하거나 효율적으로 작용하지 못할 때 발생한다. 혈액 중 포도당은 세포 내로 이동되어 에너지로 이용되는데, 인슐린이 제대로 작용을 못하게 되면 혈액 중 포도당이 세포 내로 이동되지 못하기 때문에 혈당이 높아지고 포도당이 소변으로 배설되어 당뇨병을 유발한다. 당뇨병의 종류와 특성은 표 4-14와 같다(당뇨병 진단 기준은 표 4-6 참고).

표 4-14 당뇨병의 종류와 특성

구분	제1형 당뇨병(인슐린 의존형)	제2형 당뇨병(인슐린 비의존형)
발병 시기	주로 어린 나이에 발병	주로 40대 이후 성인기에 발생
발생 빈도	당뇨병의 10~20%에 해당	당뇨병의 80~90%에 해당
인슐린 분비	인슐린 부족(분비가 안 됨)	인슐린 저항성(소량 분비 또는 기능 비정상)
원인	바이러스, 약물, 자가 면역, 유전	유전, 비만, 운동 부족, 임신, 스트레스

당뇨 환자는 식사로 섭취한 포도당을 세포 내로 이동시킬 수 없어 아무리 식사를 해도 세포가 굶주린 상태가 되어 음식을 많이 먹게 된다. 또 혈액 내에 존재하는 과잉된 포도당을 소변으로 배설하면서 소변의 양이 많아지고, 이에 따라 심한 갈증을 느껴 물을 많이 마시게 된다(그림 4-9). 이외에도 쉽게 피로해지거나 체중이 줄고 감염증이 자주 생기며 이따금 혼수상태 등의 증상이 나타나기도 한다. 또 당뇨병을 오랜 기간 조절하지 못하면 고혈당으로 인해 신체 여러 부위의 혈관에 문제를 야기하여 당뇨병성 망막병증, 당뇨병성 신증, 당뇨병성 신경병증, 심혈관계 질환 등의 합병증을 초래한다(그림 4-10).

물 많이
증상
음식 많이
소변 자주

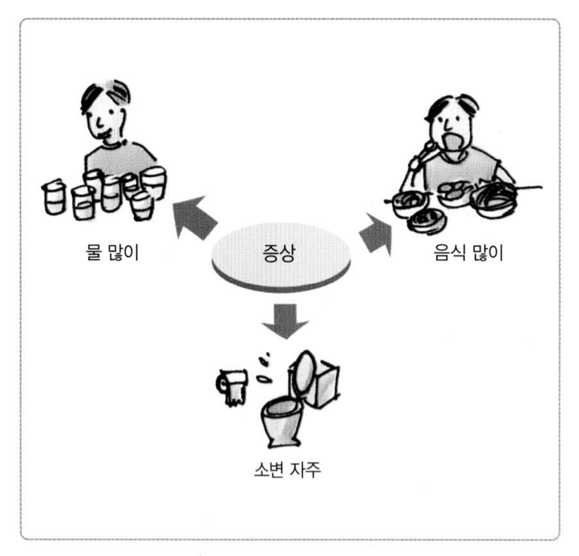

그림 4-9
당뇨병의 주된 증상

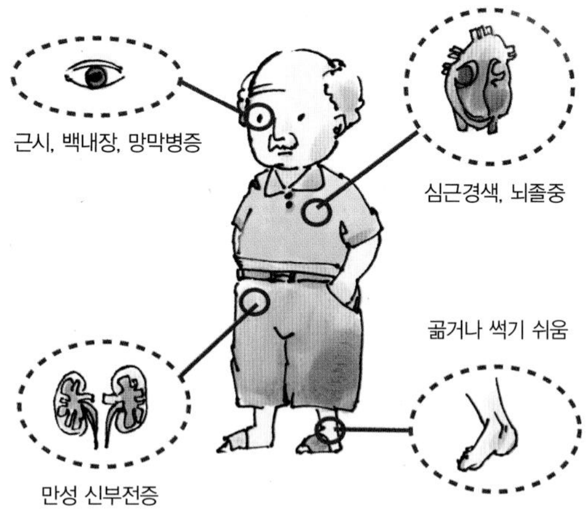

근시, 백내장, 망막병증
심근경색, 뇌졸중
곪거나 썩기 쉬움
만성 신부전증

그림 4-10
당뇨병의 만성 합병증

잠깐! 알아봅시다 **당뇨병 발병 가능성이 높은 사람**

- 40세 이상의 비만인
- 가족 중에 당뇨병을 앓는 사람이 있는 사람
- 식욕에 비해 체중이 이유 없이 많이 감소하는 사람
- 4kg 이상의 아이를 분만한 경험이 있는 사람
- 고혈압 약이나 신경통 약을 오랫동안 복용해온 사람
- 스트레스를 많이 받는 사람

(2) 관리 및 예방

당뇨병은 지속적인 조절이 필요한 질병으로 합병증이 생기기 쉽다. 따라서 정상 체중 유지 및 균형 잡힌 식사, 정상 혈당 유지, 정상 혈압 및 혈중 지질 농도 유지, 규칙적인 운동, 적절한 약물요법 등을 통해 올바른 관리를 계속해야 한다. 당뇨병 개선을 위한 식사 원칙은 다음과 같다(표 4–15).

- 매일 규칙적으로 같은 시간에 일정량의 식사를 한다.
- 균형 잡힌 식사(잡곡밥 + 고기·생선·두부 중의 한 종류 + 채소류)를 한다.
- 단순당(설탕, 꿀, 잼, 물엿, 케이크 등) 음식 섭취를 피한다.
- 동물성 지방 및 콜레스테롤의 섭취를 줄인다.
- 식이섬유가 풍부한 식사를 한다.
- 술은 되도록 피한다.

표 4-15 당뇨 환자를 위한 식사 계획

식품군	식사 계획
곡류	쌀밥보다는 잡곡밥을 한 끼에 적당량(2/3공기~1공기) 섭취한다.
어육류	지방이 적은 살코기, 생선, 두부, 콩류를 매끼 한 종류 이상 적당량 섭취한다.
채소류	신선한 채소류와 해조류를 식사 때마다 충분히 섭취하고, 과일주스보다는 생과일을 섭취한다(식이섬유를 25~30g 정도 섭취한다).
유지류	식물성 기름은 하루 1~2큰술을 조리 시에 이용하고, 튀긴 음식이나 중국 음식의 섭취를 줄인다.
우유	매일 1~2컵(200~400mL)의 저지방우유나 무가당두유를 섭취한다.
술	술은 되도록 피하고, 혈당 조절이 잘되는 경우에는 주 1~2회, 맥주 360mL, 소주 80mL를 섭취할 수 있으나 운동 후나 공복에는 음주를 피한다.

또한 조리법을 개선하면 혈당 조절에 도움이 될 수 있다. 즉, 육류의 경우 지방 부분을 떼어내어 조리하고, 지방을 많이 사용하는 조리법을 줄인다. 맛을 낼 때는 설탕, 소금, 화학조미료의 사용을 줄이고 식초, 겨자, 계피, 생강, 레몬 등을 이용한다. 음식재료는 신선한 제철음식을 사용하고 염장식품, 가공식품의 사용을 줄이는 것이 좋다. 외식 시에도 음식 선택에 주의한다. 여러 식품을 골고루 선택하고, 달거나 기름진 음식을 피하며, 식재료를 구별하기 어려운 음식은 선택하지 않도록 한다.

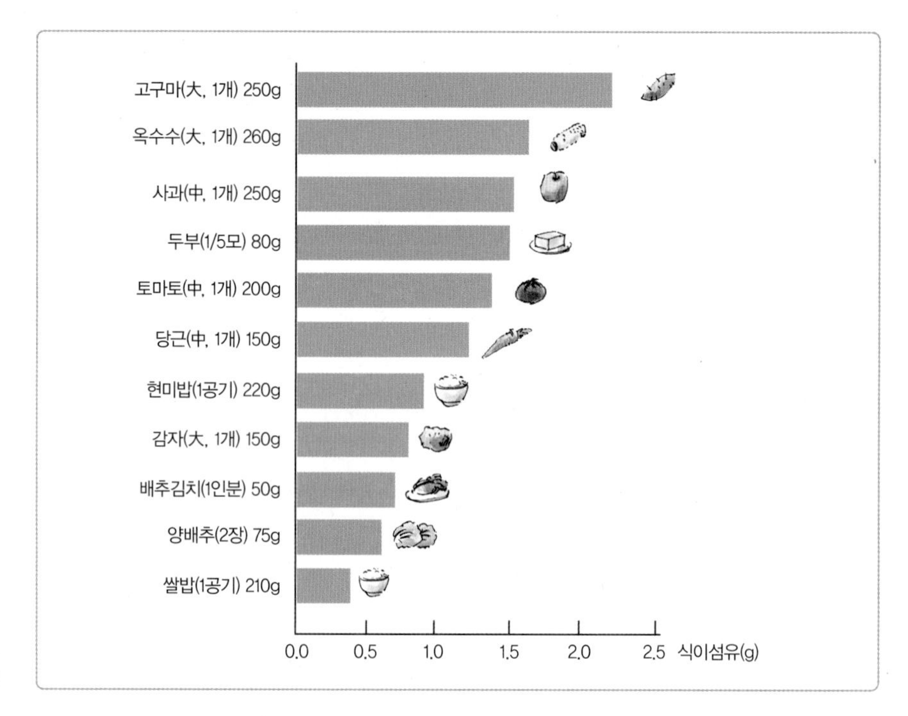

그림 4-11
식품 중의 식이섬유 함량

잠깐! 알아봅시다 **당뇨병과 민간요법**

당뇨병에 관한 민간요법은 굉장히 다양하다. 하지만 이러한 민간요법이 당뇨병을 호전시킨다는 과학적인 근거는 없다. 연구 결과 성인 당뇨병 환자의 74%가 민간요법을 한 번 이상 실시한 경험이 있었는데, 이 중 80%는 효과가 없었고, 12%는 오히려 당뇨병이 악화된 것으로 나타났다. 따라서 당뇨병을 쉽게 치료하겠다는 생각보다는 균형 잡힌 식사를 꾸준하게 규칙적으로 하는 것이 중요하다.

4) 골다공증

우리 몸에 있는 뼈의 내부는 해면골로 그물 모양의 스폰지 같은 망상조직으로 이루어져 있다. 반면 외부는 치밀골로서 치밀하고 단단한 조직으로 구성되어 있다(그림 4-12). 뼈는 단단하고 고정되어 변화되지 않는 것 같지만 실제로는 끊임없이

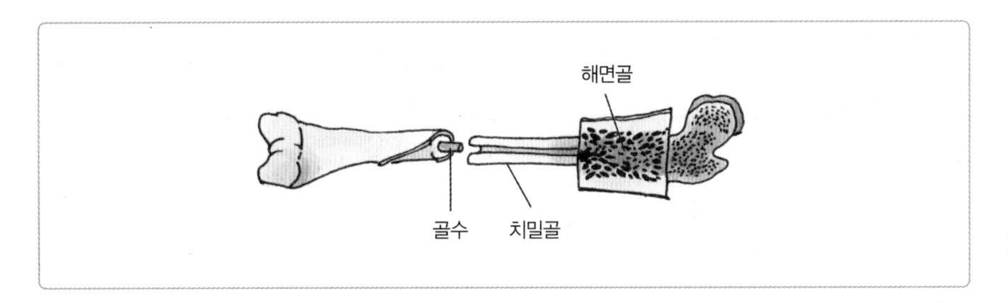

그림 4-12
뼈의 구조

뼈가 녹아내리고 녹은 곳에 새로운 뼈가 만들어지는 과정이 반복되고 있다. 특히 나이가 들면서 뼈가 일단 성숙되면 만들어지는 속도보다 소실되는 속도가 빨라지면서 뼈의 소실이 일어나게 된다.

(1) 원인 및 구분

골다공증은 골질량이 감소하고 뼈 조직이 가늘어지며 해면골에 구멍이 생기는 현상이다(그림 4-13). 골질량이 감소하고 골격의 기능이 손상되면 골절이 일어나기 쉽다. 골질량은 출생 후 30세 중반까지 증가하여 최대치에 도달했다가 이후로는 계속 감소한다. 따라서 골다공증을 예방하기 위해서는 뼈의 손실 속도를 늦추거나 최대 골질량을 높여야 하며(그림 4-14), 충분한 양의 칼슘 섭취 등 영양적으로

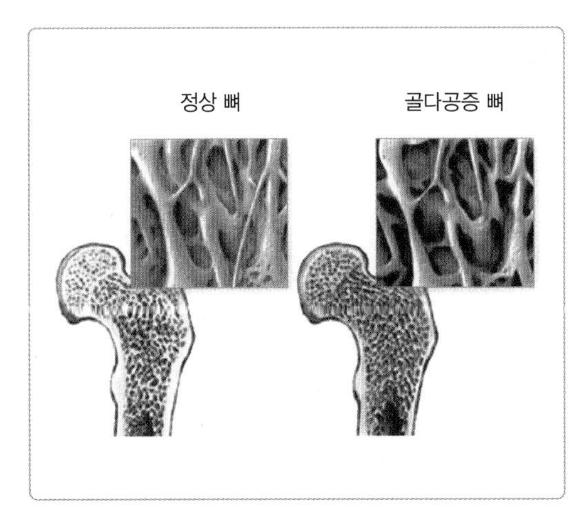

그림 4-13
건강한 뼈와 골다공증에 걸린 뼈

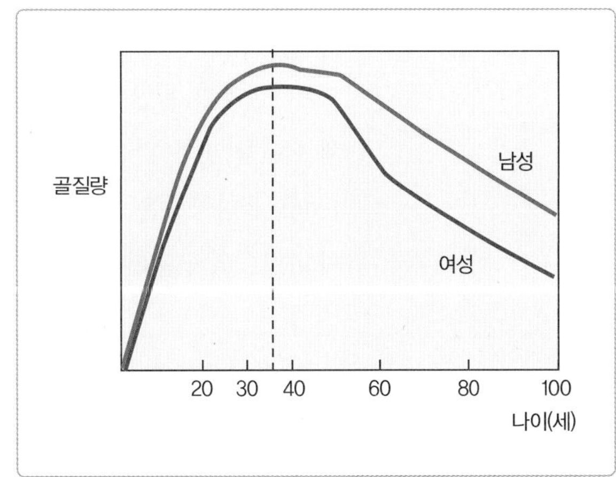

그림 4-14
나이에 따른 골질량의 변화

표 4-16 골다공증 유발 위험요인

위험요인	내용
유전	가족력
인종	백인과 동양인 > 흑인
성별	여성
연령	연령 증가
호르몬	에스트로겐 감소, 테스토스테론 감소, 안드로겐 결핍
운동 부족	장기간의 병상 생활, 깁스 등이 골 손실 유발
약물	알루미늄 함유 제산제, 스테로이드, 테트라사이클린, 항경련제, 갑상샘호르몬제 등의 약물을 지속적으로 복용하는 경우
질병	갑상샘 기능항진증, 당뇨병, 만성 신부전, 만성 설사와 장관 흡수장애, 부갑상샘 기능항진증, 만성 폐쇄성 폐 질환, 위 절제, 반신불수 등의 질환은 음의 칼슘 균형을 유발함으로서 골다공증 유발
체격과 체중	왜소한 체격, 저체중, 뼈가 가늘고 체중이 적게 나가는 경우
식생활	칼슘과 비타민 D 섭취 부족, 커피·알코올·섬유소 과다 섭취, 흡연
사고	추락, 낙상, 교통사고

자료 : 장문정·김우경·이현숙, 여성의 건강과 식생활, p.306, 1999.
이명천 외, 스포츠영양학, p.267, 2003.
Mahan LK, Escott-stump S, Krause's Food, Nutrition & Diet Therapy(9th ed), p.572, 1996.

균형 잡힌 식생활을 실천해야 한다.

골다공증의 원인은 유전, 에스트로겐 분비 감소, 칼슘 섭취 부족, 칼슘의 생체 이용률 저하, 칼슘 흡수 감소, 운동 부족, 소화기계 질환 등 매우 다양하다(표 4-16). 골다공증은 폐경 후 여성 또는 노인에게 일반적으로 나타나며 크게 두 가지 유형으로 구분된다(표 4-17).

- **제1형** 폐경 후 10~15년이 경과된 여성에게서 나타난다. 등이 굽거나, 뼈의 통증, 척추 압박이나 키의 감소 등이 나타난다(그림 4-15).
- **제2형** 노인성 골다공증으로 남녀 모두에게서 발생한다. 망상조직과 치밀골의 소실이 일어나고 엉덩이·손목 골절이 자주 발생한다.

표 4-17 골다공증의 종류

구분	제1형	제2형
발병 시기	폐경기 이후	노년기
발병 대상	주로 여성[1]	여성과 남성
발생 부위	뼈의 망상조직	뼈의 망상조직, 외층
골절 부위	척추, 팔목	척추, 대퇴부 등 모든 뼈
발병 원인	에스트로겐의 분비 감소-폐경[2]	노화현상을 포함한 복합요인

1) 남성호르몬 분비량이 적은 남성도 제1형 골다공증이 생길 수 있다.
2) 자연적인 폐경, 조기폐경, 무월경증도 여성호르몬의 분비 감소를 초래한다.

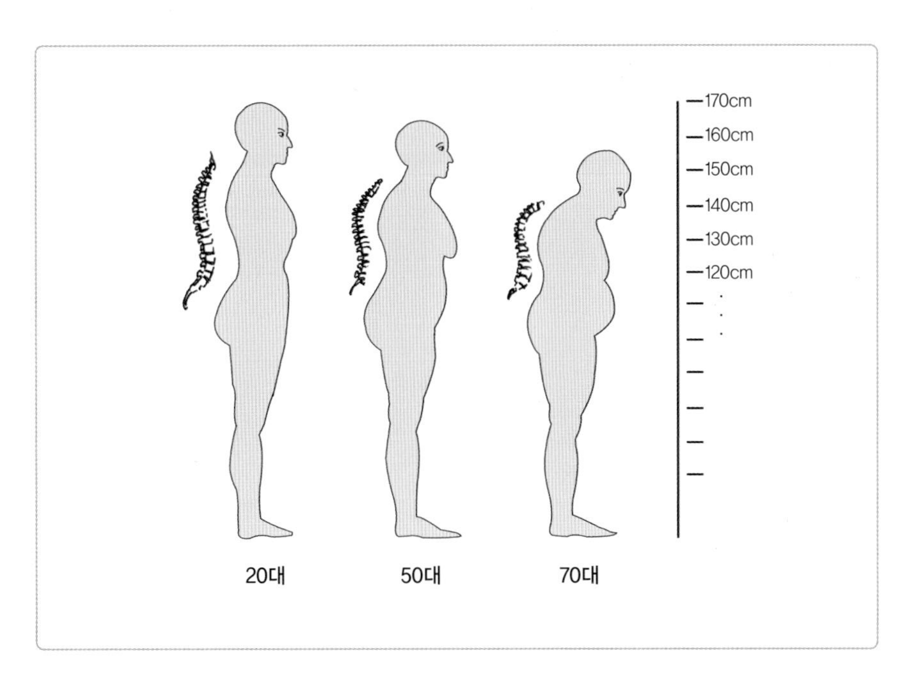

그림 4-15
골다공증으로 인한 신장의 축소

(2) 관리 및 예방

골다공증은 임상증상이 나타나기 전까지는 진단이 어려우며 간편하게 진단할 방법도 없다. 일단 발병하면 치료가 어려우므로 예방이 중요하다. 35세 이전까지는 골질량이 증가하기 때문에 바른 생활습관과 영양 섭취를 통해 골질량을 최대한 증가시키도록 한다. 골다공증의 치료는 주로 칼슘 보충제 섭취, 호르몬 요법, 운동

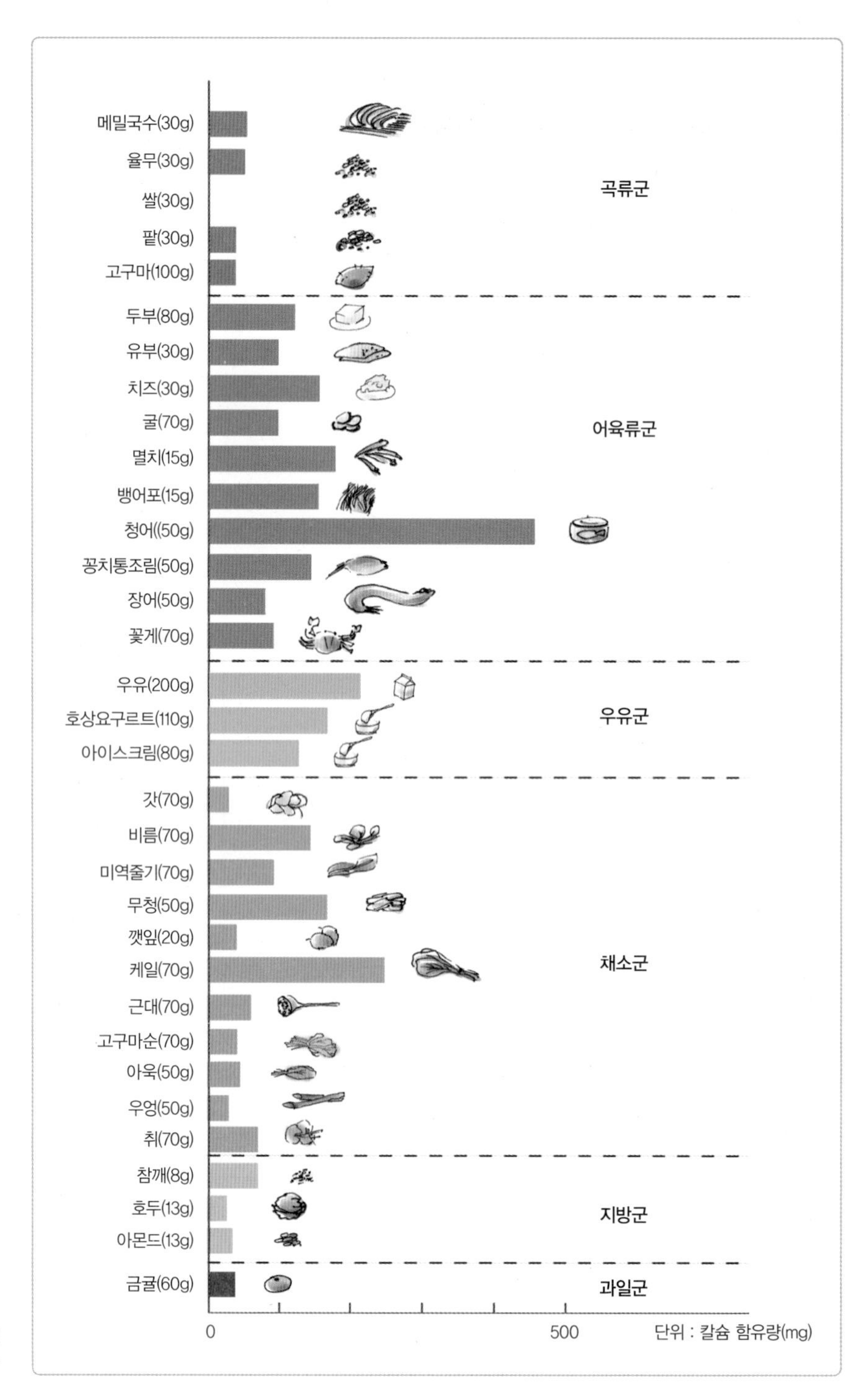

그림 4-16
식품별 칼슘 함량

의 세 가지로 구분된다.

■ 식생활

정상적인 뼈의 성장과 유지를 위해서는 충분한 에너지와 단백질, 칼슘과 인, 비타민 D, 비타민 K 등 여러 가지 영양소가 필요하며, 이러한 영양소는 균형 잡힌 식생활을 통해 얻을 수 있다. 이 중에서 우리 식생활에 가장 부족하기 쉬워 충분히 섭취해야 하는 영양소가 바로 칼슘이다(그림 4-16). 또한 섭취한 칼슘이 효과적으로 흡수되려면 비타민 D가 필요하다. 특히 폐경기 이후나 노인기에는 칼슘뿐만 아니라 충분한 비타민 D 섭취가 중요하다. 적당한 양의 단백질은 뼈의 형성과 유지를 위해 꼭 필요하지만, 과잉 섭취하면 칼슘이 소변으로 다량 배설되어 골손실이 가속화될 수 있다.

■ 에스트로겐 요법

혈중 에스트로겐 수준이 낮아지면 뼈의 칼슘 흡수가 감소되어 뼈가 약해진다. 에스트로겐 요법은 폐경 후 골다공증 예방과 치료에 가장 효과적인 방법이나 장기적으로 복용해야 하며, 복용을 중단할 경우 뼈의 칼슘 용출이 다시 시작된다는 단점이 있다. 또 유방암, 자궁내막암, 고혈압, 혈관 질환을 앓고 있는 환자 등은 사용에 주의해야 하므로 반드시 의사와 상의하여 치료 여부를 결정해야 한다.

■ 운동

규칙적인 운동은 골다공증 예방에 도움을 준다. 운동은 뼈의 칼슘 침착을 촉진시키고 골격에 기계적인 충격을 주어 골격 발달을 자극한다. 특히 체중부하운동은 골격의 정상적인 발달과 유지에 필수적이다.

5) 암

(1) 원인 및 증상

암은 비정상적인 세포들이 통제되지 못하고 과다하게 증식하여 주위 조직 및 장기에 침입하여 종양을 형성하고 정상 조직을 파괴하는 상태를 말한다. 양성종양은 비교적 천천히 성장하고 신체에 확산·전이되지 않고 제거하면 치유할 수 있으며 인체에 해가 적다. 이와 달리 악성종양은 빠르게 성장하고 주위 조직으로 침윤·확산·전이되며 수술 후 재발할 가능성이 크고 생명을 위태롭게 한다. 한국인의 사망원인 중 1위는 암(악성신생물)으로 전체 사망자의 27.5%가 암으로 사망했다(2019년 사망원인 통계). 2019년 암 사망률은 폐암(36.2명), 간암(20.6명), 대장암(17.5명), 위암(14.9명), 췌장암(12.5명) 순으로 높았다. 남성은 폐암, 간암, 대장암 순으로 사망률이 높았고, 여성은 폐암, 대장암, 췌장암 순으로 사망률이 높았다.

암의 약 70% 정도는 흡연, 감염, 음식 등 환경요인에 의해 생긴다. 따라서 암의 위험요인을 피하고 생활양식의 변화를 통해 암의 발생을 줄일 수 있다. 표 4-18은 우리나라 암 발생의 2/3를 차지하는 주요 호발암의 일반적인 원인을 요약하였으

표 4-18 국내 호발암의 발생과 관련된 인자들

암의 종류	원인
위암	식생활(염장식품-짠 음식, 탄 음식, 질산염 등), 헬리코박터 파이로리균
갑상샘암	원인 불명확(위험요인-비만, 요오드 섭취 부족 및 과잉, 가족력, 어린 시절의 과도한 방사선 노출)
폐암	식사와의 관련성 적음, 흡연, 직업력(비소, 석면 등), 대기오염
간암	간염 바이러스(B형, C형), 과음, 철의 과잉 섭취, 간경변증, 아플라톡신
대장암	유전적 요인, 고지방식, 저식이섬유 섭취, 운동 부족
유방암	유전적 요인, 고지방식, 여성호르몬, 비만, 과음
자궁경부암	식사와의 관련 적음, 인유두종바이러스, 성관계, 비만, 고혈압, 당뇨
식도암	과음, 흡연, 저장식품, 비타민과 무기질 부족
전립샘암	고지방(특히 포화지방)식이

며, 그림 4-17에 우리나라 사람에게 많이 발생하는 암을 나타냈다.

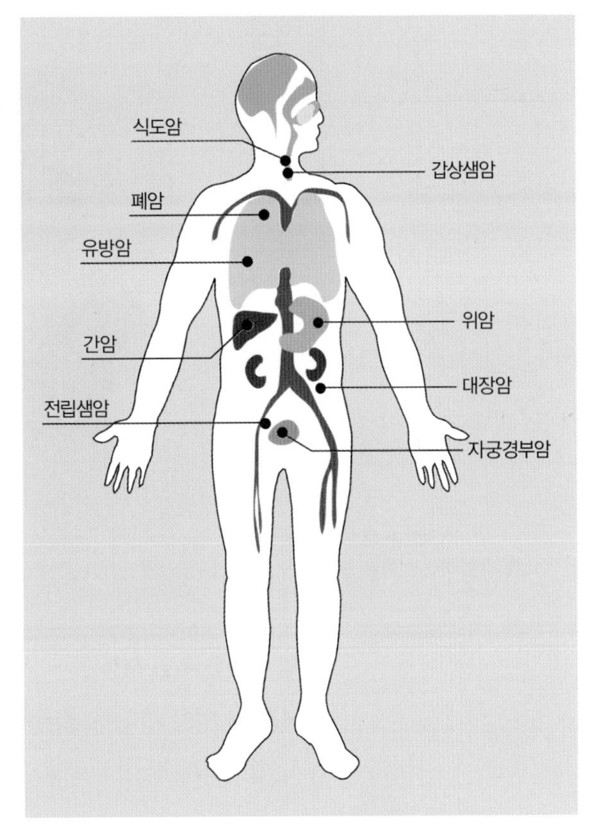

그림 4-17
우리나라 사람들에게 많이 발생하는 암

(2) 관리 및 예방

암은 상당히 진행된 후에 발견되는 경우가 많아 예방이 중요하다. 따라서 잘못된 식습관 교정, 금연, 간염 백신 접종, 운동 등을 통해 암을 예방하려고 노력해야 한다. 우리나라 사람들이 흔하게 걸리는 위암, 간암, 유방암, 자궁경부암, 대장암 등은 비교적 쉽게 검진을 받을 수 있으며 조기 발견 시 완치율이 높기 때문에 이들 암에 대한 정기검진이 권장된다. 그림 4-18에 제시된 식품은 우리나라에서 자주 발생하는 암을 예방하는 데 효과가 있다고 알려진 대표적인 식품들이다.

■ 암 치료

암 치료방법으로는 수술, 항암 화학요법, 방사선 치료가 있다. 치료방법은 암의 종류, 진행상태, 환자의 건강상태 등에 따라 결정된다.

- **수술** 암의 진단·치료·완화를 목적으로 수술을 통해 종양을 제거하는 방법이다.
- **항암화학요법** 항암제를 사용하여 암을 치료하는 것으로 정상세포에 가능한 한 피해를 주지 않으면서 유해한 모든 암세포를 파괴하는 것이 목표다.
- **방사선 치료** 세포에 방사선을 조사하여, 세포 생존에 필요한 DNA와 세포막에 작용하여 세포를 죽이는 원리를 이용한다. 방사선이 조사되면 정상조직과 암조직 모두 방사선으로 인한 장애를 일으킨다. 정상조직은 어느 정도 시간이 지나면 장애가 회복되지만, 종양조직은 회복이 충분하게 되지 않는 점을 이용하는 것이다.

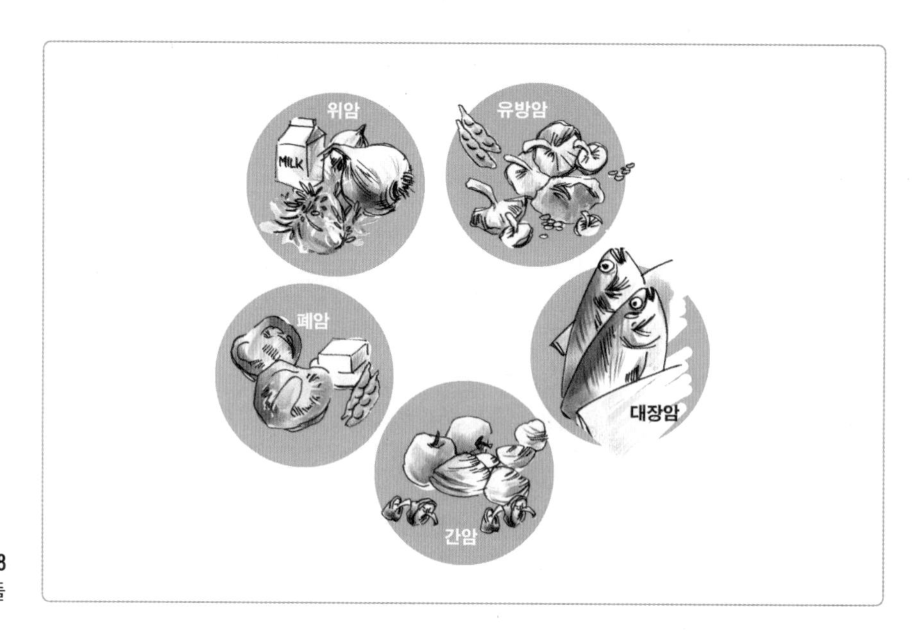

그림 4-18
암을 예방하는 식품들

■ **암 환자를 위한 식생활**

암 환자의 영양 섭취는 치료에서 매우 큰 비중을 차지한다. 영양상태가 좋아야 체중이 감소되지 않으며 영양 결핍에 의한 면역기능의 감소를 방지할 수 있고 질병

잠깐! 알아봅시다 **암 예방법**

- 담배를 피우지 말고, 남이 피우는 담배 연기(간접흡연)도 피한다.
- 발암성 물질에 노출되지 않도록 작업장에서 안전 보건 수칙을 지킨다.
- 성 매개 감염병에 걸리지 않도록 안전한 성생활을 한다.
- 암 예방을 위해 하루 1~2잔의 소량 음주도 피한다.
- 암 조기 검진지침에 따라 검진을 빠짐없이 받는다.
- 예방접종지침에 따라 B형 간염과 자궁경부암 예방접종을 받는다.
- 음식을 짜지 않게 먹고, 탄 음식을 먹지 않는다.
- 자신의 체격에 맞는 건강한 체중을 유지한다.
- 주 5회 이상, 하루 30분 이상, 땀이 날 정도로 운동한다.
- 채소와 과일을 충분히 먹고, 다채로운 식단으로 균형 잡힌 식사를 한다.

자료 : 보건복지부, 2016.

으로 인한 스트레스와 항암제나 방사선 치료로 인한 부작용을 견딜 수 있다. 그러나 대부분의 암 환자는 메스꺼움, 구토, 식욕 부진, 입안 염증, 입맛 변화 등으로 음식을 충분히 섭취하기 어려우므로 암 환자가 지켜야 할 기본적인 식사 원칙은 '잘 먹는 것'이다.

암을 치료하는 특별한 식품이나 영양소는 없다. 중요한 것은 균형 잡힌 식사로 좋은 영양상태를 유지하는 것이다. 이를 위해서는 충분한 열량과 단백질, 무기질, 비타민이 공급되도록 여러 가지 음식을 골고루 섭취하게 해야 한다. 일반적으로 식사 때마다 탄수화물은 60~70%, 단백질과 지질은 각각 10~20% 정도를 섭취하는 게 좋으며 동물성 식품과 식물성 식품을 골고루 섭취하는 것이 좋다.

암 환자들은 매끼를 규칙적으로 먹는 것이 좋으나 식욕 부진으로 식사가 어려울 경우, 식사 시간에 얽매이지 말고 먹고 싶을 때나 먹을 수 있을 때 소량을 자주 먹도록 한다. 식사량이 적다면 열량을 보충할 수 있는 간식을 섭취하도록 한다. 환자가 즐겁게 식사할 수 있도록 식사시간, 분위기, 장소를 배려할 필요도 있다. 고형 음식물을 삼키기 어려운 환자라면 액상으로 된 영양공급액을 섭취하게 하거나, 영양주사제로 영양을 공급하여 체력 소모와 체내 저항력 감소를 막아야 한다.

잠깐! 알아봅시다

암 환자를 위한 열량 보충법

- 빵과 떡 : 꿀, 잼, 버터 등을 발라 먹는다. 호상요구르트와 함께 먹는다.
- 고기 : 샐러드드레싱이나 소스와 함께 먹는다.
- 나물 : 조리 시 기름을 충분히 넣는다.
- 채소 : 샐러드드레싱, 마요네즈를 충분히 사용한다.
- 우유와 두유 : 설탕, 미숫가루, 꿀, 탈지분유, 분유 등을 타 먹는다.
- 과일 : 과일 통조림을 이용하거나, 과일에 아이스크림을 넣고 셰이크를 만들어 먹는다.

3/ 건강과 면역기능

1) 면역

때로는 각종 바이러스, 박테리아, 곰팡이, 알레르기 유발 물질 등 여러 가지 공격 물질이 몸속에 침입하여 질병을 유발하며, 이러한 공격 물질을 항원이라고 부른다. 면역은 이물질(항원)에 대한 생체방어 반응으로 박테리아나 바이러스와 같은 감염원, 스트레스, 암 등의 요인으로부터 인간을 보호하기 위한 일종의 방어체계다. 여기에는 면역뿐만 아니라 유전적인 인자, 영양요인, 운동 등 여러 보호인자들이 함께 작용하기 때문에 정상적인 면역기능을 유지하려면 이러한 인자들의 도움이 필요하다(그림 4–19). 우리 몸에는 외부의 침입자에 대항하기 위하여 면역기능을 담당하는 림프계기관과 면역세포가 전체적으로 분포되어 있다(그림 4–20). 편도선, 간, 점막, 골수, 흉선, 비장, 림프절, 피부 등 체내 여러 기관 및 조직들이 면역

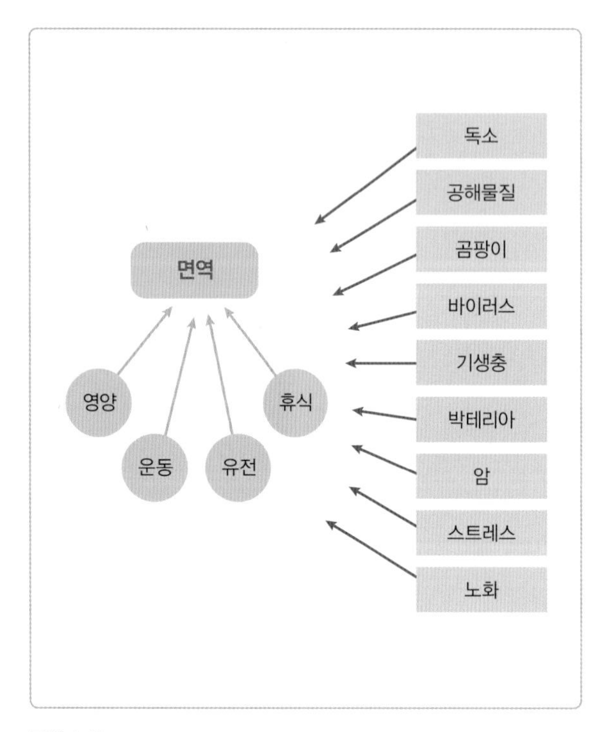

그림 4–19
인체 위해요소와 방어인자들

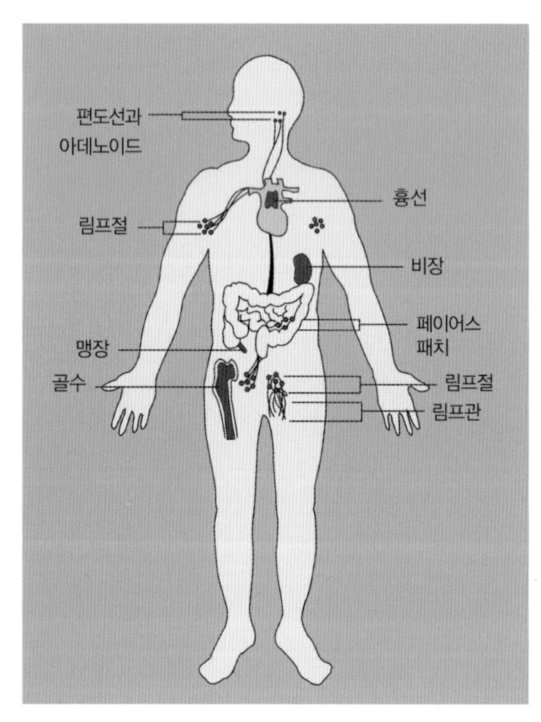

그림 4–20
면역계

기능을 담당한다. 면역기능 저하는 감염성 질환 발생률뿐만 아니라, 퇴행성 질환의 유병률도 높이게 된다.

2) 영양과 면역기능

영양상태가 불량하면 면역기능이 저하되어 질병 이환율이 증가한다(그림 4-21). 면역기능을 향상시킬 수 있는 특정 영양소나 식품은 없다. 규칙적이면서도 골고루 먹는 식생활을 통해 건강과 영양상태를 양호하게 유지하는 것이 가장 좋은 면역증진방법이다.

(1) 열량과 단백질

일반적으로 열량과 단백질이 부족하면 면역기관의 무게가 감소하고 면역능력이 저하되어 병에 걸리기 쉽다. 특히 단백질-열량 부족(PEM)인 아이들은 흉선, 비장, 맹장 등 면역기관의 무게가 적게 나가고 면역물질의 합성도 저하되어 있다. 한편, 열량 섭취가 과다하여 비만이 되는 경우에도 면역기관의 무게가 감소되며, 면역반응 역시 저하된다.

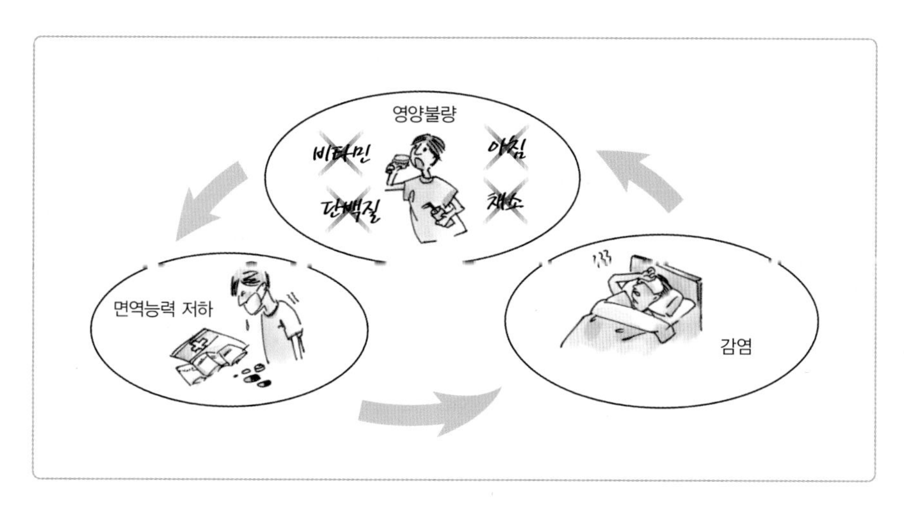

그림 4-21
영양과 면역능력의 관계

(2) 지질

지질의 양과 종류는 면역기능에 영향을 미친다. 일반적으로 고지질식이는 면역능력을 감소시킨다. 어유에 많이 함유되어 있는 오메가-3계 지방산이 자가면역 질환(autoimmune disease)의 치료에 효과가 있음이 밝혀져 어유에 들어 있는 EPA나 DHA 같은 다가 불포화지방산의 섭취를 통하여 자가면역 질환 치료를 시도하기도 한다. 그러나 이것은 어디까지나 자가면역 질환에 해당하며 정상인의 경우 오메가-3계 지방산을 과잉 섭취하면 면역기능이 감소된다. 따라서 균형 잡힌 식사를 통해 정상 체중과 좋은 영양상태를 유지하는 것이 자가면역 질환 치료에 도움이 된다.

(3) 비타민

비타민 A가 결핍되면 면역반응이 감소되어 감염에 대한 저항력이 약화된다. 비타민 E는 항산화작용으로 세포막의 안정성을 유지시키므로 면역능력과 관련이 있다. 비타민 C는 감염 예방에 효과적이고 식균세포의 반응성을 증가시킨다고 알려져 있으나 확실한 기전이 밝혀지지는 않았다.

(4) 무기질

아연이 부족하면 면역기관 및 면역세포의 증식과 기능이 억제되고 상처 회복이 지연된다. 아연은 DNA와 RNA 합성에 관련된 효소 등 여러 효소의 구성성분이자 흉선에서 만들어지는 호르몬의 구성성분이다. 따라서 아연이 부족하면 세포 분열과 단백질 합성이 잘되지 않고, 흉선에서 만들어지는 T-면역세포의 생성과 기능이 비정상적인 상태가 되어 감염성 질병에 걸리기 쉬워진다.

철 부족으로 빈혈에 걸리면 저항력의 약화로 감염되기 쉬운데, 그 증상은 면역기관의 무게 감소와 T-면역세포 수의 감소로 나타난다. 철을 너무 과잉 섭취해도 면역능력이 저하되므로 적당량을 섭취할 필요가 있다. 이외에도 셀레늄, 마그네슘 등의 무기질이 결핍되면 면역능력이 저하된다.

4/ 노화와 영양

현대사회의 특징 중 하나로 평균 수명의 증가와 노인 인구의 증가를 들 수 있다. 노화는 나이가 들면서 신체기능이 점차 쇠퇴하는 과정으로, 이는 개체에게 해로운 변화이며 궁극적으로 사망과 연결된다. 노화는 노인이 되면서 발병률이 증가하는 여러 만성질환의 특징과 유사하지만 자연적인 현상일 뿐 질환은 아니다. 사람은 나이가 들어가면서 신체적·정신적 기능이 약해지고, 환경 변화에 대한 적응력이 감소하며, 항상성 유지능력이 약화된다. 또 면역기능의 감퇴로 질병에 대한 저항력과 회복능력이 떨어져 여러 만성질환에 노출되기 쉽다(그림 4-22).

일반적으로 65세 이상을 노인이라 한다. 우리나라의 평균수명은 꾸준히 증가하고 있으며(그림 4-23), 65세 이상의 노인 인구 비율도 급증하고 있다(그림 4-24). 노인 인구가 7~14% 미만인 사회를 고령화사회(aging society), 14~20% 미만인 사회를 고령사회(aged society), 그리고 20% 이상인 사회를 초고령사회(super aged society)라고 한다. 우리나라는 고령화가 빠르게 진행되면서 2000년 고령화사회, 2017년 고령사회에 진입했으며, 2019년에는 전체 인구 중 고령자의 비율이 14.9%였다(세계의 고령인구 비중은 9.2%). 이러한 추세라면 2025년 65세 이상 고령인구는 전체 인구의 20%가 될 것으로 전망되며, 2045년에는 37%로 전 세계에서 가장 고령인구 비중이 높은 국가가 될 전망이다.

현대사회의 수명 증가는 단순히 생존기간의 연장에 그치고, 노인들은 많은 시간을 질환에 시달리며 의존적인 삶을 영위하는 경우가 많다. 그래서 단순한 수명증

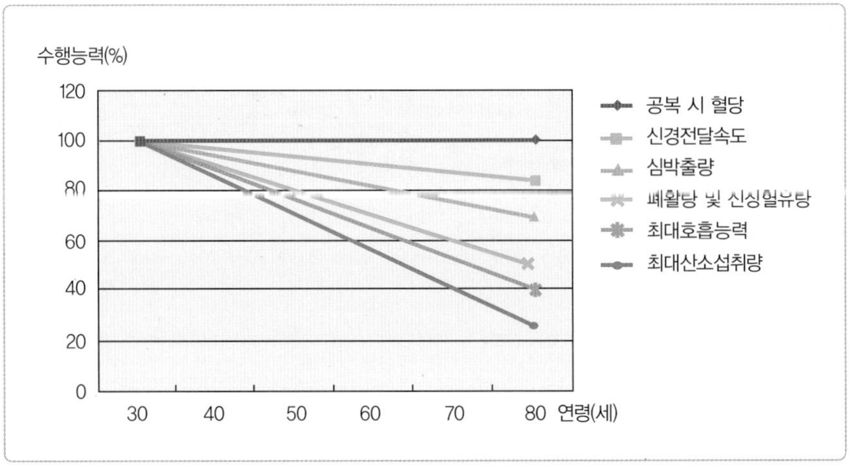

수행능력(%)
120
100
80
60
40
20
0
30 40 50 60 70 80 연령(세)
공복 시 혈당
신경전달속도
심박출량
폐활량 및 신장혈유량
최대호흡능력
최대산소섭취량

그림 4-22
나이 증가에 따른 생리적 기능의 감소

자료 : Shock NW, Nutrition in old age, Symposia Swedish Nutrition Foundation X, Stockholm-Sweden, 1972.

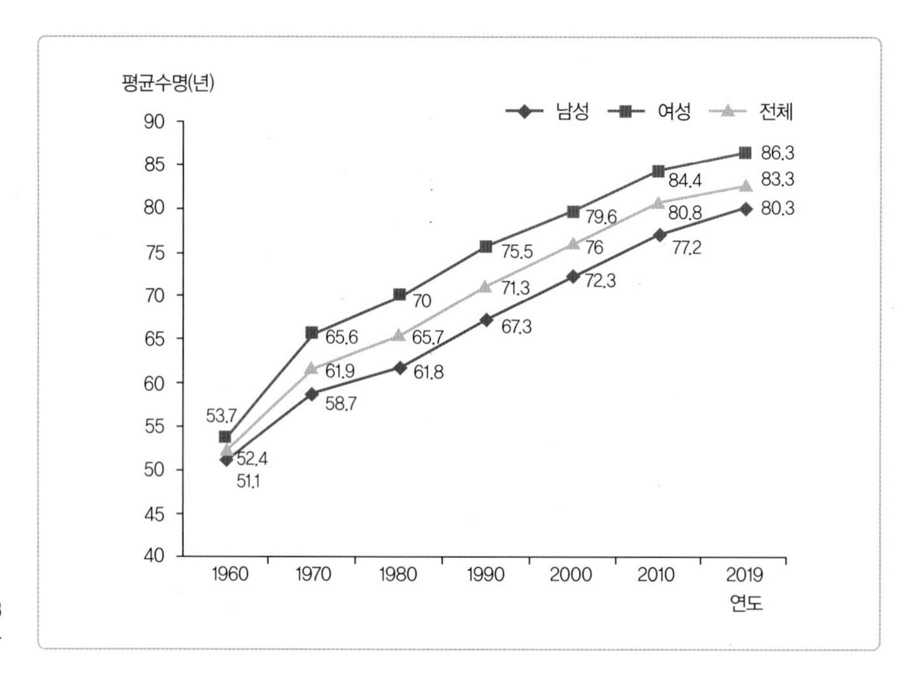

그림 4-23
한국인 평균수명의 변화

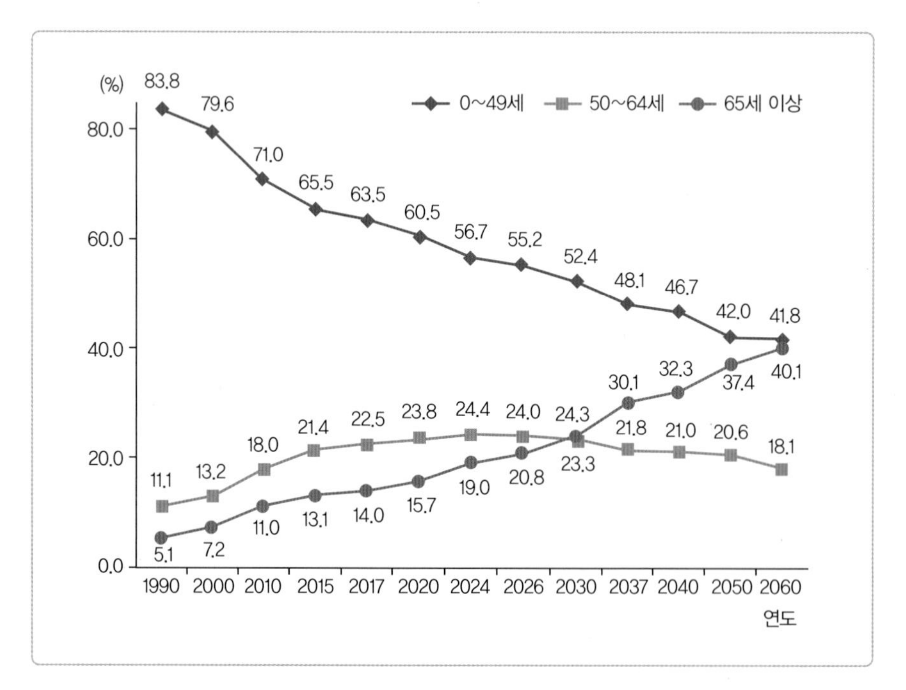

그림 4-24
연령대별 인구 구성비
자료 : 통계청, 2015 고령자통계.

가보다는 건강수명 증가에 초점을 맞추어야 한다. 건강수명이란 병에 걸리지 않고 독립적으로 생활할 수 있는 수명을 말한다. 요즈음에는 성공적인 노화라는 용어를 많이 사용한다. 이는 단순히 수명만 연장하는 것이 아니라 건강수명을 연장하여 생의 끝까지 독립적이고 활동적인 삶을 영위하는 것을 말한다. 장수하는 노인들은 긍정적이고, 낙천적인 사고방식을 갖고 있으며 활동적이고 규칙적인 식생활을 영위하고 있음을 볼 수 있다.

나이에 따른 신체기능의 저하는 장기마다, 개인마다 차이가 크므로 노화의 정도를 나이를 기준으로 나누는 것은 불합리하다. 영양, 운동 등 환경적인 요인을 적

잠깐! 알아봅시다

노화와 관련된 이론

나이에 따라 신체기능이 감소하는 기전에 대한 연구는 노화학 연구에서 중요한 부분을 차지하고 있다. 하지만 여전히 노화의 원인을 한 가지로 명료하게 설명하기는 어렵다.

- 세포 사멸의 프로그램 이론 : 노화와 죽음은 유전적으로 프로그램되어 있다는 이론으로, 모든 세포는 일정한 시간이 지나면 사멸하게 된다는 내용이다.
- 노쇠 이론 : 유전 정보를 계속 반복 사용하면 모두 소모되어 노화가 나타난다는 가설이다. 이러한 유전 정보의 소모는 세포 손상에서 비롯된다. 세포 손상은 DNA 합성의 오류, 자유기의 공격 등으로 인해 발생할 수 있다. 이 중 자유기는 활성이 강한 화학물질로 정상적인 대사과정이나 환경적인 요인에 의해 발생한다. 그러므로 자유기 발생을 제한할 수 있으면 노화가 지연될 수 있다는 가설이 성립된다. 세포의 손상은 심혈관 질환, 암 등 여러 가지 만성질환으로 발전할 수 있다.
- 점진적인 DNA 손상설 : 노화는 DNA의 손상이 누적되어 일어난다는 학설이다.
- 세포 분열의 제한설 : 세포에는 일정한 수명, 즉 분열 횟수가 결정되어 있다는 설이다.
- 텔로미어설 : 유전시계 이론이라고도 한다. 염색체 말단의 텔로미어는 세포 분열이 거듭될수록 조금씩 짧아지며 텔로미어가 모두 손실되면 세포는 더 이상 분열할 수 없어 쇠퇴하게 된다는 이론이다.
- 내부노화 시계설 : 인체 내에 일정한 지배 질서가 있어서 그에 따라 인간은 일정한 수명을 살고 죽게 된다는 설이다.
- 산화 스트레스설 : 정상적인 대사과정에서 생기는 유해 활성산소는 세포막을 공격하여 세포 손상을 초래하고 대사과정을 변경시킨다. 그러므로 산화과정을 억제하는 항산화 물질은 노화과정을 지연시키는 것으로 알려져 있다.

절하게 관리하면 노화 속도를 늦출 수 있으며 질환에 걸리지 않고 건강한 노년기를 보낼 수 있으므로 노년기의 영양과 건강관리는 매우 중요하다. 적절한 영양소 섭취와 충분한 활동은 성공적인 노화의 필수 조건이다. 노화에 따라 나타나는 질환은 대개 만성질환으로 심혈관계 질환, 고혈압, 당뇨병, 암, 골다공증, 관절염 등이 주를 이룬다. 이러한 질환의 진단과 원인, 치료방법은 앞에서 이미 설명하였다.

1) 노화에 따른 신체기능의 변화

(1) 신체 조성의 변화

사람은 나이가 들어감에 따라 지방의 양과 비율은 증가하고, 근육 및 골격량은 감소한다(그림 4-25). 지방은 피하보다는 내장에 더 많이 축적되고 복부비만을 초래하기 때문에 만성질병의 위험이 증가한다(그림 4-26).

(2) 생리기능의 변화

■ **심혈관계**

심장 기능이 감소하고, 혈액순환 장애가 일어난다. 심박동수, 심박출량, 동맥의 팽

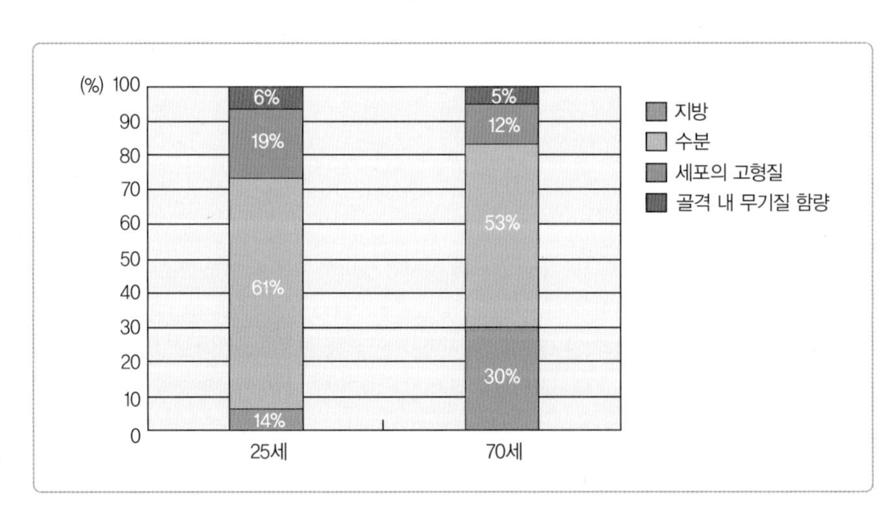

그림 4-25
25세 청년과 70세 노인의 체성분 비교

자료 : Fryer JH. Biological Aspects of Aging. Columbia University Press-NY. 1962.

그림 4-26
나이에 따른 체형 변화

창능력이 감소한다. 따라서 동맥경화, 고혈압, 뇌출혈, 심근경색, 심부전의 발병률이 증가한다.

■ 신경조직

신경자극 전달능력이 저하되고 따라서 저작 기능, 학습능력, 운동 기능이 감소한다. 시력, 청력이 약해지고 냄새나 맛에 대한 민감성이 둔해진다. 갈증을 예민하게 느끼지 못하여 수분 섭취량 부족으로 탈수가 나타나며 변비가 생기기 쉽다.

■ 폐 기능

폐는 노화에 따라 기능 감소가 가장 큰 장기로 나이가 들어가면서 총 폐용량 및 폐활량이 감소한다.

■ 신장

신장의 기능 단위인 네프론이 감소하여 신혈류량, 사구체 여과율이 저하되므로 노폐물 배설 및 체내 항상성 유지에 문제가 생긴다.

■ **소화기계**

위산 분비가 감소하고 장점막 위축, 소화액 분비 저하, 장 운동의 저하 등으로 인하여 영양소의 소화 흡수능력이 저하된다.

2) 노화에 따른 영양상태의 변화

(1) 영양상태에 영향을 미치는 인자

■ **생리적 요인**

음식 섭취에 영향을 미치는 생리적 인자로는 맛과 냄새의 인지기능 변화, 의치, 풍치 등의 치아 건강의 문제, 소화액 분비 감소, 장 운동 감소와 변비, 신장기능의 저하를 들 수 있다. 이러한 여러 가지 변화는 식욕 부진과 이에 따른 영양불량문제를 야기한다.

■ **경제적 요인**

노인들의 경제상태는 식품 섭취를 결정짓는 중요한 요인이다. 식품구매력 저하, 기호에 맞는 식품 선택 폭의 축소 등이 결국 식이 섭취의 결정요인이 된다.

■ **사회적 · 심리적 요인**

가족 구조나 사회요인이 중요하게 작용한다. 심리적 위축, 고립감, 자립 정도에 따라 식품의 섭취량이 달라진다.

■ **건강요인**

질병이나 이에 따른 약물 복용은 식사 섭취에 많은 영향을 미친다. 약물 복용은 식욕을 저하시킬 수 있으며, 거동이 불편하면 식품 구매 및 식사 준비에 지장이 생긴다.

(2) 영양상태와 식사지침

필수영양소는 충분히 섭취하고, 에너지는 적게 섭취하여 비만을 예방하는 것이 건강수명 연장에 도움이 된다는 연구 결과들이 많이 나와 있다. 이는 생애주기별로 모든 영양소를 충분히 섭취해야 한다는 것을 강조하고 있다. 수명을 연장하기 위한 식사방법으로 적게 먹는 것이 강조되어 왔으나, 불균형한 소식은 삼가야 한다.

일반적으로 노인들은 영양소 섭취상태가 양호하지 못하여 영양위험집단으로 분류된다. 식품섭취량이 부족하며, 균형 잡힌 식사를 하지 못해 여러 가지 영양소 섭취량이 부족하고 종종 탈수가 수반되어 영양불량상태에 놓이기 쉽다. 장수하기 위하여 소식해야 한다는 그릇된 생각도 식품섭취량 부족의 원인이 될 수 있다. 국민건강영양조사에 나타난 우리나라 노인의 영양소 섭취 실태를 보면 전체적인 식품 섭취량이 적어 영양상태가 불량하고 특히 비타민 A, 리보플라빈, 철, 칼슘 등의 미량 영양소 부족이 심각한 것으로 나타났다. 노인들은 백미 위주의 식사를 선호하고 어육류, 채소, 과일의 섭취가 매우 적은 것으로 나타났다. 또 술의 섭취와 라

표 4-19 영양상태에 영향을 미치는 요인

요인	변화	영향
체구성 변화	근육량 감소	일상생활 수행능력 저하
	지방량 증가(비만)	만성질환 증가(심장혈관 질환, 고혈압, 관절염)
	체수분 감소	탈수, 약물중독 위험성 증가
체기능 변화	갈증기전 저하	탈수
	영양소 필요량 변화	영양부족
	시각·미각·후각 변화	식욕 부진, 식사량 감소
	골절·치아 손실	식사 준비, 선택 제한
만성질환 증가	영양소 필요량 변화	신체기능 저하, 식욕 변화, 영양불량
	약물 복용 증가	영양소 약물상호관계, 영양소 이용률 저하
사회적·경제적 변화	고립	식사 섭취 저하, 식욕 부진
	활동량 감소	식욕 부진
	빈곤	구매력 감소, 식품 선택 제한

면 같은 편의식품의 섭취도 잦은 편으로 나타났다.

노인의 식생활지도는 충분한 양의 식사를 하도록 하고, 소화능력을 고려하여 조금씩 자주 먹는 데 중점을 두어야 한다. 또 식품의 다양성을 강조하기 위하여 간식과 부식에 중점을 두고 탈수를 방지하기 위하여 충분한 수분 섭취를 권장하고 식품위생을 강조하고 있다. 보건복지부에서 설정한 '노인을 위한 식사지침'에서는

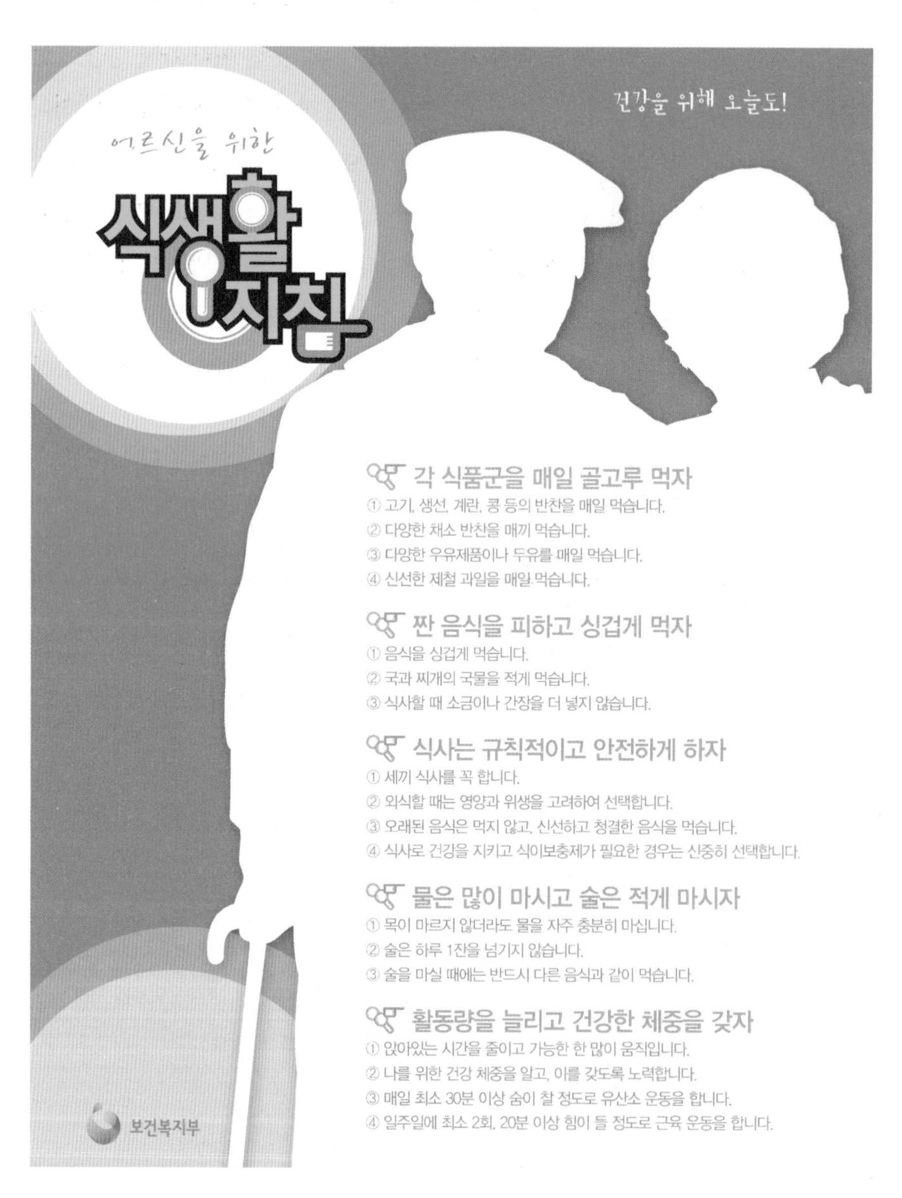

그림 4-27
어르신을 위한 식생활지침
자료 : 보건복지부, 2010.

잠깐! 알아봅시다 **장수노인의 식생활**

- 과식하지 않고 소식하며, 과음하지 않는다.
- 규칙적인 식사를 한다.
- 발효식품(김치, 된장, 요구르트, 치즈)을 많이 섭취한다.
- 채소와 과일을 많이 섭취한다.
- 낙천적이고 긍정적인 사고를 한다.
- 물을 많이 마신다.
- 육체적 활동 및 운동을 한다.

각 식품군을 매일 골고루 먹도록 권장하고 있다(그림 4-27). 또한 규칙적인 식사를 하고, 물을 충분히 마시고, 짠 음식은 피할 것을 권장하고 있다.

성공적인 노화란 건강하게 늙어 건강하게 지내는 것이다. 이를 위해서는 영양이 가장 중요한 중재 가능한 요인이므로 일생을 통한 적절한 영양상태 유지가 무엇보다 중요하다.

현명한 선택,
건강한 식탁 만들기

CHAPTER

1/ 먹거리의 선택

1) 영양 개념의 변화

오랜 세월 영양학에서는 기본 영양소의 기능을 연구하는 데 집중해왔으나, 최근 10~20년간의 역학 및 임상연구는 여러 식물성 식품이 건강과 영양에 유익한 역할을 함을 제시하였다. 이는 단지 과일류나 채소류가 함유하고 있는 비타민, 무기질, 식이섬유의 기여로만은 설명할 수 없는 부분으로, 이러한 식품에 인체가 필요로 하는 여러 성분이 들어 있음을 의미한다. 암과 심혈관 질환은 동물성 식품을 많이 섭취했을 때 발생할 확률이 높다. 동물성 식품은 열량과 총 지방량, 포화지방량이 높은 반면 식물성 식품에 풍부한 식물성 생리활성물질이 적기 때문이다.

산업화된 사회에서는 식물성 식품 위주의 식사로 인한 영양소 부족 위험보다는, 동물성 식품 의존도가 높은 식사를 통한 열량 및 영양 과잉, 생리활성물질 결핍에 의한 만성퇴행성 질환의 발생 위험이 더 클 수 있다는 새로운 패러다임의 영양 개념에 관심이 모아지고 있다.

우리나라는 1970년대 이후 고유의 식생활 패턴을 벗어나 서구의 식문화 흐름에 편승하면서 서구 사회가 안고 있는 영양 문제와 질병 패턴을 나타내고 있다. 따라서 현 시점에서 우리나라 고유의 식생활을 되돌아보면서 우리 고유의 식생활에서 얻을 수 있는 영양 과잉 및 불균형의 위험 저하, 생리활성물질의 결핍 위험 저하효과를 살펴볼 수 있을 것이다.

2) 우리 음식문화의 영양과학

우리나라는 삼국시대 후기부터 밥을 주식으로 하고 반찬을 먹는 식생활 구조를 형성해왔다. 계절에 따라 생산되는 생선, 과일, 두류, 채소를 이용하여 다양한 부식을 만들었고, 장류, 김치, 젓갈 등의 발효식품을 발달시켰다. 또 간장, 파, 마늘, 고춧가루, 후추, 생강, 참기름 등의 다양한 양념을 사용하여 음식의 독특한 향과 맛을 만들어냈다. 우리나라는 16세기 전후에는 중국·일본 등의 주변 아시아 국가들과, 19세기에 들어서는 서양문화권과의 활발한 교류를 통해 다양한 변화와 발달을 이루어왔다.

우리나라의 상차림 양식은 조선시대에 정착되었다. 밥, 탕, 김치를 기본으로 하는 밥상을 반상이라 하며, 음식의 종류와 수에 따라 첩 수(3첩, 5첩, 7첩, 9첩, 12첩)로 상차림이 구분된다. 이들 반상은 공통적으로 밥, 탕, 김치, 장류, 나물, 젓갈, 구이 또는 조림을 포함하며, 첩의 수에 따라 여러 반찬이 더해진다. 우리나라의 음식문화는 주부식문화, 쌀문화, 채식문화(나물문화), 발효식품문화(김치, 젓갈, 장), 콩문화 등으로 요약할 수 있다. 이러한 고유 상차림은 밥, 김치, 나물을 토대로 하는 식물성 위주이면서 다양한 식품들로 구성된 균형식사로 평가되며, 전통발효식

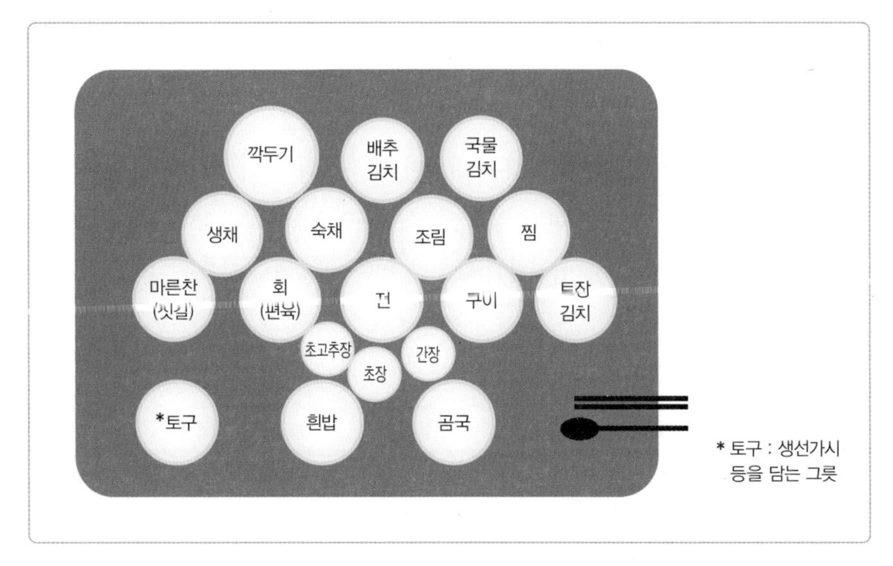

그림 5-1
7첩 반상

잠깐! 알아봅시다 반상 종류에 따른 음식의 구성

구분	첩 수에 포함되지 않는 음식							첩 수에 포함되는 음식										
첩수	밥	국	김치	장류	조치	찜	전골	생채	숙채	구이	조림	저냐	장과	마른찬	젓갈	회	편육	별찬
3첩	1	1	1	1				택 1		택 1			택 1					
5첩	1	1	2	2	1			택 1		1	1	1	택 1					
7첩	1	1	2	3	1	택 1		1	1	1	1	1	택 1			택 1		
9첩	1	1	3	3	2	1	1	1	1	1	1	1	1	1	1	택 1		
12첩	2	2	3	3	2	1	1	1	1	1	1	1	1	1	1	1	1	1

자료 : 구난숙 외, 세계 속의 음식문화, 2004.

품은 여러 생리적 활성을 나타내는 우수한 급원으로 기대된다.

(1) 쌀

우리나라의 벼농사는 신석기 시대부터 시작되어 4,000여 년의 오랜 역사를 통해 주요 식량으로 재배되면서 밥의 주식문화를 형성하였다. 쌀은 주성분으로 탄수화물을 80% 정도 포함하고 있지만, 그 외에도 7% 정도의 단백질을 함유하고 있다. 쌀 단백질은 단백가가 높아 식물성 식품 중에서 가장 질 좋은 단백질로 알려져 있으며, 쇠고기와 비슷한 단백가를 나타낸다(표 5-1). 또한 칼슘, 철, 칼륨, 마그네슘 등의 무기질과 섬유소 등 다양한 영양소가 함유되어 있다.

쌀은 단맛이 있어 먹기 좋고 소화가 잘되며, 밀가루와 달리 별도로 가공하지 않고, 설탕이나 소금 등을 첨가하지 않고도 먹을 수 있는 식품이다. 지방의 함량이 적고 채소 등의 반찬과 함께 섭취하기 때문에 비만 예방에도 도움을 준다.

표 5-1 쌀과 여러 식품의 단백가 비교

식품	백미	현미	밀	밀가루	옥수수	콩	쇠고기	치즈	우유	계란
단백가	81	85	65	41	37	75	79	73	90	96

자료 : 장학길, 현대인의 건강을 위한 식품정보, 1999; 한국식품연구원 하태열, 쌀의 영양학적·기능적 우수성, 2002.

쌀에 들어 있는 식이섬유는 장의 연동운동을 촉진하고 변비를 예방하며, 장내 노폐물을 제거하고 콜레스테롤을 저하시키는 역할을 한다. 보리 등과 같은 잡곡과 혼식하면 식이섬유의 섭취량을 한층 높일 수 있고, 부족한 영양소를 보충할 수 있다. 특히 잡곡밥에는 쌀에 부족한 아미노산이 들어 있어 양질의 단백질을 공급하게 해준다. 이외에도 도정과정이나 조리할 때 손실되기는 하지만 티아민과 리보플래빈, 니아신을 많이 함유하고 있다.

(2) 떡

떡은 농경문화가 정착된 이래, 농경의례용이나 제례식과 절기식으로서 오랜 역사를 지닌 우리 고유의 곡물요리다. 신라 유물인 토기시루나 청동시루를 볼 때 오래전부터 떡이 만들어졌음을 알 수 있다. 삼국시대에는 불교의 융성으로 떡의 조리법이 더욱 발달하였고, 고려시대에는 이미 160여 종의 떡이 있었던 것으로 알려져 있다. 오늘날에도 떡은 특별한 날에 만들어 먹는 전통문화의 맥을 잇는 대표적 별식으로 자리 잡았다. 떡은 만드는 방법이나 사용되는 부재료가 다양한 만큼 그 종류가 다양하며, 끊임없는 개발로 오늘날에는 다양한 맛과 모양을 지닌 300여 종의 떡이 만들어지고 있다.

떡은 현대 과학의 관점에서 볼 때 영양학적 가치를 고려한 전통식품이다. 주재료인 멥쌀과 찹쌀에 팥, 콩, 깨, 견과류, 쑥, 호박, 무와 같은 부재료 및 계절에 나는 재료를 합리적으로 배합함으로써 비타민과 단백질을 보강하여 영양상의 조화를 이루었을 뿐만 아니라 소화를 용이하게 하기도 한다. 멥쌀이나 찹쌀에 팥이나 콩을 얹어 티아민과 단백질을 보강하고, 깨를 사용하여 필수지방산과 지용성비타민을 보충한다. 쑥을 혼합하여 비타민 A와 비타민 C를 보충하기도 한다. 또한 무시루떡의 다이아스테이스는 쌀의 소화를 돕는다. 몸에 이로운 약재를 이용하여 건강에 도움이 되는 떡을 만들기도 한다.

(3) 나물과 쌈

우리나라 음식문화의 특징 중 하나로 나물을 많이 먹는 채식문화를 꼽을 수 있다. 우리나라는 사계절이 뚜렷하여 산과 들에 계절별로 다양한 식물이 자생하고

그림 5-2
여러 가지 채소류

재배되어 다채로운 식용식물을 이용할 수 있다. 산나물(산채), 들나물, 밭나물(재배나물, 채소), 버섯류 등, 거의 모든 채소가 나물거리로 이용되며 엽채류, 경채류, 근채류, 과채류 등 채소의 여러 부위를 이용하여 생채나 쌈, 숙채 형태로 즐겼다(그림 5-2).

삼국시대 이전까지는 채소의 이용에 관한 역사를 찾아보기 어렵다. 무, 상추 등의 기록만 전해지는 정도이다. 그러나 고려시대에 이르러서는 사용된 식품의 기록이 뚜렷해지고, 숭불사상에 힘입어 채식요리가 발달하였으며, 산과 들에 자생하는

잠깐! 알아봅시다 **채소류의 특징**

- 70~98%의 수분을 함유한 수분 공급원이다. 대부분의 나물에는 탄수화물, 지방, 단백질의 함량이 적어 열량급원으로서의 가치는 적으나 다이어트에 효과적이다. 과일보다도 열량이 낮으며 50~70g의 채소에 함유된 열량은 20kcal 정도에 불과하다.
- 비타민 C가 풍부하고 카로테노이드의 좋은 급원이다.
- 여러 가지 무기염류, 특히 염기성 무기질을 포함하고 있어 체액이 중성을 유지하도록 한다.
- 식이섬유를 많이 함유하여 장운동을 좋게 하고 변통을 조절하며, 당과 콜레스테롤의 흡수를 저하시킨다.
- 다양한 생리활성을 갖는 파이토케미컬을 함유한다.
- 채소 특유의 풍미와 질감, 색깔을 지녀 식욕 증진효과가 있다.

자연야생초를 식용으로 이용하였다. 채소는 흉년에 구황식품으로 유용하게 사용되었으며 민간에서는 약재로 사용되기도 하였다.

우리나라의 산과 들에서 자생하는 온갖 푸성귀 중에서 851종은 구황에 이용될 수 있다. 이는 세종 이후의 구황서에서 찾아볼 수 있는 내용으로 현재 300종 이상이 나물로 식용된다. 우리의 민요나 농가월령가 등의 가사에도 세시음식 및 이와 관련된 풍속이 묘사되어 있는데 여기에는 절기마다 즐기는 여러 나물이 등장하여 선조들의 나물문화를 짐작할 수 있다. 여전히 나물은 우리 민족의 의례음식과 행사음식으로 이용되고 있다.

나물은 열량이 낮고 식이섬유와 각종 비타민, 무기질 및 파이토케미컬을 함유하여 비만을 방지하고 암을 예방하며, 당뇨병이나 고혈압, 동맥경화 등 여러 질병 예방에 도움을 준다. 각종 영양소 및 파이토케미컬을 공급하는 수단이며 상 위의 색채를 조화시켜 시각적인 효과를 높여준다.

쌈문화는 생채를 먹던 식습관에 장문화가 접목되면서 정착하게 되었고, 특히 육식을 금하던 고려시대에 발달하였다. 기록에 의하면 잎이 큰 채소는 모두 쌈으로 먹었는데, 그중에서도 상추쌈을 제일로 여겼다. 상추는 국화과에 속하는 한해살이 식물로 유럽의 온대지방과 인도의 북부지역이 원산지이며, 우리나라에는 9세기경에 중국을 통해 전래되었다. 쌈은 식욕이 없을 때 입맛을 돋우고, 더위를 이기는 데 필요한 비타민과 무기질 및 수분을 공급하는 수단으로서 풍성한 식탁을 만들

잠깐! 알아봅시다 **나물의 조리**

- 생채 : 날것을 그대로 또는 조미하여 먹는 방법으로 채소 특유의 질감과 신선미를 제공한다. 영양 손실을 최소화하는 조리법이다.
- 숙채 : 데치거나 볶아서 익히는 방법이다. 쓴맛과 떫은맛성분을 제거하는 효과가 있다. 식감이 부드럽다.
- 쌈류 : 채소의 잎이나 해조류, 밀전병 등에 밥 또는 갖가지 재료를 싸서 먹는 방법이다. 날것으로 먹는데 데치거나 쪄서 이용하기도 하며 쌈장을 곁들인다. 복잡한 조리과정을 거치지 않아도 된다.

어주는 음식이다.

채소는 수확 후 시간이 지나면서 영양소가 줄어들고 품질이 저하되므로 제맛을 즐기려면 제철에 수확한 것을 먹는 것이 좋다. 겨울 동안 싱싱한 채소를 구경할 수 없었던 시대에도 나물을 건조하여 저장하거나 김장, 장아찌, 절임 등의 방법으로 제철에 나는 채소를 저장하여 이용하였다.

(4) 김치류

김치는 대표적인 채소 발효식품으로 사용하는 재료가 다양하며 그 종류가 180여 종에 이른다. 대개 주재료가 되는 배추와 무에 여러 가지 향신료(고추, 마늘, 파, 양파, 생강, 부추)와 젓갈을 넣고 배합하여 숙성 기간을 두고 발효시켜 만든다. 다양한 배합 재료에는 각종 비타민, 무기질, 식이섬유, 단백질 및 유효성분이 풍부하게 어우러져 있어 영양학적 측면의 우수성 외에도 콜레스테롤 저하, 혈전 용해, 혈압 강하, 항암효과, 돌연변이 억제, 면역력 강화, 항산화작용 등의 기능을 한다(그림 5–3).

- 김치의 주재료인 배추와 무는 식이섬유의 중요한 공급원으로 변비, 대장암, 비만, 당뇨병, 동맥경화증, 고혈압 등 대사성 질환에 도움이 된다. 또 김치의 재료에 있는 엽록소는 항돌연변이성을 나타낸다.
- 김치에 들어가는 마늘은 향신료뿐만 아니라 기능성식품으로 널리 사용되어왔다. 마늘은 1.1~3.5%의 유기황화합물을 함유하고 있는데 이는 마늘에 독특한 향을 제공하며 대부분의 생리활성을 유도하는 주요한 역할을 한다. 유기황화합물의 대부분은 알리인(alliin) 성분이다. 알리인은 마늘을 썰거나 분쇄할 때 알리신(allicin)으로 전환되며 마늘의 독특한 냄새를 생성한다. 알리신과 알리신의 여러 분해 산물은 마늘의 생리활성을 나타내는 유효성분으로 항균, 항혈전, 항혈소판응집, 항고혈압, 항고혈당, 항이상지질혈증, 항암작용을 갖고 있음이 증명되었다.
- 고추는 베타카로틴과 비타민 C의 공급효과가 뛰어나며 항산화효과가 있다. 매운맛 성분인 캡사이신(capsaicin)은 혈중지질 개선효과, 혈전용해능력, 면역력 강화, 발암억제 능력을 가진 것으로 보고되어 있다. 생강 중의 진제롤(gingerol)은 항산화효과가 있는 것으로 입증되었다.

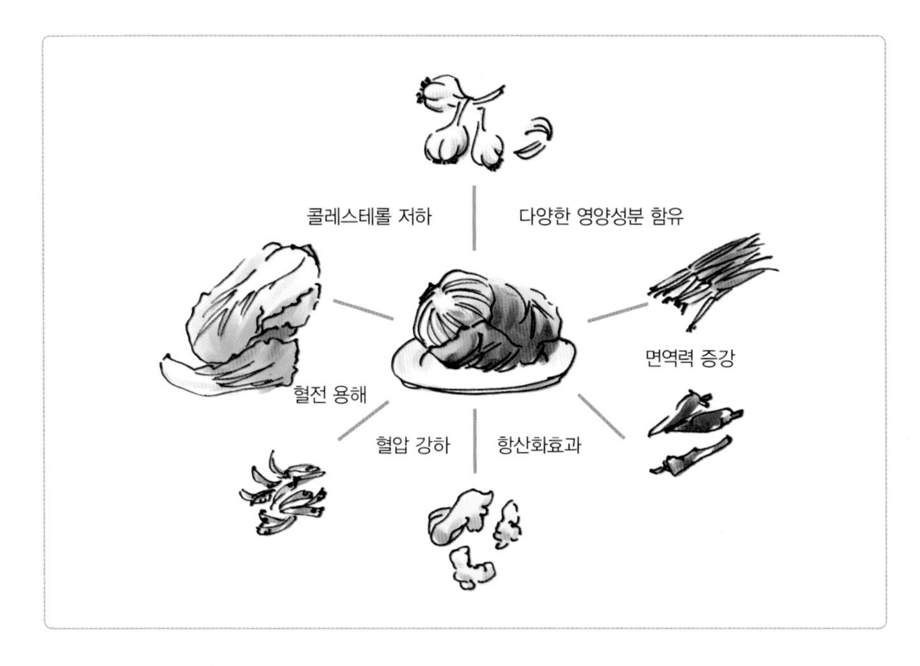

그림 5-3
김치의 특성

- 젓갈은 칼슘과 단백질의 급원이며, 숙성 중에 생성된 여러 아미노산은 김치의 감칠맛을 더해준다.
- 젖산균은 정장작용이나 장내 세균의 정상화 등 소화기능을 개선하는 효과가 있다. 그 외에도 우유 젖산균을 이용한 최근의 연구를 통해 젖산균의 면역능력 증강, 항암작용, 혈압 강하, 콜레스테롤 상승 억제작용 등의 기능이 보고되었다. 김치의 발효과정에서 생성되는 김치젖산균 또한 항균작용이 강하고, 면역 증강, 항돌연변이성, 항암작용이 있는 것으로 보고되었다. 김치는 숙성 정도에 따라 관여하는 미생물상이 달라지면서 맛과 풍미가 변한다. 숙성 초기부터 말기까지 관여하는 미생물은 젖산균과 효모이다. 김치에는 약간의 유해세균이 존재할 수 있으나 발효과정에서 대부분 사멸되어 최적의 상태로 숙성된다. 김치에 존재하는 다량의 젖산균은 장내 유해세균의 생육을 억제함으로써 이상발효를 막으며, 정장작용과 프로바이오틱스(probiotics)로써 기능한다.
- 대체로 맛이 가장 좋을 때의 김치는 유산균과 비타민의 함량이 가장 높고 항암성도 우수하다. 맛이 잘 든 김치는 생김치보다 젖산균이 10배나 많이 들어 있고, 과숙되어 김치가 시어지면 영양가와 기능성이 약화된다.

잠깐! 알아봅시다 김치의 숙성 중 맛성분의 변화

- 유기산과 CO_2 : 숙성되며 생성되는 유기산에 의해 산도가 증가한다. 산은 주로 젖산이며 이외에도 호박산, 사과산, 초산, 구연산, 주석산이 생성된다. pH 4 정도에서 가장 좋은 맛이 난다.
- 알코올 : 카르보닐화합물, 함황화합물, 아세트알데하이드가 감소된다. 숙성이 진행되면서 알코올이 생성되어 맛을 좋게 한다.
- 아미노산 : 리신, 아스파르트산, 글루탐산, 발린, 메티오닌, 아이소루신, 루신

표 5-2 김치의 영양성분

(단위 : 100g당)

영양성분	배추김치	열무김치	깍두기	갓김치	오이소박이
수분(%)	90.8	89.6	88.4	83.2	91.6
열량(kcal)	18	23	33	41	17
단백질(g)	2.0	2.4	1.6	3.9	1.7
지방(g)	0.5	0.5	0.3	0.9	0.4
탄수화물(g)	2.6	3.6	6.7	6.8	2.7
섬유소(g)	1.3	1.1	0.7	1.7	1.3
회분(g)	2.8	2.8	2.3	3.5	2.3
칼슘(mg)	47	82	37	118	44
인(mg)	58	43	40	64	54
철(mg)	0.8	1.8	0.4	1.3	0.4
나트륨(mg)	1,146	851	596	911	607
칼륨(mg)	300	324	400	361	309
비타민 A(㎍RE)	48	508	38	390	106
베타카로틴(㎍)	290	2,250	226	2,342	635
티아민(mg)	0.06	0.04	0.14	0.15	0.08
리보플라빈(mg)	0.06	0.08	0.05	0.14	0.04
니아신(mg)	0.8	0.6	0.5	1.3	0.6
비타민 C(mg)	14	25	19	48	13

자료 : 윤숙자. 한국의 저장발효식품. 2003.

(5) 젓갈류

젓갈류는 작은 생선과 조개류의 살, 내장, 알의 주재료에 다량의 소금을 넣고(고염젓갈 : 20% 내외의 식염농도, 저염젓갈 : 10% 내외의 식염 농도) 일정 기간 염장하여 자가 소화효소와 미생물의 분해 작용에 의해 알맞게 숙성시킨 대표적인 수산 발효식품이다. 제조방법은 지역과 기후에 따라 차이가 나며, 제조 원리에 따라 젓갈과 식해로 대별된다. 어패류의 주원료에 식염만을 사용하여 발효시킨 것이 젓갈이고, 식염 이외에 익힌 곡류와 기타 부재료를 혼합하여 발효시킨 것이 식해다.

젓갈은 어육질이 가수분해되어 나온 산물인 유리아미노산, 비단백질소 화합물, 핵산 분해 산물이 조화를 이루어 특유의 맛을 형성하게 된다. 단백질과 무기질의 좋은 급원으로 소화·흡수가 용이하다(표 5-3). 새우젓은 우리나라에서 가장 많이 사용되는 젓갈로, 숙성 중 단백질과 핵산이 분해되어 독특한 맛과 풍미

표 5-3 젓갈의 영양성분

(단위 : 100g당)

영양성분	새우젓	멸치젓	명란젓	어리굴젓	창난젓
수분(%)	67.6	54.4	66.0	70.2	64.3
단백질(g)	7.0	14.1	20.5	8.6	12.9
지방(g)	0.9	11.2	3.0	2.7	3.2
탄수화물(g)	1.1	0.6	2.7	8.1	8.2
회분(g)	23.0	19.7	7.8	10.4	11.4
칼슘(mg)	330	592	28	196	99
인(mg)	111	348	249	140	109
철(mg)	1.6	5.5	1.2	8.8	1.4
나트륨(mg)	6,505	11,826	3,531	2,374	3,394
칼륨(mg)	451	241	410	213	340
비타민 A(μgRE)	52	60	66	9	6
티아민(mg)	0.02	0.02	0.48	0.11	0.13
리보플라빈(mg)	0.03	0.23	0.52	0.20	0.20
니아신(mg)	0.8	6.3	8.9	3.0	3.3

자료 : 윤숙자, 한국의 저장발효식품, 2003.

를 낸다. 새우젓 특유의 정미성분으로는 단맛을 내는 리신, 프롤린, 알라닌, 글리신과 감칠맛을 내는 글루탐산, 쓴맛을 내는 루신이 있고 베타인(betaine)과 TAMO(trimethylamine oxide)가 단맛을 내는 것으로 알려져 있다. 멸치젓은 발효 기간 중 리신, 메티오닌, 발린, 아이소루신, 페닐알라닌이 증가한다. 리신과 메티오닌은 각각 34배와 2.8배 증가하므로 곡류를 주식으로 하는 한국인의 식사에서 부족하기 쉬운 필수아미노산을 보충해준다.

(6) 콩류

콩은 단백질의 급원으로 식생활에서 중요한 위치를 차지한다. 우리나라 사람들은 일찍이 대두를 이용하여 장류, 두부, 콩나물과 같은 다양한 식품을 발달시켰다. 콩으로 만든 장류로는 간장, 된장, 청국장, 담북장, 즙장, 막장, 고추장 등이 있다.

콩은 다른 곡류에 부족하기 쉬운 단백질의 함량이 높고(36%), 20% 정도의 지질과 25% 정도의 탄수화물을 함유하고 있다. 또 비타민, 무기질, 인지질과 사포닌, 아이소플라본 등의 생리활성물질이 들어 있다. 콩단백질은 단백가가 94로 식물성 단백질 중 가장 양호하며, 동물성 단백질을 대신할 수 있는 우수한 단백질 급원이다. 특히 우리의 주식인 쌀과 보리에 부족한 리신을 풍부하게 함유하고 있다. 콩단백질은 혈중 콜레스테롤을 낮추는 효과가 있고, 우유 단백질에 비해 항원성이 낮아 우유단백질에 알레르기가 있는 유아에게 좋은 단백질 급원이 될 수 있다.

지질의 함량 중 80% 이상이 불포화지방산이며 리놀레산(59%)과 리놀렌산(10%)과 같은 필수지방산, 비타민 E의 함량이 높아 혈중 콜레스테롤을 낮추고 항산화효과를 낸다. 콩은 동물성 단백질 못지않은 양질의 단백질을 공급하면서도 육·어류를 단백질의 급원으로 섭취할 때 우려되는 콜레스테롤과 포화지방의 문제를 해소한다. 레시틴은 세포막의 주성분으로 노인성 치매 예방에 효과가 있는 것으로 알려져 있으며, 노화 방지 및 지방간과 이상지질혈증을 예방하는 인자이다.

콩은 식이섬유가 많이 들어 있고, 콩의 사포닌은 지방 합성을 억제하고 지방 분해를 촉진하여 혈액 중 지방 축적 방지에 도움이 되며, 노화 방지, 항암활성이 있는 것으로 알려져 있다. 콩을 많이 섭취하는 일본 사람들이나 한국 사람들은 콩의 섭취가 적은 나라에 비해 유방암이나 전립샘암, 난소암의 발생이 낮은데 이는

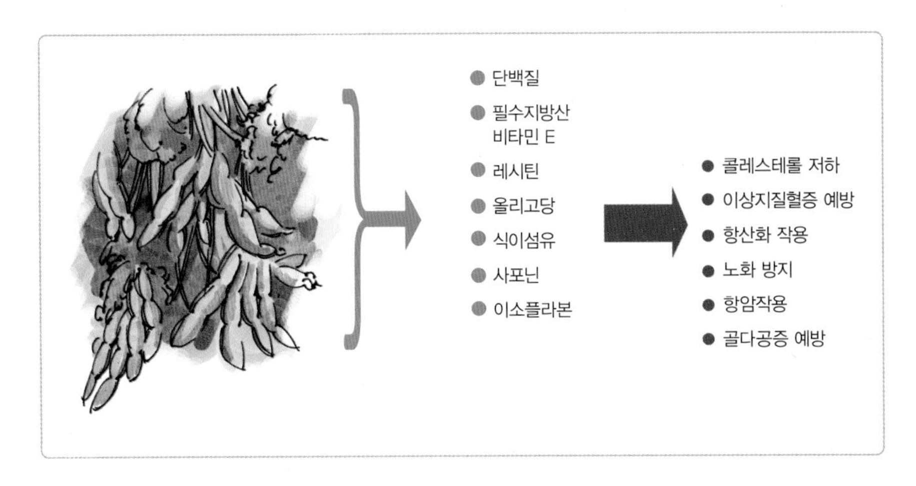

그림 5-4
콩의 영양과 기능성

콩에 존재하는 아이소플라본의 작용으로 보고된다. 아이소플라본은 여성호르몬인 에스트로겐과 구조가 유사하여 폐경기 이후 골다공증 예방에 도움이 된다. 또 혈액 내 콜레스테롤의 수치를 낮추고, 폐경의 여러 증세를 완화시키는 데 효과적이어서 호르몬 대체요법으로 제시되고 있다. 대두 중의 아이소플라본 함량은 건물 중량의 0.2~0.3%를 함유하고 있으며, 아이소플라본 섭취량의 약 54%는 두부에서 유래된다. 또 콩을 구성하고 있는 4%의 올리고당 중에서 약 30%에 이르는 난소화성 올리고당은 대장에서 유익한 세균을 증식시키는 것으로 알려져 있다.

■ **장류**

콩은 영양학적 가치가 우수하나 트립신 저해인자 때문에 소화성과 흡수율이 낮다. 그러나 가공과정이나 발효과정 동안 난소화성물질이 저분자물질로 분해되므로 소화·흡수율이 증진되고, 날콩에 있는 트립신 저해인자나 헤마글루티닌이 발효과정에서 제거된다. 또 수용성 질소성분과 유리아미노산의 함량이 증가한다. 장류 중 특히 된장은 항암작용을 한다. 된장은 날콩이나 삶은 콩보다 항암효과가 크며, 된장을 끓인 후에도 항암효과가 있는 것으로 알려져 있다. 된장에 함유된 트립신 저해인자, 아이소플라본, 사포닌, 식물성스테롤, 제니스테인, 피트산 등은 항암활성을 나타내는 것으로 보인다. 재래된장은 콩의 영양성분과 생리활성물질을 포함하는 뛰어난 발효식품이다.

■ 두부

두부가 우리나라에 전래된 시기는 분명하지 않으나 고려 말 문헌에 처음 등장하였다. 두부는 여러 가지로 조리가 가능한 식품으로 콩의 단백질이 농축되고 제조과정에서 칼슘(황산칼슘 또는 염화칼슘)이 첨가되어 단백질과 칼슘의 우수한 급원 식품이다. 콩단백질의 소화율도 95%로 높게 나타난다. 콩류식품 중 소화율이 가장 우수한 것은 간장(98%)이며, 된장과 콩나물의 소화율은 각각 85%와 55%이다.

2/ 위험한 식탁

1) 세균성 식중독

하나의 식품이 생산되어 소비자에게 도달할 때까지 여러 위해 요인이 식품의 안전성을 위협할 가능성이 높다. 농축수산물의 재배 단계에서 농약, 중금속, 환경오염물질에 의한 오염, 식품 가공 단계에서 생겨나는 식품 자체의 성분 변화에 의한 생성물질이나 첨가물, 유통과정 중의 비위생적인 취급에 따른 미생물 번식 등은 소비자들이 우려하는 식생활의 위해 인자들이다. 병원성 미생물이나 미생물이 만들

잠깐! 알아봅시다 **식중독 예방을 위한 3대 체크리스트**

구분	행동방안
청결	• 식품을 위생적으로 취급하여 세균의 오염을 막는다. • 손을 자주 씻어 청결을 유지한다.
신속	• 식품은 오랫동안 보관하지 않는다. • 조리된 음식은 바로 섭취하는 것이 안전하다.
냉각 또는 가열	• 조리된 음식은 5℃ 이하 또는 60℃ 이상에서 보관한다. • 가열조리가 필요한 식품은 중심부의 온도가 75℃ 이상이 되도록 한다.

자료 : 김미경 외, 생활 속의 영양학, 2005.

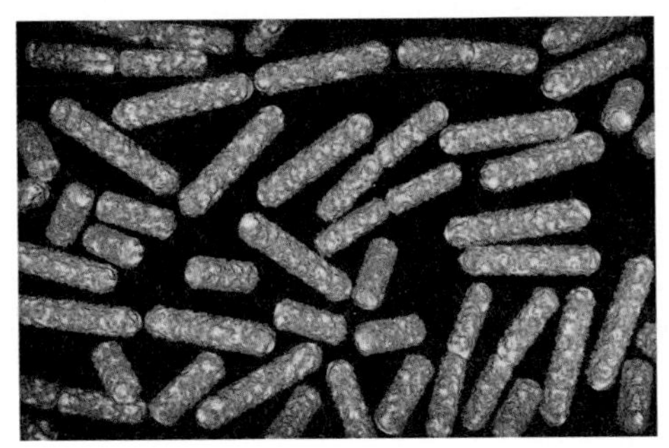

E. coli O157:H7

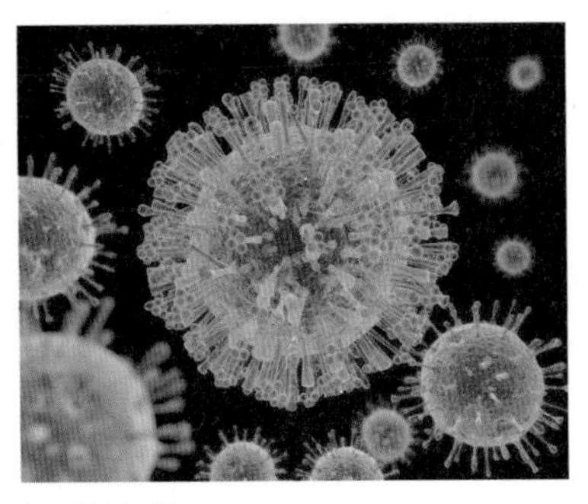
노로바이러스

그림 5-5
식중독을 일으키는 병원성 미생물

어내는 독소, 중금속, 살충제 등의 화학물질로 오염된 음식이나 물을 섭취해서 생기는 질병을 통틀어 식인성 질환(foodborne illness)이라고 하며, 우리는 이를 흔히 '식중독'이라고 부른다.

식품을 오염시키는 병원성 미생물은 우리 생활 속에 널리 분포되어 있다. 생산, 유통, 조리, 취급의 전 과정에서 박테리아, 바이러스, 진균류, 기생충 등의 미생물 오염이 일어나는데 미생물의 오염은 맛, 냄새, 눈으로 확인할 수 없으므로 우리는 식중독의 발생 위험을 감지할 수 없다. 이 때문에 그 결과는 광범위하게 나타난다.

식중독을 일으키는 원인세균으로는 캄필로박터 제주니(Campylobacter jejuni), 포도상구균, 리스테리아(Listeria monocytogens), 대장균 등이 있다. 사람과 동물의 소장에서 흔히 발견되는 대장균 중에는 비병원성 세균도 많지만, 병원성 대장균의 일종인 O157:H7은 잠복기가 1~8일이며, 증상은 4~10일간 지속된다. *E. coli* O157:H7은 대장에서 증식하는 과정에서 독성물질인 베로독소(verotoxin)를 생성하여 용혈성 요독증과 그로 인한 신경계, 호흡기계, 순환계 등에 장애를 초래하여 심하면 사망에 이르게 할 수도 있다. 주로 충분히 조리되지 않은 햄버거나 다진 쇠고기를 통해 오염되며 채소, 과일주스, 음료수, 살균하지 않은 우유, 과일주스, 샐러드나 비빔밥용 새싹 등이 오염원이다. 리스테리아균은 덜 익은 고기나 소시지, 햄 등을 통해 식중독을 일으킬 수 있다.

세균보다 작은 바이러스도 식중독을 일으킬 수 있다. 미국에서 일어나는 식중독은 대부분 노로바이러스(norovirus)에 의한 것이다. 우리나라에서도 노로바이러스에 의한 겨울철 식중독이 점차 증가하고 있다.

잠깐! 알아봅시다 **식중독의 원인 식품과 우리나라 정부의 대처**

손 씻기 등 위생수준의 향상에도 불구하고 지구온난화로 인한 기후 변화와, 핵가족화, 맞벌이, 고령화 등 사회 변화로 집단급식이 급증하고, 생활수준의 향상으로 외식시설 이용이 증가하면서 집단 식중독이 꾸준히 발생하고 있다. 우리나라에서 보고된 집단 식중독은 39.1%가 급식소에서 발생하였고, 37.7%가 가정에서 발생한 것으로 나타났으며, 가장 큰 원인 식품은 수산물이었다.

우리나라에서는 범정부 식중독 종합대응협의체를 운영하고, 식중독균 유전자형을 PFGE(pulsed-field gel electrophoresis) 방법을 이용하여 원인을 정확하게 추적·규명하며 손 씻기, 익혀 먹기, 끓여 먹기 등 식중독 예방 3대 요령을 홍보하며 대처하고 있다.

2) 방사선 조사식품

식품은 오랜 세월 동안 소금, 설탕, 절임, 건조 등의 방법을 통해 보존되어왔다. 식품보존법이 발달하면서 저온살균법, 살균, 냉장, 냉동, 통조림, 화학보존료 등의 사용이 일반화되었고 식품과 용기를 동시에 살균하는 무균공정의 도입으로 액체식품을 수년간 보관할 수 있게 되었다. 최근에는 방사성 금속에서 나오는 감마선(gamma ray)을 식품에 쬐어 *E. coli* O157:H7이나 살모넬라와 같은 미생물, 기생충을 죽이거나 불능화시키는 기술도 개발되었다. 우리나라에서는 농산물의 발아억제, 살충, 살균 및 숙도 조절의 목적으로 지정된 선량 이하의 방사선을 1회 조사하도록 규정하고 있고, 주로 가공식품의 원료로 사용되는 농산물 26개 품목(2016년 현재)에 대해서만 이를 허용하고 있다. 우리나라의 국립농산물품질관리원에서는 방사선 조사 농산물의 안전성을 모니터·관리하고 있다.

그림 5-6
라두라 마크

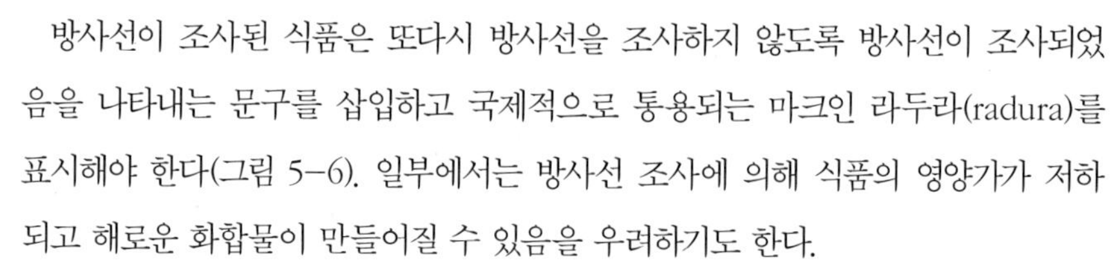

방사선이 조사된 식품은 또다시 방사선을 조사하지 않도록 방사선이 조사되었음을 나타내는 문구를 삽입하고 국제적으로 통용되는 마크인 라두라(radura)를 표시해야 한다(그림 5-6). 일부에서는 방사선 조사에 의해 식품의 영양가가 저하되고 해로운 화합물이 만들어질 수 있음을 우려하기도 한다.

3) 방사능 오염식품

후쿠시마 원자로 침수로 인해 해양과 식품의 방사능 오염이 큰 문제로 대두되고 있다. 오염된 바다에서 얻은 수산자원식품은 방사능에 오염될 수 있다. 우리나라에서는 국내 재배 농산물에 대해 129요오드, 137세슘 잔류 여부를 모니터하고 있다. 일본은 원전 사고 이후 5년이 지난 2016년에도 WHO와 국제식품안전당국네트워크(International Food Safety Authorities Network, INFOSAN)의 방사능 오염식품에 대한 권고에 따라 여전히 식품의 오염을 감시하고 식품의 잔존 방사성 물질 함유량을 국제식품안전당국네트워크에 보고하고 있다.

4) GMO 식품

(1) 현황

GMO(Genetically Modified Organism) 식품은 '유전자변형생물체' 또는 '유전자변형농산물'이라고도 불린다. 유전자변형생물체는 생물체의 유전자 중 유용한 유전자를 취해 해당 유전자를 갖고 있지 않은 생물체에 삽입하여 유용한 성질을 나타나게 한 것이다. 이와 같은 유전자재조합기술로 재배·육성한 농산물·축산물·수산물·미생물 및 이를 원료로 하여 제조·가공한 식품(건강기능식품을 포함) 중 정부가 안전성을 평가하여 입증이 된 경우에만 식품으로 사용할 수 있는데, 이를 GMO(유전자변형) 식품이라고 한다.

유전공학은 한 유기체의 유용한 유전적 특성을 취하고, 그 특성이 부족한 다른 유기체에 삽입하여 유전자 이식 유기체 생산을 가능하게 한다(그림 5-7). 거의 모든 식물과 동물, 미생물에서 특정 유전자를 교체할 수 있다. 일반적으로 생산량 증대 또는 유통이나 가공의 편의를 위하여 유전공학기술을 이용하여 기존의 방식으로 나타날 수 없는 형질이나 유전자를 지니게 된 GMO 농산물 개발은 농산물의 병충해 저항력 향상, 저장성 향상, 식품의 질 강화, 영양성분 개선 등을 가능하게 했다. GMO 농산물을 원료로 제조·가공한 식품 또는 식품첨가물을 GM 식품

혹은 유전자재조합식품이라고 부른다. 식물은 수천 개의 유전자를 갖는데, 이 중 한두 개의 유전자를 변형시켜 GMO 식품을 만들게 된다.

세계적으로 콩, 옥수수, 면화, 유채가 GMO 농산물의 대부분을 차지한다. 사탕무, 알팔파, 감자, 쌀, 밀, 멜론, 레드치커리, 토마토, 호박, 파파야, 아마 등도 개발되어 있다. 우리나라에서는 일곱 개 작물(콩, 옥수수, 면화, 유채, 알팔파, 사탕무, 감

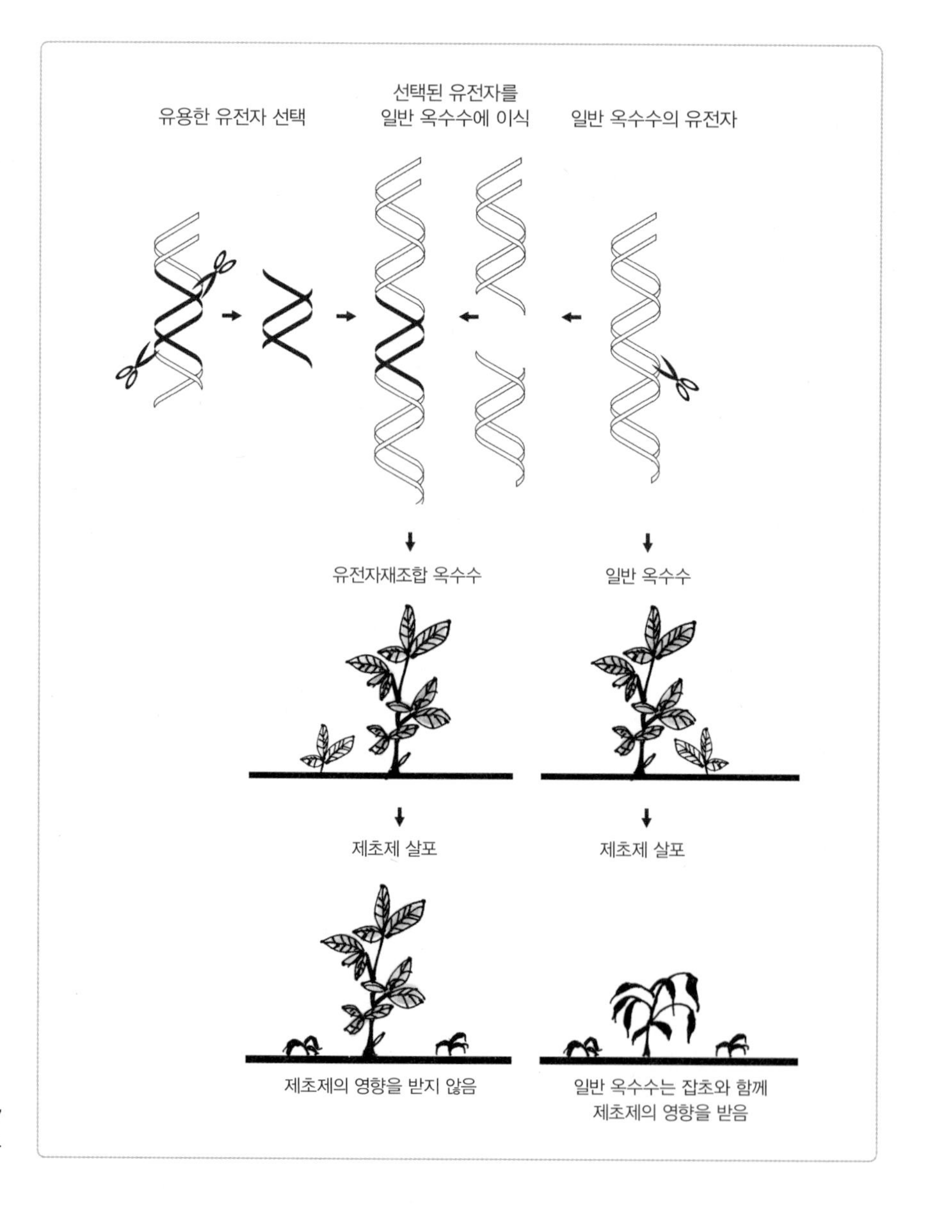

그림 5-7
유전자재조합과 효과

잠깐! 알아봅시다 GMO의 분류와 개발 목적

GMO란 유전자재조합기술을 이용하여 어떤 생물체의 특정형질을 가진 유전자를 다른 생물체의 염색체에 넣어 특정한 목적에 맞도록 만든 생물체를 의미하며, GMO의 종류에 따라 유전자재조합농산물(GMO 농산물), 유전자재조합동물(GMO 동물), 유전자재조합미생물(GMO 미생물)로 분류된다.

자료 : 식품의약품안전처.

표 5-4 GMO 식품에 대한 시각

경제적·환경적 안전론	잠재적 위해 우려론
• DNA는 식품 중의 정상 성분이며, 매 식사를 통해 섭취하고 있다. 즉, 사과 1개를 통해 수억 개의 유전자를 먹는 것임을 인지하지 못하고 있다. • 오랜 세월 동안 품종 개량 작물을 섭취하면서 해로운 효과가 나타난 적이 없었다. • 품종 개량으로 생산력 향상과 인류의 식량문제를 해결할 수 있다. • 농약을 적게 사용하므로 환경오염 감소에 기여한다. • 맛과 영양을 개선할 수 있다.	• 장기간 섭취했을 경우의 안전성 문제 • 새로운 독성물질을 생성할 가능성 • 알레르기 유발 가능성 • 영양성분의 변화 유발 가능성 • 항생제 내성 문제 유발 가능성 • 환경이나 자연생태계 교란으로 생물 다양성 파괴, 슈퍼 잡초 탄생 우려 • 인위적 생물체 변형에 대한 윤리적 판단 어려움 • 시장 독점으로 인한 가격 상승 유도 우려 • 유전자 변형 농산물로 취약 집단의 영양 개선, 식품 공급문제 해소 어려움

자) 136품목, 미생물 2종, 식품첨가물 19종이 안전성 심사를 거쳐 승인되어 있다(2016년 4월 6일 기준). 다양한 유전자재조합 농산물이 개발 중이며 앞으로도 여러 가지 목적으로 계속 개발될 것으로 보인다. 유전자변형동물로는 GM연어가 2015년 말에 미국 FDA의 승인을 최초로 얻어 시판되었으나 곧바로 환경안전성 문제가 대두되어 판매 금지 조치를 받은 바 있다.

(2) 전망

GMO 식품의 전망은 소비자가 이를 얼마나 수용하느냐에 달려 있다. GMO 식품이 사람이나 환경에 안전하다는 사실을 입증하는 연구가 설득력이 있고, 건강에 유익하고 식품 비용을 줄일 때, 비로소 수용도가 증가할 것이다.

GMO 식품을 생산하여 시장에 내놓으려면 안전성 평가를 받아야 한다. 일반적으로 GMO 식품은 기존의 식품과 동등하고, 안전성이 확인되어 건강에 해롭다는 증거가 없기 때문에 별도의 표시제가 요구되지 않으며, 일반 식품과 똑같이 관리되어야 한다는 주장이 나오고 있다. 반면 소비자들이 여전히 안전성에 대한 우려를 나타내고 있으므로 안전성 평가와 안전성 관리를 엄밀히 요구하는 분위기의 상반되는 입장도 있다. 따라서 GMO 식품에 대한 우려를 불식시키고 소비자의 알 권리와 선택의 기회를 제공하는 차원에서 국내외적으로 GMO 식품 표시제를 시행하거나 표시제를 시행하는 것을 신중히 고려하고 있다.

우리나라의 경우, GMO 식품 및 환경 안정성 평가기준을 확립하고 있다. 식품으로 이용하기 위한 안전성 평가기준으로 신규성, 알레르기성, 항생제 내성, 독성 등에 대한 평가지침을 마련하여 안전성을 보장한다. 또 소비자에게 올바른 정보 제공을 통한 알 권리 및 선택권 보장을 목적으로 2001년 7월부터 유전자재조합식품 표시제를 시행하고 있다. 표시대상식품은 유전자재조합 콩, 옥수수 등을 주요 원료로 사용한 식품 중 제조 가공 후에도 유전자재조합 DNA나 외래 단백질이 남아 있는 식품으로, 제품의 용기나 포장에 "유전자재조합식품" 또는 "유전자재조합 ○○포함식품"임을 표시하도록 하고 있다.

2015년 12월에 이 법률안에 대한 일부 개정 법률안이 국회 본회의를 통과하여 우리나라도 유럽연합과 같이 유전자재조합농산물(GMO)을 식품 원재료로 사용

잠깐! 알아봅시다 **우리나라의 GMO 곡물 수입량**

2014년 우리나라의 식용 GMO 곡물 수입량이 228만 톤으로 세계 1위를 기록했다. 수입된 GMO의 대부분은 옥수수와 콩이다. 이는 국민 1인당 수입량 45kg을 의미하는 것으로, 미국의 68kg에 이어 세계 2위에 해당되며, 같은 기간 1인당 쌀 소비량인 65kg과 비교할 때 꽤 많은 양이다.

할 경우, 사용 함량과 관계없이 표시가 의무화되었다. 식품에 함유된 원재료 비율 상위 5순위 내에 GMO가 들어 있는 경우에만 GMO 함유 표시를 의무화했던 기존 법령에서는 GMO 옥수수로 만든 전분과 액상과당, 올리고당 등 감미료는 수많은 식품에 포함되지만 단백질이 남아 있지 않아 GMO 표시대상식품이 아니었고, GMO 비율이 16.5%를 차지하더라도 그보다 함량이 많은 다섯 가지 재료가 들어 있어 GMO 표시를 하지 않았다.

5) 환경호르몬

환경에 노출된 화학물질이 동물이나 사람의 몸에 들어가 내분비계의 기능을 방해하거나 교란시키는 물질을 환경호르몬이라고 한다. 살충제·제초제 등의 농약류, 유기중금속, 다이옥신, 합성 에스트로겐, 식품첨가제, 식품의 포장재로 사용되는 합성수지 및 각종 합성 화학물질 등이 환경호르몬으로 작용한다(표 5-5). 이들 화학물질은 우리 주변에서 흔히 접할 수 있다. 1회용 식품용기나 플라스틱 식기, 항산화제로 사용이 허가된 식품첨가제도 환경호르몬에 포함된다. 환경호르몬은 우리 몸에서 만드는 호르몬에 비해 쉽게 분해되지 않아 체내 잔류기간이 길고, 지질 친화성이 있어 주로 지방조직에 축적된다. 이들은 먹이사슬을 통해 농축되어 체내로 유입되며, 적은 농도로도 우리 몸에 좋지 않은 영향을 미칠 수 있다.

비스페놀-A와 같은 환경호르몬은 정자 수와 운동성 감소, 생식 기능 저하, 기형아 출생, 불임, 유방암과 전립샘암 발병 증가와 관련이 있는 것으로 알려져 있다.

표 5-5 내분비 교란물질의 종류와 출처

내분비 교란물질	출처
다이옥신	쓰레기 소각장, 고엽제 성분, 화학공장
폴리염화바이페닐(PCB)	전기 절연제
트리뷰틸주석(TBT)	선박용 페인트
비스페놀 A	합성수지 원료, 식품과 음료 캔의 내부 코팅제
폴리카보네이트	플라스틱 식기
프탈산화합물(DBP, BBP)	플라스틱 가소제
스티렌다이머, 스티렌트라이머	컵라면용기, 1회용 식품용기
DDT	살충제
아트라진	농약
아미톨	농약
알킬페놀	합성세제
BHA	식품첨가제(항산화제)

자료 : 박현서 외, 식생활과 건강, 2002.
맹원재 외, 현대인의 식생활과 건강, 2000.

환경호르몬은 적은 양으로도 인체에 해가 되므로 인류가 반드시 해결해야 할 주요 환경문제다. 따라서 오염된 지역에서 난 어류를 섭취하거나, 플라스틱 용기 사용을 자제하고, 유기농산물을 이용하는 등 환경호르몬에 노출되는 것을 최소화하려고 노력해야 한다.

표 5-6 환경호르몬의 인체 유입경로와 대처 방안

유입경로	노출의 최소화 방안
• 대기를 통해서 • 물과 토양을 통해서 • 플라스틱 제품 사용을 통해 • 농약류 사용을 통해 • 오염된 음식물을 통해 • 의약품 사용을 통해	• 쓰레기 분리수거 및 플라스틱의 소각 감축 • 1회용 식품용기 사용 자제 • 환경 호르몬은 지방조직에 축적되므로 동물성지방의 섭취를 감축 • 플라스틱 용기의 사용을 자제 • 강력한 세제나 살충제 사용을 자제 • 과일이나 채소는 깨끗이 세척하고 껍질을 제거

자료 : 박현서 외, 식생활과 건강, 2002.
맹원재 외, 현대인의 식생활과 건강, 2000.

그림 5-8 환경호르몬의 체내 유입 경로

6) 다이옥신

나무나 석탄, 석유, 쓰레기를 고온으로 태울 때 생성되는 다이옥신은 발암물질로 알려져 있다. 이것은 지용성으로 우리 몸에 들어오면 잘 배설되지 않고 저장지방 조직에 축적되어 해를 입힌다. 동물성 식품의 지방에도 들어 있으므로 이들 식품을 통해 체내로 들어올 수 있다. 매끼 국이나 찌개를 먹는 우리나라 사람들의 식문화 특성상 물기가 많은 음식물쓰레기를 만들어내고 이를 쓰레기소각장에서 태울 때 다이옥신이 많이 생성되어 대기 중의 다이옥신 농도를 높일 수 있다.

잠깐! 알아봅시다 **비스페놀-A와 비스페놀-S**

국립환경과학이 전국에서 표본으로 추출한 400개 지역(읍·면·동 수준)의 만 19세 이상 성인 6,500명을 대상으로 2012~2014년에 실시한 '제2기 국민환경보건 기초조사' 결과에 의하면 소변 중 비스페놀-A의 농도가 1.09㎍/L로 지난 조사에 비해 약 1.5배 증가했다. 이 수준은 미국이나 캐나다보다 낮은 편이기는 하나 컵라면, 캔음식 등 가공식품 섭취가 높은 사람의 경우 그렇지 않은 사람보다 비스페놀-A의 농도가 높은 것으로 나타났다. 최근 연구에 의하면 비스페놀-A의 유해성이 대두됨에 따라 비스페놀-A의 대체제로 사용되는 비스페놀-S 역시 지방세포 생성을 자극해 비만을 유발하는 것으로 나타났다.

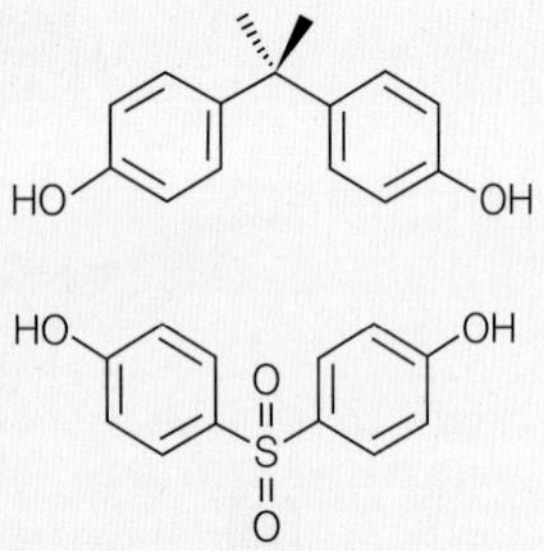

HO OH
HO OH O S O

비스페놀-A와 비스페놀-S

7) 잔류성 유기오염물질

산업, 농업, 자동차 배기가스, 제대로 되지 않은 쓰레기 처리 등으로 인해 각종 화학물질이 대기로 배출되고 토양 및 수자원이 오염되고 있다. 이러한 화학물질을 통틀어 잔류성 유기오염물질(POPs : persistent organic pollutants)이라고 부른다. 이 잔류성 유기오염물질은 궁극적으로 우리가 소비하는 식품을 오염시킨다. 이러한 물질의 예로는 수은과 납 등의 중금속, 다이옥신, 잔류농약, 가축사료에 첨가하는 항생제와 성장호르몬 등이 있다.

(1) 중금속

대기, 토양, 물 등에 자연적으로 존재하는 수은은 강, 호수, 바다에 흘러들어가 쌓이고 해양 먹이사슬에 통합된다. 메틸수은(methylmercury)의 신경독성에 대해서는 잘 알려져 있으며 생물농축(bioaccumulation)현상에 의해 작은 물고기보다는 큰 물고기의 수은 함량이 높다. 따라서 되도록 먹이사슬의 하부에 있는 물고기를 먹는 편이 좋다. 해산물을 비교적 많이 먹는 우리나라 사람의 혈중 수은 농도는 다른 나라 사람의 혈중 수은 농도보다 높은 편이다.

납 역시 토양, 물, 대기 중에 존재하는데 유연휘발유, 페인트, 캔 제품 등 산업 쓰레기에서 기인하게 된다. 납 중독은 아동의 경우 철 결핍을 초래하여 빈혈이나 학습장애를 일으키고, 성인의 경우 심혈관계 질환이나 신장 질환을 일으킬 수 있다.

(2) 잔류농약과 친환경농산물

식품의 잔류농약은 잔류기간이 길 뿐만 아니라 인체에 축적되어 만성중독을 유발한다. 잔류농약을 규제하기 위한 방법으로는 농작물을 수확하기 전에 일정 기간 살포 금지기간을 두거나 작물별 안전사용기준을 설정하고, 식품 중의 잔류 허용량을 설정하는 것 등이 있다. 소비자들이 잔류농약 문제를 심각하게 우려하고 있어 유기농산물 선호도가 증가하는 추세다.

환경을 보전하고 소비자에게 보다 안전한 농산물을 공급하기 위해 제초제, 살균제, 살충제 등과 같은 농약과 화학비료 및 성장조절제(호르몬제), 항생제, 가축사료 첨가제 등 화학첨가물을 전혀 사용하지 않거나 최소량을 사용하여 생산한 농축산물을 친환경 농축산물이라고 한다. 우리나라에서는 국립농산물품질관리원에서 생육과 수확 등의 생산 단계 및 출하 단계에 이르는 모든 과정을 심사하며, 인증받은 생산물의 포장에 농산물우수관리(GAP : Good Agricultural Product) 등의 인증마크(그림 5–9)를 부여하고 있다. 농산물은 유기농산물과 무농약농산물로, 축산물은 유기축산물과 무항생제축산물로, 가공식품은 유기가공식품으로 구분하여 표기를 실시하고 있다(표 5–7). 소비자들이 일반농산물과 친환경농산물을 구별하는 것이 쉽지 않은 만큼, 인증마크를 확인하는 습관을 들이면 안전한 식품 선택에 도움이 될 것이다(그림 5–10).

그림 5–9
농산물우수관리 인증마크

표 5-7 친환경농산물의 인증기준

구분	인증기준
유기농산물	• 전환 기간 이상을 유기합성 농약이나 화학비료를 일체 사용하지 않고 재배(전환기간 : 다년생 작물 3년, 그 외 작물 2년).
전환기 유기농산물	• 1년 이상 유기합성 농약이나 화학비료를 일체 사용하지 않고 재배.
무농약 농산물	• 유기합성 농약은 일체 사용하지 않고, 화학비료는 권장 시비량의 1/3 이내 사용하여 재배.
저농약 농산물	• 화학비료는 권장 시비량의 1/2 이내 사용. • 농약 살포 횟수는 농약 안전사용기준의 1/2 이하, 사용 시기는 안전 사용기준 시기의 2배수 적용. • 제초제는 사용하지 않아야 함. • 잔류농약은 식품의약품안전처가 고시한 농산물의 농약잔류 허용 기준의 1/2 이하.

자료 : 국립농산물품질관리원.

그림 5-10
친환경농산물 인증 표시

표 5-8 친환경농축산물의 종류와 기준

종류	기준
유기농산물	유기합성농약과 화학비료를 일체 사용하지 않고 재배한 농산물(전환기간 : 다년생 작물은 최소 수확 전 3년, 그 외 작물은 파종 재식 전 2년)
유기축산물	유기농산물의 재배·생산 기준에 맞게 생산된 유기사료를 급여하면서 인증 기준을 지켜 생산한 축산물
무농약농산물	유기합성농약을 일체 사용하지 않고, 화학비료는 권장 시비량의 1/3 이내로 사용하여 키운 농산물
무항생제축산물	항생제, 합성항균제, 호르몬제가 첨가되지 않은 일반사료를 급여하면서 인증 기준을 지켜 생산한 축산물

자료: 국립농산물품질관리원.

잠깐! 알아봅시다 지구온난화 방지를 위한 저탄소 식생활

2010년 유엔환경프로그램(UNEP)에서는 세계 기아, 에너지 자원 고갈, 기후 변화 문제로부터 지구를 보호하기 위해서 전 세계가 고기를 덜 먹는 채식 위주의 식생활을 하는 노력이 필요하다고 선언하였다.

저탄소농축산물인증 표시

탄소발자국(carbon footprint)이란 인간이나 동물이 걸을 때 발자국을 남기는 것처럼, 우리가 생활하면서 직간접적으로 발생시키는 이산화탄소의 총량을 말한다. 탄소발자국을 줄이려면 음식의 1회 제공 분량을 줄여서 음식을 낭비하지 않고 음식물 쓰레기를 줄여야 한다. 음식물 쓰레기를 줄이면 쓰레기 처리과정에서 나오는 이산화탄소 배출을 낮출 수 있다. 또, 쓰레기를 버릴 때는 재활용을 위해 꼭 분리수거를 해야 한다. 종이·플라스틱·캔·스티로폼 등 가정용 쓰레기만 제대로 분리수거해도 연간 188㎏의 이산화탄소 배출을 줄일 수 있다.

고기·햄·소시지 등 육류와 낙농제품을 많이 먹는 식생활은 지구온난화에 나쁜 영향을 미친다. 가축을 많이 키우게 되면 메탄가스가 발생하고, 육류 가공과정에서도 이산화탄소 배출이 증가하기 때문이다. 과자·햄버거·탄산음료 등 가공식품과 인스턴트 음식도 이산화탄소를 많이 나오게 하는 식품이므로 되도록 적게 먹는 것이 좋다. 농축식품부에서는 저탄소 농업기술을 적용하여 농축산물 생산 전 과정에서 필요한 에너지 및 농자재 투입량을 줄이고, 온실가스 배출을 감축한 농축산물에 저탄소농축산물인증 표시를 부여하고 있다.

저탄소 식생활 명절 보내기 캠페인 포스터
(환경부, 2015)

3/ 진정한 기능성 식품인가

최근의 영양과 건강의 개념은 지금까지의 기본 영양소를 넘어 식품에 포함된 수많은 비영양성분이 갖는 생리활성을 연구 영역으로 나누고 있다. 이 영역의 연구는 충분히 이루어지지 않았음에도 불구하고 긍정적인 결과가 보고되고 있다. 즉, 과일, 채소, 전곡, 약용식물과 그 구성성분이 건강 증진 및 심혈관 질환, 암, 당뇨병, 감염, 노화 방지에 효과가 있는 것으로 밝혀지고 있는 것이다.

1) 식품의 기능성

식품의 기능은 크게 세 가지로 분류된다. 첫 번째 기능은 '영양기능'이다. '영양기능'은 식품의 가장 기본적인 기능으로, 식품에 함유된 영양소가 단기 또는 장기적으로 신체에 미치는 영향을 말한다. 즉, 생명을 유지시키는 기능이다. 두 번째 기능은 '감각기능'이다. 이는 식품의 조직 또는 성분이 감각에 영향을 미치는 것으로, 맛과 냄새 등을 부여하는 기능이다. 세 번째 기능은 '생체조절기능'으로 과학 발달과 함께 크게 주목받고 있으며 고차원적인 생명활동에 대한 식품의 조절기능이다(표 5-9).

기능성식품이라 함은 제3의 식품기능을 강조한 것으로 생체에 기대되는 효과를 충분히 발현할 수 있도록 식품을 특별히 설계하여 일상적으로 섭취하도록 만든 식품을 말한다. 세계적으로 functional foods, nutraceuticals, designer foods, medical foods, pharma foods와 같은 명칭으로 다양한 목적의 상품시장이 확산되고 있는 추세다. 1990년 초반 미국과 일본이 중심이 되어 기능성식품에 대한 법률을 제정하기 시작하였고, 우리나라는 2002년 〈건강기능식품에 관한 법률〉을 제정하여 유럽 및 중국과 함께 비교적 빠르게 기능성식품에 대한 법령과 제도를 정비한 국가가 되었다. 그러나 각국은 기능성식품을 제도화한 배경이 다르기 때문에 제도 역시 조금씩 다르게 운영하고 있으며 명칭도 다르다. 미국은 dietary supplement, 유럽은 food supplement, 일본은 FOSHU 및 기능성표시식품, 캐나다는 natural health product라 부르며, 우리나라는 건강기능식품이라 부르고 있다.

표 5-9 식품의 기능성과 생리활성 물질의 특징

구분		특징
식품의 기능성	1차 기능	• 영양기능 : 생명을 유지하기 위한 에너지 및 필수 영양소를 공급
	2차 기능	• 감각기능 : 미각이나 촉감 등, 식품의 기호를 부여
	3차 기능	• 생체조절기능 : 고차원적인 생명활동에 대한 식품의 조정기능
생리활성물질		• 미량으로 생체에 영향을 준다. • 반드시 섭취해야 하는 필수영양소는 아니다. • 우리 몸에서 만들지 못하므로 식품에서 얻어야 한다.

2) 우리나라의 건강기능식품

우리나라의 〈건강기능식품에 관한 법률〉 제3조 제1항에 따르면 "건강기능식품이란 인체에 유용한 기능성을 가진 원료나 성분을 사용하여 제조(가공을 포함)한 식품"으로 정의되며(2008년 개정), 제3조 제2항에 따르면 "기능성이라 함은 인체의 구조 및 기능에 대하여 영양소를 조절하거나 생리학적 작용 등과 같은 보건용도에 유용한 효과를 얻는 것을 말한다."라고 되어 있다. 보다 자세한 내용은 식품의약품안전처 '건강기능식품의 표시기준' 및 '건강기능식품 기능성원료 인정에 관한 규정'에 다음과 같이 잘 설명되어 있다.

- **질병발생위험감소기능 표시(disease risk reduction claim)** 일반식사와 함께 건강기능식품을 섭취하였을 때 특정 질병의 발생위험이 낮아질 수 있음을 표시하는 것으로, 식품에 표시될 수 있는 최상의 기능이다. 이 기능성은 관련 분야의 과학자들 간에 합의를 이룰 수 있을 정도로 과학적 근거가 충분히 확보되어 있을 때에만 사용할 수 있다. 건강과 질병은 일련의 과정으로, 건강을 잃고 질병으로 가는 과정은 '질병발생위험의 증가', 반대의 과정은 '질병발생위험의 감소'로 설명할 수 있는데, 건강기능식품은 질병발생위험의 감소에 기여할 수 있다는 것이다.
- **생리활성기능(structure/function claim)** 일반식사와 함께 건강기능식품을 섭취하였을 때 신체의 정상적인 기능이나 생물학적 활동에 특별한 효과가 있어 건강을 유지 및 개선 그리고 기능 향상에 도움을 줄 수 있음을 표시하는 것이다.
- **영양소기능(nutrient function claim)** 신체의 정상적인 기능이나 생물학적 활동에 대한 영양소의 생리학적 작용을 표시하는 것이다.

일반식품과 달리 건강기능식품의 관리를 위해 특별히 만들어진 법률 조항으로는 〈건강기능식품에 관한 법률〉 제14조(기준 및 규격), 제15조(원료 등의 인정), 제19조(건강기능식품의 공전), 제20조(검사, 수거 등), 제21조(자가품질검사의 의무), 및 제24조(기준규격 위반 건강기능식품의 판매 등의 금지)가 있다.

건강기능식품은 기능성원료와 소비자가 사용하는 최종제품으로 구분하여 관리된다.

(1) 기능성원료의 관리

새로운 기능성원료를 관리하는 방법은 두 가지이다. 식품의약품안전처장이 새로운 기능성원료를 발굴하여 기준·규격을 고시하는 방법('기준규격형(고시형)'으로 부름), 그리고 영업자가 제출한 자료를 검토하여 별도의 고시개정 없이 식품의약품안전처장이 인증서를 부여하는 방법('개별인정형'이라 부름)이 있다.

'고시형'은 새로운 기능성원료를 발굴하여 고시할 때까지 오랜 시간이 걸리는 것이 단점이지만, 일단 기능성원료로 등재된 후에는 기준규격을 준수할 수 있는 영업자라면 누구나 널리 사용할 수 있다는 장점이 있다. 반면 '개별인정형'은 기능성

표 5-10 건강기능식품 공전에 고시된 기능성원료(2013. 12)

구분	기능성을 가진 원료 또는 성분
영양소 (28종)	• 비타민 및 무기질(또는 미네랄) 25종 : 비타민 A, 베타카로틴, 비타민 D, 비타민 E, 비타민 K, 티아민, 리보플라빈, 니아신, 판토텐산, 비타민 B_6, 엽산, 비타민 B_{12}, 비오틴, 비타민 C, 칼슘, 마그네슘, 철, 아연, 구리, 셀레늄(또는 셀렌), 아이오딘, 망간, 몰리브덴, 칼륨, 크롬 • 필수지방산(리놀레산, 리놀렌산) • 단백질 • 식이섬유
기능성원료 (56종)	• 인삼, 홍삼, 엽록소 함유식물, 클로렐라, 스피루리나, 녹차추출물, 알로에전잎, 프로폴리스추출물, 코엔자임Q10, 대두아이소플라본, 구아바잎추출물, 바나바잎추출물, 은행잎추출물, 밀크시슬(카르두스 마리아누스)추출물, 달맞이꽃종자추출물, 오메가-3 지방산 함유유지, 감마리놀렌산 함유유지, 레시틴, 스쿠알렌, 식물스테롤/식물스테롤에스터, 알콕시글리세롤 함유 상어간유, 옥타코사놀 함유유지, 매실추출물, 공액리놀레산, 가르시니아캄보지아추출물, 루테인, 헤마토코쿠스추출물, 쏘팔메토열매추출물, 포스파티딜세린, 글루코사민, N-아세틸글루코사민, 뮤코다당·단백, 알로에겔, 영지버섯자실체추출물, 키토산/키토올리고당, 프럭토올리고당, 프로바이오틱스, 홍국, 대두단백, 테아닌, MSM(Methyl sulfonylmethane), 폴리감마글루탐산* • 식이섬유(14종) : 구아검/구아검가수분해물, 글루코만난(곤약, 곤약만난), 귀리식이섬유, 난소화성말토덱스트린, 대두식이섬유, 목이버섯식이섬유, 밀식이섬유, 보리식이섬유, 아라비아검(아카시아검), 옥수수겨식이섬유, 이눌린/치커리추출물, 차전자피식이섬유, 폴리덱스트로스, 호로파종자식이섬유

자료를 갖추어야 하는 부담이 있지만, 인정서를 받은 영업자가 단독으로 사용할 수 있게 하여 연구 및 제품의 개발을 독려할 수 있다는 장점이 있다. 건강기능식품의 공전에 고시된 기능성원료는 영양소(비타민 및 무기질, 식이섬유, 단백질, 필수지방산)와 기능성원료(터핀류, 페놀류, 지방산 및 지질류, 당 및 탄수화물류, 발효미생물류, 아미노산 및 단백질류 등)로 대분되어 수록되어 있다(표 5-10).

현재까지 인정받은 기능성으로는 체지방 감소, 관절·뼈건강, 간건강, 혈당 조절 관련 원료가 가장 많은 것으로 파악되었고 눈건강, 항산화, 기억력 개선, 피부건강, 혈행 개선, 혈압 조절, 면역 조절 등이 뒤를 이었다. 또한 장건강, 피로 개선, 콜레스테롤 개선, 전립샘 개선, 긴장 완화, 혈중 중성지방 개선, 칼슘 흡수 촉진 관련 원

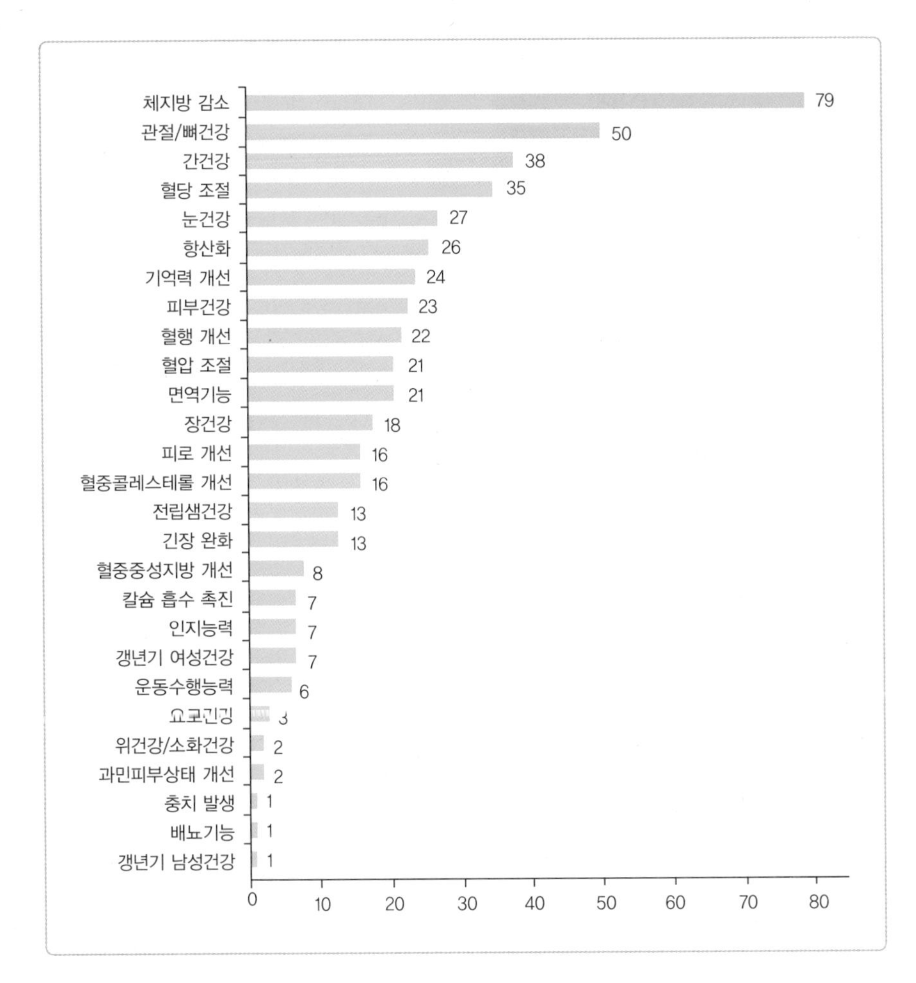

그림 5-11
기능성 인정 현황
(2004~2013)

료 등을 포함하고 있다(그림 5–11).

(2) 소비자 최종제품의 관리

소비자가 사용하는 최종제품은 건강기능식품의 조건을 갖추어야 할 뿐만 아니라, 과대 표시 또는 광고되어 소비자를 현혹시키지 않아야 한다. 제품의 광고와 표시가 과학적 근거에 입각한 사실을 전달하도록 규제함으로써 소비자들의 이해를 도와 목적으로 하는 기능성식품을 안전하게 선택할 수 있도록 하는 제도적 장치로 법률 제16조(기능성 표시·광고의 심의), 제17조(표시기준), 제18조(허위·과대의 표시·광고 금지), 제25조(표시기준 위반 건강기능식품의 판매 등의 금지), 및 제26조(유사표시 등의 금지) 조항이 마련되었다.

식품의약품안전처로부터 인정된 기능성원료를 사용한 제품은 영양·기능 정보를 표시할 수 있으며 광고에도 사용할 수 있다. 그러나 산업체의 자율 사전심의를 받도록 하여 소비자를 이중으로 보호한다. 식품의약품안전처는 기능성원료의 기능성을 뒷받침하는 과학적 근거가 충분한지, 어떤 성분이 포함되어 있는지, 누가 얼마나 어떻게 섭취해야 할지를 평가하여 인정된 기능정보, 기능(지표)성분의 함량, 섭취량 및 섭취방법, 섭취 시 주의사항, 유통기한 등을 건강기능식품의 용기 및 포장에 표시하게 하고 있다.

건강기능식품을 구매할 때 확인해야 할 사항은 다음과 같다.

- 기능성표시
- 1회 분량과 섭취량 및 섭취방법
- 영양소기준치
- 기능성분 또는 지표성분
- 원료명 및 함량
- 주의사항 존재 여부

3) 기능성식품의 현황

식품의 기능성은 과학자와 보건관계자들의 주요 관심사다. 고령사회 진입과 함께 건강과 질병에 대한 관심이 날로 높아지는 가운데 다양한 건강기능식품이 출시되면서 시장 규모가 확대되고 있다. 기능성식품의 시장 점유율은 미국, 유럽, 일본이 세계 시장의 87%를 차지할 정도로 가장 높다. 반면 전년 대비 성장률은 러시아를 포함한 동유럽이 21.3%로 가장 높으며 뒤를 이어 남미 14.6%, 호주/뉴질랜드 12.5%, 중동 11.8%, 중국 10.8% 순으로 나타났다.

우리나라에서 건강기능식품을 제조하는 업체의 수는 2012년 전문제조업체 342개소, 벤처제조업소 39개소에 달하며, 이 중에서 GMP(good manufacturing practice) 지정업체는 185개에 달한다. 제조품목의 수는 2006년 6,342품목에서 2008년에는 9,189품목, 2012년에는 1만 2,495품목으로 증가하였다. 건강기능식품의 매출액은 매년 증가하여 2009년에는 9,598억 원, 2010년에는 11만 670억 원, 2011년에는 13만 6,818억 원, 2012년에는 14만 913억 원에 이른 것으로 집계되었다. 우리나라에서 수입하는 건강기능식품은 2010년에는 2.2억 원, 2011년에는 3.3억 원, 2012년에는 3.1억 원이었으며 주요 수입국은 미국, 캐나다, 호주, 일본, 뉴질랜드, 중국, 인도, 독일, 프랑스, 노르웨이 순이었다.

부록 1 소아의 발육곡선(남아 3~18세 백분위수)

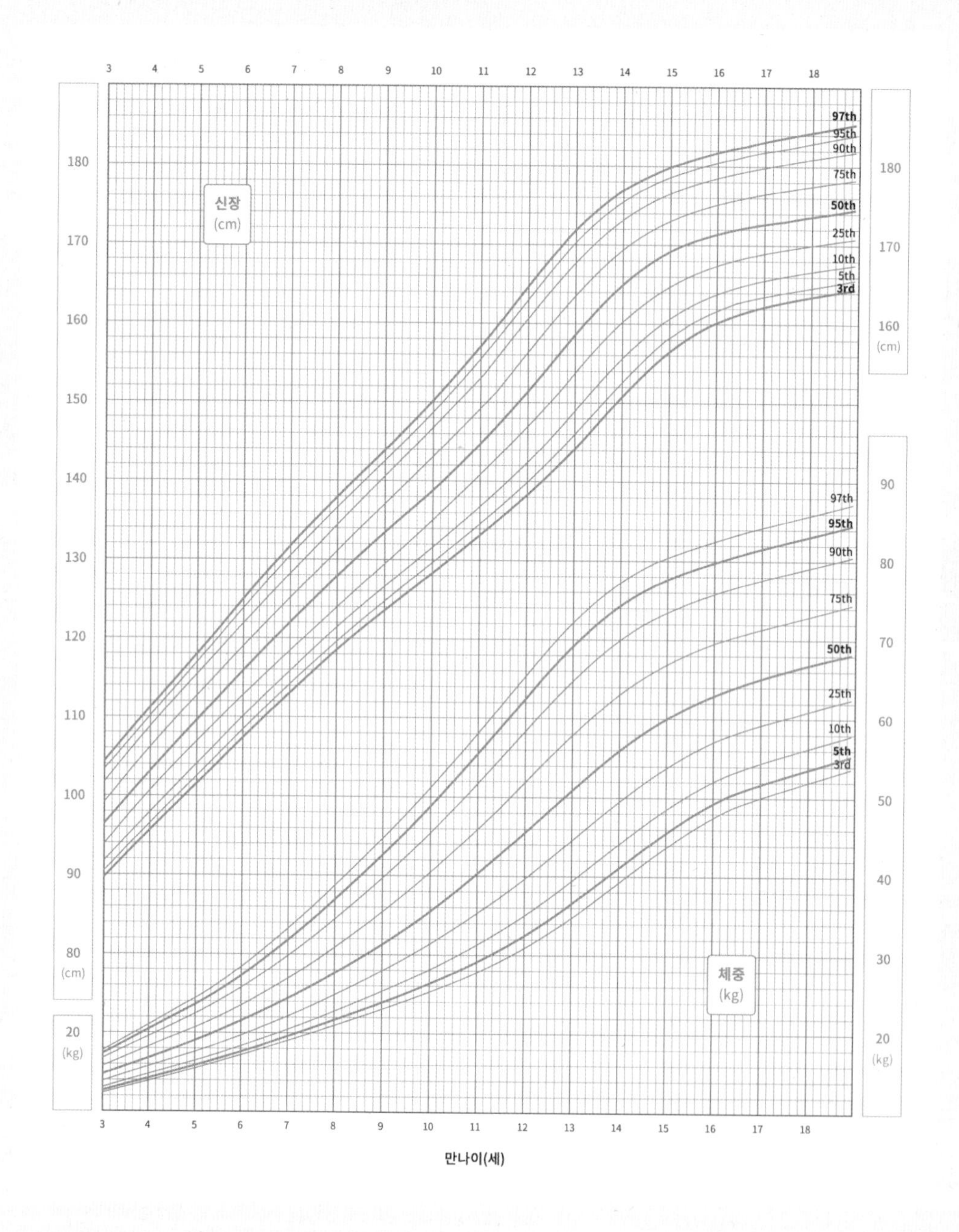

자료 : 질병관리본부, 2017 소아·청소년 표준 성장도표.

부록 2 소아의 발육곡선(여아 3~18세 백분위수)

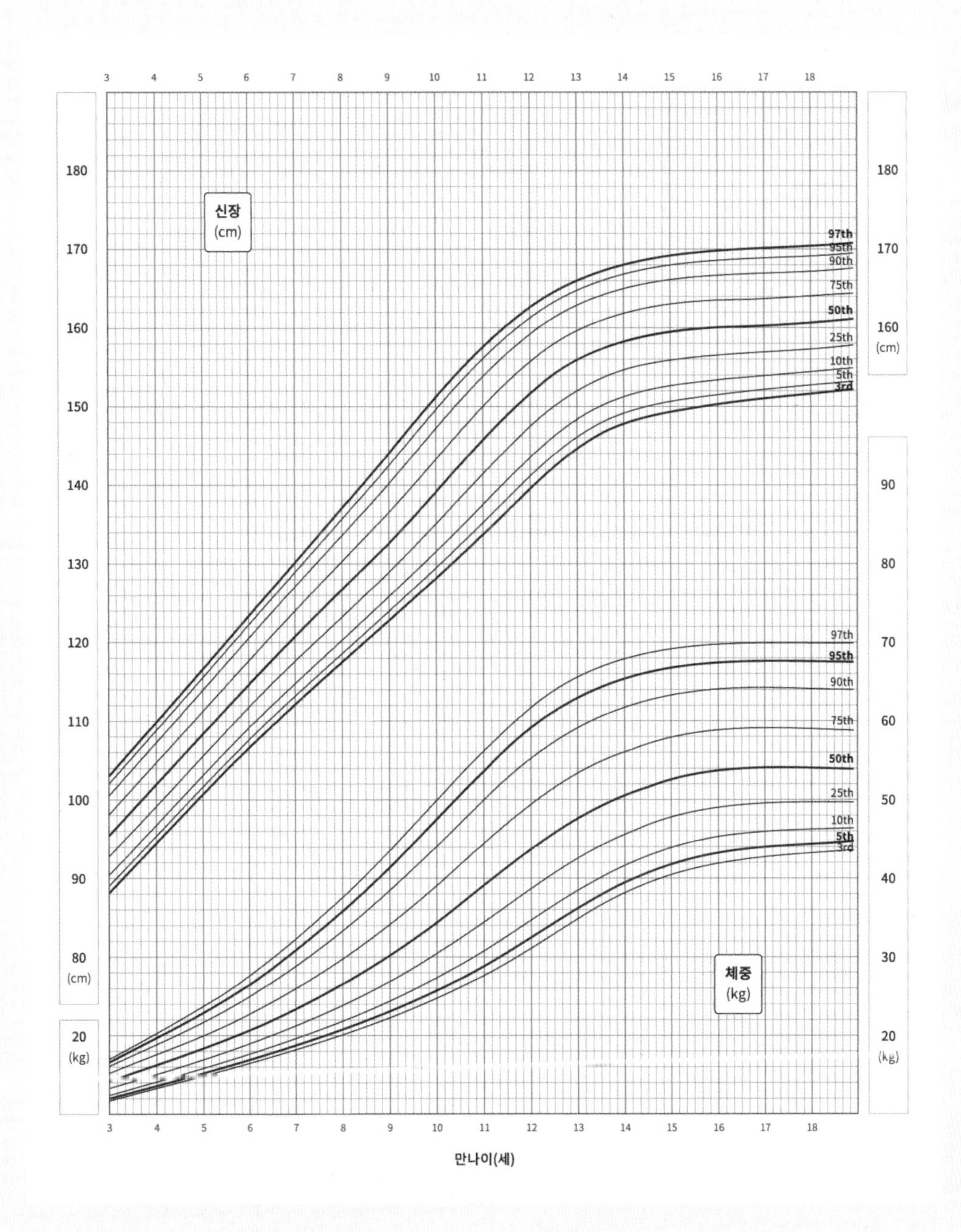

자료 : 질병관리본부, 2017 소아·청소년 표준 성장도표.

참고자료

CHAPTER 1

김미경·왕수경·신동순·정해랑·권오란·배계현·노경아·박주연, **생활 속의 영양학**, 라이프 사이언스, 2005.
이미숙 외, **영양과 식생활**, 교문사, 2001.
임영희·왕수경·구난숙·윤은영, 식생활과 다이어트(개정판), 형설출판사, 2004.

보건복지부, 1998년도 국민건강·영양조사, 1999.
보건복지부, 2001년도 국민건강·영양조사, 2002.
보건복지부, 성인을 위한 식생활지침, 2002.
식품의약품안전청, 영양표시 가이드.
통계청, 한국인의 주요 사망원인, 2000.
통계청, 한국인의 주요 사망원인, 2003.
한국영양학회, 한국인 영양권장량 제7차 개정, 2000.
한국영양학회, 한국인 영양섭취기준, 2005.

Acids, cholesterol, protein, and amino acids. The National Academy Press, Washington D.C. 2002.
Centers for disease control and prevention, National vital statistics report, accessed October, 2002.
Food and Nutrition Board: Dietary reference intakes for energy, carbohydrate, fiber, fat, fatty.
Gordon M. Wardlow·Jeffrey S. Hampl·Robert A. Disinfector, **Perspectives in Nutrition(sixth edition)**, Mcgraw Hill, 2004.

CHAPTER 2

대한영양사회, **임상영양관리지침서**, 대한영양사회, 1999.
손숙미·이종호·임경숙·조윤옥, **다이어트와 체형관리**, 교문사, 2004.
신완균, **약물과 음식**, 약업신문출판국, 1993.
전매희·진행미, **여성의 건강과 운동**, 보경문화사, 1995.

건강증진연구보고서, 2003.
문화체육부, 삶의 질 향상을 위한 국민건강생활지표 조사연구, 1996.
박정아·강명희, 흡연대학생의 비타민 C 섭취량과 혈청수준, 한국영양학회지, 1996.
보건복지부, 질병관리본부. 2013 건강행태 및 만성질환 통계, 2014.
보건복지부, 질병관리본부. 2014 국민건강통계 I-국민건강영양조사 제6기 2차년도(2014), 2015.
보건복지부·한국보건사회연구원, 1998 국민건강·영양조사–보건의식행태조사, 1999.
보건복지부·한국보건사회연구원, 2001 국민건강·영양조사–보건의식행태조사, 2002.

이성숙·최인선·이경화·최운정·오승호, 흡연 남자대학생의 영양소 섭취 및 혈중 지질양상에 관한 연구, **한국영양학회지 29**(5):489–498, 1996.
지선하, 한국인 흡연자의 추가 의료비 지출 분석 및 추계에 관한 연구, 보건복지부 건강증진연구보고서, 2003.
지선하, 흡연의 현황과 그 역학적 특성, 1999.
통계청, 사회통계조사, 1996.

통계청, 한국의 사회지표, 1998.
한정열, 임신부의 임신초기 흡연, 음주, 약물복용 등 위험요인이 임신부의 건강에 미치는 영향, 보건복지부.

조선일보, 술 여성에게 더 해롭다, 1999년 1월 18일자.

American Dietetic Association, **Sports nutrition(3rd ed)**, ADA, 2000.
Baron JA, Beneficial effects of nicotine and cigarette smoking: the real, the possible and the. spurious, **British Medical Bulletin** 52(1):58–73, 1996.
Brown JE, **Nutrition now(3rd ed)**, Wadsworth, CA. 2002.
Martin HD · Driskell JA, Plasma and dietary vitamin C and E levels to tobacco chewers, smokers. and nonuser, **JADA 95**(7):798–800, 1995.
Hahn DB · Payne WA, **Focus on Health(2nd edition)**, Mosby, 1994.
Handelman GJ, High dose vitamin supplements for cigarette smokers: Caution is indicated. **Nutrition review 55**(10):369–378, 1997.
Sizer F · Whitney EN, **Nutrition:current concets and controversies**. St Paul: West. p.434, 1994.
Wardlaw G · J. Hampl · R. DiSilvestro, **Perspectives in nutrition(6th ed)**, McGraw Hill. NY, 2002.
Williams MH. **Nutrition for health, fitness and sport(6th ed)**, McGraw Hill, NY, 2002

헬스가이드 http://healthguide.kihasa.re.kr

CHAPTER 3

백희영 외, **건강을 위한 식생활과 영양**, 파워북, 2016.
보건복지부 · 한국영양학회, **2020 한국인 영양소섭취기준**, 2020.
이연숙 · 임현숙 · 장남수 · 안홍석 외, **생애주기영양학**, 교문사, 2017.
장남수, 임신부를 위한 건강레시피, 식약처 연구용역보고서, 2012.
질병관리본부, 2015 청소년 건강행태온라인조사 통계, 2016.
질병관리본부, 2018 국민건강통계, 2019.
질병관리본부, 2019 국민건강통계, 2020.
한국보건사회연구원. 2015년 전국 출산력 및 가족보건 · 복지실태조사, 2015.
한국보건사회연구원. 2018년 전국 출산력 및 가족보건 · 복지실태조사, 2018.

Brown J., **Nutrition through the Life Cycle, 4th. ed.**, Wadsworth, 2010.
Edelstein S, Sharlin J., **Life Cycle Nutrition, An Evidence–Based Approach**, Jones & Barlett Publishers, 2008.

CHAPTER 4

김선효 · 이경애 · 이현숙 · 김미현 · 김지명 · 이옥희, **식생활과 건강**, 파워북, 2013.
김화영 · 조미숙 · 장영애 · 원혜숙 · 이현숙 · 양은주, **임상영양학(4판)**, 신광출판사, 2012.

이명천 외, **스포츠영양학**, 라이프사이언스, 2003, p.267.
장문정·김우경·이현숙, **여성의 건강과 식생활**, 신광출판사, 1999, p.306.
최혜미 외, **교양인을 위한 21세기 영양과 건강이야기**, 라이프사이언스, 2002.

Boyle MA., **Personal Nutrition, 4th ed.**, Wadsworth, 2001.
Brown JE., **Nutrition Now. 3rd ed.**, Wadsworth, 2002.
Mahan LK·Escott-stump S., **Krause's Food, Nutrition & Diet Therapy, 10th ed.**, WB Saunder, 2000.
Ravel R., **Clinical laboratory medicine: Clinical application of laboratory data, 6th ed.**, St. Louis: Mosby, 1994.
Riggs BL·Melton LJ., **Involutional osteoporosis**, N Engl J Med 314:1676, 1986.

CHAPTER 5

구난숙·권순자·이경애·이선영, **세계 속의 음식문화**, 교문사, 2004.
김미경·왕수경·신동순·권오란, **생활 속의 영양학**, 라이프사이언스, 2010.
김미경·왕수경·신동순·정해랑·권오란·배계현·노경아·박주연 편, **생활 속의 영양학**, 라이프사이언스, 2005.
농업생명공학기술 바로알기 협의회, **식탁위의 생명공학**, 푸른길, 2002.
맹원재·송희옥·송병춘, **현대인의 식생활과 건강**, 건국대학교출판부, 2000.
박선희, **유전자재조합식품의 안전성, 소비자를 위한 식품의약품정보**, 식품의약품안전청, 2000.
박현서·이영순·구성자·한명주·조여원·오세영. **식생활과 건강**, 효일, 2002.
식품위생법규교재 편찬위원회, **식품위생관계법규 편람**, 광문각, 2008.
신효선, **식품의 건강강조표시**, 효일, 2006.
안용근·박진우·손규목·신두호·정영철·김재근, **건강기능식품**, 광문각, 2004.
윤숙자, **한국의 저장발효식품**, 신광출판사, 2003.
이삼빈·고경희·양지영·오성훈, **발효식품학**, 효일, 2001.
이효지, **한국의 음식문화**, 신광출판사, 1998.
장남수·강명희·정혜경, **지역사회영양학**, 교문사, 2011.
장학길, **현대인의 건강을 위한 식품정보**, 신광출판사, 1999.
정혜경, **아름다운 작은 도시 포트콜린스에서 전해온 소풍**, 맛있는 풍경, 2011.
정혜경, **정혜경 교수가 들려주는 우리 음식 이야기**, 지경사, 2011.
정혜경, **천년한식견문록**, 생각의나무, 2009.
정혜경, Korean Cuisine-A Cultural Jurney, 생각의 나무, 2009.
정혜경, **한국음식 오디세이**, 생각의 나무, 2007.
최동성·고하영 공역, **식품기능화학**, 지구문화사, 1999.

식품의약품안전청, 2010년도 식품의약품통계연보, 2010.

식품의약품안전처 www.kfda.go.kr
와우복떡 www.wowbokduk.co.kr
유전자변형식품(GMO)정보 gmo.kfda.go.kr

찾아보기

저자 소개

김화영 전 이화여자대학교 생활환경대학 식품영양학과 교수

김미경 전 이화여자대학교 생활환경대학 식품영양학과 교수

왕수경 대전대학교 이과대학 식품영양학과 교수

장남수 전 이화여자대학교 신산업융합대학 식품영양학과 교수

신동순 경남대학교 자연과학대학 식품영양학과 교수

정혜경 호서대학교 자연과학대학 식품영양학과 교수

장문정 국민대학교 자연과학대학 식품영양학과 교수

권오란 이화여자대학교 신산업융합대학 식품영양학과 교수

김양하 이화여자대학교 신산업융합대학 식품영양학과 교수

김혜영(A) 용인대학교 보건복지대학 식품영양학과 교수

양은주 호남대학교 보건과학대학 식품영양학과 교수

김우경 단국대학교 과학기술대학 식품영양학과 교수

이현숙 동서대학교 에너지/생명공학부 식품영양학 전공 교수

박윤정 이화여자대학교 신산업융합대학 식품영양학과 교수

5판
영양 그리고 **건강**

2005년 9월 1일 초판 발행 | 2016년 9월 2일 4판 발행 | 2021년 3월 3일 5판 발행

지은이 김화영 외 | **펴낸이** 류원식 | **펴낸곳** **교문사**

편집부장 모은영 | **책임진행** 이정화 | **디자인** 신나리 | **본문편집** 우은영

주소 (10881)경기도 파주시 문발로 116 | **전화** 031-955-6111 | **팩스** 031-955-0955

홈페이지 www.gyomoon.com | **E-mail** genie@gyomoon.com

등록 1960. 10. 28. 제406-2006-000035호

ISBN 978-89-363-2076-8(93590) | **값** 20,000원

* 잘못된 책은 바꿔 드립니다.

불법복사는 지적 재산을 훔치는 범죄행위입니다.